"十四五"职业教育部委级规划教材

十四五

染色打样实训
（第 3 版）

王开苗　杨秀稳　主　编

于子建　副主编

中国纺织出版社有限公司

内 容 提 要

本书是基于印染企业工作过程，以培养学生配色打样技能为主线的实训教材。全书共分为两篇。第一篇染色打样基础，介绍染色打样所需掌握的安全知识、染整仪器设备、染整助剂、染料性能与染色理论基础、纤维制品及基础样卡制备等方面的常识，属于配色打样人员应知应会的内容。第二篇配色打样，以配色打样为主线，介绍纤维鉴别、染料选择与配色原理、染色方案设计、对色与调色、计算机测配色及配色打样实训方案等内容，属于配色打样人员应具备的技能技巧。附录为纺织染色工技能鉴定理论知识鉴定要素细目，以及配色打样理论模拟试题与参考答案。

本书具有较强的实用性和可操作性，可作为高等职业院校数字化染整技术专业的实训教材，也可作为印染行业相关技术人员培训、纺织染色工技能鉴定培训的参考用书。

图书在版编目（CIP）数据

染色打样实训 / 王开苗，杨秀稳主编；于子建副主编. --3 版. -- 北京：中国纺织出版社有限公司，2025.2. --（"十四五"职业教育部委级规划教材）.
ISBN 978-7-5229-2355-0

Ⅰ. TS193

中国国家版本馆 CIP 数据核字第 2024XB5701 号

责任编辑：朱利锋　　责任校对：高　涵　　责任印制：王艳丽

中国纺织出版社有限公司出版发行
地址：北京市朝阳区百子湾东里 A407 号楼　邮政编码：100124
销售电话：010—67004422　传真：010—87155801
http://www.c-textilep.com
中国纺织出版社天猫旗舰店
官方微博 http://weibo.com/2119887771
三河市宏盛印务有限公司印刷　各地新华书店经销
2009 年 8 月第 1 版　2015 年 6 月第 2 版
2025 年 2 月第 3 版第 1 次印刷
开本：787×1092　1/16　印张：18.25
字数：435 千字　定价：68.00 元

第 3 版前言

　　"染色打样实训"是染整技术专业设置的一门核心实践课程。本教材是在普通高等教育（高职高专）教材《染色打样实训》（于 2009 年 8 月第 1 版），普通高等教育"十二五"部委级规划教材（于 2015 年 6 月第 2 版）基础上，结合职业教育的特点，对接纺织染色工国家职业技能标准，基于工作过程导向的课程设计基本理念，以满足染色打样人员知识结构及配色打样核心技能培养为目标，再次优化、整合教学内容编写形成。教材的编排从实际应用出发，以培养配色打样技能为主线，按照该课程设计的内容授课，能够把学生实训的过程变成符合印染生产化验室核心工作过程。同时，对染色打样的有关理论知识（结构）与实践技能实行融合，注重实践与应用，形成了包括文字、教学视频、教学 PPT 等系统的数字化染整技术专业实训教学资料。本教材既适用于纺织职业院校的数字化染整技术专业实训之用，也可供印染企业相关技术人员、化验室工作人员参考。

　　本教材为校企合作开发的项目化教材，参加编写人员有山东轻工职业学院教师王开苗、杨秀稳、于子建、郭常青、顾乐华、姜秀娟，鲁泰纺织股份有限公司工程师王飞。其中，姜秀娟编写第一篇项目一，杨秀稳编写第一篇项目二、第二篇项目三，附件一和三，顾乐华编写第一篇项目三，王飞编写第一篇的项目五，郭常青编写第二篇项目二，于子建编写第二篇的项目一、项目五，其他项目及附件二和四由王开苗编写。本书王开苗、杨秀稳任主编，于子建任副主编。全书相关教学视频及 PPT 由于子建老师统编，全书由王开苗老师统稿。

　　附录二试题参阅了全国高职高专院校染整专业学生技能大赛的理论试题，在此向组织试题的常州纺织服装职业技术学院、江苏工程职业技术学院、浙江服装纺织职业技术学院、广东纺织职业技术学院、广州大学纺织服装学院等兄弟院校专家的帮助和支持表示感谢。

　　由于编者水平有限，时间仓促，且行业发展迅速，难免存在不足，敬请读者谅解，并恳请提出宝贵意见。

编　者

2024 年 3 月

第 2 版前言

"染色打样实训"是染整技术专业设置的一门核心实践课程。本教材是在普通高等教育（高职高专）教材《染色打样实训》（于 2009 年 8 月出版）基础上，结合职业教育的特点，基于工作过程导向的课程设计基本理念，以满足打样人员知识结构及配色打样核心技能培养为目标，优化、整合教学内容。教材的编排从实际应用出发，以培养配色打样技能为主线，按照该课程设计的内容授课，能够把学生实训的过程变成基本符合印染企业化验室核心工作过程。同时，对染色打样的有关理论知识（结构）与实践技能实行融合，注重实践与应用，形成了系统的染整技术专业实训教学资料。本教材既适用于纺织职业院校的染整技术专业实训之用，也可供印染企业相关技术人员、化验室工作人员参考。

本教材为校企合作开发教材，参加编写人员有山东轻工职业学院教师杨秀稳、王开苗、郭常青、梁菊红、姜秀娟、宋秀芬、曹修平、顾乐华、陈利，浙江服装纺织职业技术学院高级实验师陈晓玉，浙江服装纺织职业技术学院教师袁近，浙江亿得化工有限公司高级工程师徐纯根，鲁泰纺织股份有限公司工程师邢成利，淄博大染坊丝绸集团有限公司工程师刘伟。其中，姜秀娟编写第一篇项目一，王开苗编写第一篇项目三、项目六，顾乐华编写第一篇项目四中的任务三，陈利、曹修平、刘伟编写第一篇项目五，梁菊红编写第二篇项目一，郭常青、徐纯根编写第二篇项目二，陈晓玉、袁近编写第二篇项目三，宋秀芬、邢成利编写第二篇项目五，其他项目、任务及附录由杨秀稳编写。本书由杨秀稳任主编，王开苗、陈晓玉任副主编。全书由杨秀稳老师统稿。

附录试题参阅了全国高职高专院校染整专业学生技能大赛的理论试题，在此向组织试题的常州纺织服装职业技术学院、江苏工程职业技术学院、浙江服装纺织职业技术学院、广东纺织职业技术学院、广州大学纺织服装学院等兄弟院校专家的帮助和支持表示感谢。

由于编者水平有限，时间仓促，且行业发展迅速，难免存在不足，敬请读者谅解，并恳请提出宝贵意见。

编　者
2015 年 3 月

第 1 版前言

高等职业教育作为高等教育发展体系中的一个类型，丰富了高等教育体系结构，为培养大量高素质技能型人才，为高等教育大众化作出了重要贡献。当前，我国大力发展高等职业教育，除了缓解高等教育的供需矛盾、构建和谐社会的考虑外，更重要的是为了把沉重的人口资源转化为人力资源，大量培养技能型职业人才，增加员工人力资本的技术技能存量，提高劳动生产率，为我国经济的健康、快速、持续发展奠定基础。

"染色打样实训"作为染整技术专业的重要实践核心课程，多年来一直没有规范化教材，相关学校对该课程的教学都是根据以往经验及在探索中进行。《染色打样实训》从实际应用出发，结合职业教育的特点，基于工作过程导向的课程设计基本理念，以培养配色打样技能为主线，对配色打样的有关理论知识（结构）与实践操作技能进行了详细阐述，注重实践与应用，是染整技术专业实训较为系统的教学资料。按照该课程设计的内容授课，能够把学生实训的过程变成基本符合印染企业化验室的核心工作过程。本教材既适用于纺织职业院校的染整技术专业实训之用，也可供印染企业相关技术人员、化验室工作人员参考。

本书按配色打样的培训层次分为两篇。第一篇染色打样基础，介绍了染色打样所应具备的基础知识、所需染色仪器设备及配色打样基本资料的制作与积累方法，属于配色打样人员应知应会内容。第二篇配色打样，以配色打样步骤为主线，介绍了配色原理、配色打样实训内容及方法，并对计算机测配色系统的应用做了基本介绍，属于配色打样实训的重点内容。

本书编写分工如下：山东丝绸纺织职业学院姜秀娟老师编写第一篇第一章，顾乐华老师编写第一篇第三章的第三节，王开苗老师编写第一篇第四章、第五章，梁菊红老师编写第二篇第一章，郭常青老师编写第二篇第二章的第三节，宋秀芬老师编写第二篇第五章的第一节，浙江服装纺织技术学院袁近老师编写第二篇第三章，山东丝绸纺织职业学院的杨秀稳老师编写第一篇第二章和第三章除第三节的其余四节、第二篇第二章的第一节和第二节、第二篇第四章、第二篇第五章的第二节至第四节以及附录。全书由杨秀稳老师统稿。

附录试题参阅了首届全国高职高专院校染整专业学生技能大赛的理论试题，在此向组织试题的常州纺织服装职业技术学院、南通纺织职业技术学院、浙江纺织服装职业技术学院、广东纺织职业技术学院、广州大学纺织服装学院等兄弟院校专家的帮助和支持表示感谢。

由于编者水平有限，难免存在不足，敬请读者谅解，并恳请提出宝贵意见。

编　者
2009 年 4 月

目　　录

第一篇　染色打样基础

《染色打样实训（第 3 版）》
数字化资源目录码

第一篇
染色打样基础

项目一　染整实验室管理与安全常识

本项目知识点

1. 熟悉实验室规章制度和安全管理。
2. 了解实验室安全隐患和防范措施。
3. 掌握事故急救方法。
4. 了解事故处理的基本常识。

学校、科研院所和工厂根据需要均可设置实验室，但实验室的性质和工作任务是不同的。学校实验室是学生进行化学分析、检验、染整工艺实验及实训教学的重要场所。实验实训指导教师和学生有必要在进实验室前熟悉实验室各项规章制度和安全常识，以保证实验和实训教学的顺利开展。

任务一　实验室规则和安全管理

一、实验室基本规章制度

（1）实验室应保持安静和良好的实验秩序，严禁大声喧哗、打闹，严禁在实验室吸烟、吃零食或带餐具进实验室。

（2）实验室应保持整洁，仪器放置要有条理。公用仪器、试剂不得随意挪动位置。染化药剂必须标注清晰，标签不得污染。

（3）实验前，学生务必做好预习，明确实验目的、要求，掌握操作步骤、基本原理及注意事项，写好预习报告。

（4）实验开始前，检查仪器、材料、药品是否完备。

（5）实验时认真操作，仔细观察各种现象，做好记录。做完实验后，应将实验原始记录交给指导教师审阅。使用药品、试剂时，瓶盖、药匙等不能混用，以防试剂相互污染，不能用手直接取用药品和试剂。

（6）对于常规仪器、设备，要求熟悉其性能，掌握使用方法及操作规程，爱护仪器，做好使用记录。

（7）增强环保意识，自觉地将有污染的残液倒入回收箱内。注意人身安全，爱护公物，注意节约用水、用电，节约染化料。

（8）严格按照操作规程进行实验，使用强酸、强碱、强氧化剂等腐蚀性物质及有毒物质时，应注意自身和周围其他人的安全。

（9）严格值日制度，值日生应认真完成卫生清理，并检查水、电、气瓶、门、窗是否关好，经实验指导教师检查合格后，方可离开实验室。

（10）认真分析实验现象、结果，详细书写实验报告。

二、实验室安全管理

实验室安全管理坚持"安全第一，预防为主"的原则。为保证实验室工作的质量，从以下三个方面介绍实验室一般管理规章制度。

（一）实验室安全守则

（1）实验室要配备责任心强的专职人员负责安全工作，定期检查实验室的安全，发现问题、漏洞及时处理或及时汇报，消除事故隐患。

（2）实验室要配备必要的消防器材、急救箱（备：碘酒、棉签、创可贴、纱布等）和防护用具，实验工作人员要熟知这些物品放置的位置和使用方法，定期检查确保能正常使用。

（3）实验室工作人员要在实验前认真学习操作规程，了解实验中有可能遇到的安全问题，掌握预防和处理事故的方法。

（4）严格做好危险品的安全管理，对易燃、易爆、有毒等危险性药品的取用、处理应有第二者陪伴，陪伴者认真观察操作的全过程，察看有无疏漏。

（5）实验室工作人员必须熟知各气阀、电闸开关、水阀位置，若遇紧急情况及时关闭。

（6）凡持有实验室钥匙的人员，均不得随意将钥匙转借他人。

（7）非实验室工作人员未经允许不得随意进入实验室，未经管理人员许可任何人不得随意操作实验室内的仪器设备。

（8）离开实验室前清理器材，并检查仪器、电闸、气瓶、水龙头、窗是否关好，最后锁好门。

（二）精密仪器管理

精密仪器要专门存放，实行专人管理责任制。由于精密仪器灵敏度高，为保证其精度和使用寿命，存放精密仪器的房间必须符合要求，并要做好仪器室的防震、防尘和防腐蚀工作。仪器的基本档案资料包括名称、规格、数量、单价、出厂和购置日期等都要准确登记。

大型精密仪器要建立技术档案，内容包括：

（1）使用说明书、装箱单、零配件清单。

（2）安装调试记录、性能鉴定、验收记录、索赔记录。

（3）使用规程、保养维修规程。

（4）使用登记册、检修记录。

大型仪器的使用、维修应由专人负责，而且须经考核合格后方可独立操作。如需拆卸、改装应有一定的审批程序。

（三）化学品安全管理

实验室只宜存放少量近期常用的化学品，为方便管理，存放时要分类。实验室无机物可按酸、碱、盐分类，盐可按金属元素的原子序数分类。有机物可按官能团分类，也可按应用分类。如染料多为有机物，可按染料类别存放。

实验室化学品存放的要求如下：

（1）化学品必须依性质差异分类存放，易燃、易爆、有毒、腐蚀性药品严禁混放；易燃易爆品的储存，一定注意防火、防电、避光等，且实验室存放化学品严禁过量。

（2）药品存放须由专人负责，领用、存放要建账，各药品做好明显标志，字迹不清的标签要及时更换，不得在未更换标签的情况下即用空药剂瓶盛装其他药品，过期失效、不明药品不准使用，需进行妥善处理。

（3）危险品的存放要经常检查，防止因分解、变质而逸出有害气体或造成自燃、自爆事件。

（4）遇水分解、燃烧或爆炸的药品，如钠、钾、三氯化磷、发烟硫酸、硫黄等，一定要低温存放，避免与水接触，不准存放在潮湿的环境中。

（5）剧毒品如氰化钾、三氯化砷、二氯化汞、硫酸二甲酯等一定要单独存放，专人负责管理，存放柜一定要坚固、安全，健全领用登记制度并严格执行。

（6）存放强腐蚀性药品（如浓硫酸、浓硝酸、氢氟酸、冰醋酸、液溴等）的药瓶、橱柜，其材质一定要耐腐蚀，且要放置在阴凉通风处，与其他药品隔离存放。

（7）挥发性强且易燃液体如乙醚、乙醇、苯等，要求存放在阴凉通风处，远离火源，适宜温度-4~4℃，最高温度不超过30℃。

（8）相互混合或接触后发生激烈反应、燃烧、爆炸或释放出有毒气体的两种或多种化合物称为不相容化合物，如强氧化剂和还原性物质就属此类，不相容化合物不能混放。

任务二　实验室安全操作规范

一、腐蚀、灼伤性化学品

化学灼伤是化学品危害中最为普遍发生的危险之一。化学灼伤是指人体细胞或皮肤组织因受到化学品的刺激或腐蚀，部分或全部遭到破坏。在众多的化学品中，酸、碱、氧化剂、还原剂、添加剂和溶剂最容易造成化学灼伤，而这些化学品是染整实验室最常用到的，使用时一定要谨慎。

腐蚀、灼伤性化学品操作守则：

（1）取用腐蚀品时，应尽可能戴上防护眼镜和手套，少量用洗耳球、移液管吸取，避免皮肤接触，操作完立即洗手。

（2）固体烧碱或浓硫酸的稀释要在耐热性良好的容器中进行，严格按规范操作，即将浓硫酸或固体烧碱在不停地搅拌下，缓缓倒入水中，切忌逆序。

（3）酸碱中和时，须各自稀释后中和，避免浓酸碱直接中和。

（4）研磨固体烧碱时注意戴防护品，防止小块溅及人体，特别是眼睛，以免造成化学灼伤。

（5）取下沸腾的水或溶液时，做好防护，以防沸腾的液体喷溅引起烫伤。

（6）废液应先按规定方法完全转化后再倒入水槽，严禁随意倾倒，以免造成环境污染、腐蚀排水管道。

（7）装配、拆卸受沾污仪器时，注意仪器破损处，防止造成人体的擦伤，尤其是有毒物质的沾污。如果不小心受伤，应立即就医，并向医生说明仪器上使用药剂情况。

二、防毒

1. 基本知识

（1）中毒。是指由于某种物质侵入人体而引起的局部刺激或整个机体功能障碍的任何疾病。凡可使人体受害引起中毒的外来物质都称为毒物。染色打样实验经常用到染化料，如染料、雕白粉、树脂整理剂和络合剂等，某些染化料具有一定毒性，使用时应特别注意。

（2）毒性。表示毒物剂量与生理反应间的关系，毒性大小的评价常用 LD_{50}（LC_{50}，指能引起实验动物50%死亡的剂量或浓度）即半数致死量来衡量。LD_{50}（LC_{50}）通常用毒物毫克数与动物的每千克体重之比（mg/kg）表示。毒物浓度常用百万分率（10^{-6}）来表示，对气态毒物，指一百万份空气容积中，某毒物所占容积份数（测定条件：25℃、101.3kPa）；对固态毒物，指一百万份固体物质中毒物的质量份数。毒物的溶液浓度常用每升液体中所含毒物的质量来表示（mg/L）。我国通常按照 LD_{50}（LC_{50}）的大小对毒物的急性毒性分级，见表1-1-1。

表1-1-1 化学毒物毒性分级

毒性级别	大鼠一次经口 LD_{50}（mg/kg）	六只大鼠吸入4h死亡2~4只的浓度（10^{-6}）	兔涂皮 LD_{50}（mg/kg）	对人可能致死量	
				g/kg	g（总量，按60kg体重计算）
剧毒	<1	<10	<5	<0.05	0.1
高毒	1~50	10~100	5~44	0.05~0.5	3
中等毒	50~500	100~1000	44~350	0.5~5	30
低毒	500~5000	1000~10000	350~2180	5~15	250
微毒	≥5000	≥10000	≥2180	≥15	1000

2. 实验室毒物处理

实验室产生的"三废"中，通常含有毒物质，为保证实验室人员健康和防止环境污染，它们的排放必须遵守《中华人民共和国环境保护法》《中华人民共和国大气污染防治法》和《中华人民共和国水污染防治法》等法规的有关规定。实验室"三废"排放前，必须先经适当处理降低或消除毒性，现将几种处理方法简单介绍如下：

（1）废气。少量废气一般可由通风装置排出室外，毒性大的参照工业废气处理办法处理后排出。

（2）无机酸类。排放前先进行中和处理，再用大量水冲洗。中和方法：将废液缓缓倒入过量碳酸钠或氢氧化钙水溶液中或用废碱互相中和。

（3）烧碱、氨水。用盐酸（一般 6mol/L）中和，再用大量水冲洗。

（4）含汞、砷等重金属离子的废液。将其转化成硫化物沉淀，控制酸度使 $[H^+]$ 浓度为 0.3mol/L。

（5）含氟废液。加生石灰生成氟化钙沉淀。

（6）含氰废液。加烧碱调 $pH \geqslant 10$，加过量高锰酸钾（3%）溶液，使 CN^- 氧化分解。如 CN^- 含量高，可加过量 $Ca(ClO)_2$ 和 NaOH 溶液。

（7）可燃有机物（不易燃烧的可先用废易燃溶剂稀释）。焚烧法处理，要确保安全，保证充分燃烧。

（8）实验室废固体物必须经解毒处理后丢弃，严禁与生活垃圾混放。

3. 防毒守则

（1）有毒药品的管理应由责任心强的专人负责，定期做好检查，并要有严格健全的管理制度。

（2）有毒药品瓶要有醒目标志，专橱保管，分类、分级排列。

（3）严禁将食品、餐具带进实验室，离开实验室前务必洗手。

（4）消除二次污染源，即防有害蒸汽逸出和毒物撒落。

（5）通过气味辨别药品时，应以手轻扇瓶口远嗅。

（6）有刺激性气体、有毒气体放出的实验要在通风橱内进行，实验前检查通风是否良好，实验时佩戴防毒面具，不要将头伸进橱内。

（7）实验者应亲自把与有毒物质接触过的所有器皿认真清理。

三、防火、防爆

1. 燃烧与爆炸基本知识

燃烧是一种伴有发光、发热现象的剧烈氧化反应。燃烧必备的三个条件为：有可燃物存在、有助燃物存在和有着火源，缺少其中任一条件燃烧便不能发生。某些情况下，即使三个条件都具备，若其中某一条件不够充分，如助燃物浓度不够，燃烧也不会发生。对于正进行的燃烧，若消除其中任何一个要素，燃烧便终止，这是灭火的基本原理。

爆炸是物质迅速从一种状态转变成另一种状态，瞬间释放巨大能量，并产生巨大声响的现象。爆炸使爆炸点周围介质发生急剧的压力突变，这种压力突变也是产生爆炸破坏作用的直接原因。

2. 防火、防爆守则

（1）实验室应配备灭火、急救和个人防护用具，实验室工作人员应熟知它们的使用方法。

（2）酒精灯使用方法要正确，要用火柴点燃，不得在已燃酒精灯上对火；用酒精灯盖扣在灯口熄灯，不得用吹灭方式，以防灯内酒精起燃；酒精量不得超过容量的 2/3，酒精量不足 1/4 时，应在灭火后添加酒精。

（3）易燃品的存放一定要远离热源或火源，常见的易燃品有汽油、酒精、苯、乙醚、二硫化碳等。

（4）实验室贮存易燃易爆物质，应规定最低存放量，不能随意无限制贮放，以免酿成火灾。

（5）操作易燃易爆品时，严禁仪器口对着人脸；加热时应用水浴加热，严禁用明火、电炉，且要戴防护面罩。

（6）氧化剂和易燃物严禁一起研磨，称量易燃品（如过氧化物）忌用纸，封装易挥发、易燃物忌用蜡，打开蜡封口时忌用火烤或敲击等方法。

（7）某些易燃易爆品须特别存放，如钠等应浸在煤油中存放，苦味酸不能离开水溶液。这些物品的保管应注意：器皿保持不渗，置于平时易看到的场所，定期检查，上锁。

（8）易燃物沾到身上或衣物上时，应立即洗净；沾有氧化剂的衣物要立即更换；废弃易燃物要倒入专用器具并定期清理，不得倾入下水道。

（9）挥发性药品的存放要求低温、通风良好；开启挥发性药品瓶前先在冷水里浸一定时间，开启时瓶口严禁朝向脸部。

（10）衣服着火时要立即以毯子之类蒙盖在着火者身上隔氧熄火，不应慌张跑动，否则加强气流流向衣服，使火焰加大。

（11）电线着火时须立即切断电源，关闭总电闸，再用四氯化碳灭火器熄灭已燃烧的电线并及时通知电气装配人员，不能用水或泡沫灭火器熄灭燃烧的电线。

四、气瓶的安全使用

实验室常用气体，可通过购置气体钢瓶获得，一些气源也可通过购置气体发生器来使用。相比较来说，气瓶具有压力稳定、纯度高、种类齐全和使用方便的优点，但多是高压容器，具有潜在使用危险，必须严格按规程操作。

（1）搬运气瓶必须轻拿轻放，并应可靠地固定在支架上，防止摔掷、敲击和剧烈震动，搬动时戴上安全帽。

（2）气瓶存放条件：阴凉、干燥、严禁明火，远离火源。

（3）开启高压气瓶时，操作者应站在气瓶出气口侧面，气瓶应该直立，然后缓缓旋开瓶阀。气体必须经减压阀减压，不得直接放气。

（4）按规定定期对气瓶进行技术检验、耐压实验。充装一般气体的气瓶，每 3 年检验 1 次；充装腐蚀性气体的气瓶每 2 年检验 1 次。使用中，如发现气瓶有严重损伤应提前检验。盛装剧毒或高毒介质的气瓶，在定期技术检验的同时，还要进行气密性试验。

（5）高压气瓶的减压器要专用，安装时上紧螺扣，防止漏气。开启高压气瓶时，操作者应站在气瓶出口的侧面，动作要慢，以减少气流摩擦，防止静电。

（6）可燃气体瓶、氧气瓶必须远离明火（不小于 10m）。不能达到规定距离时，应有可靠的隔热防护措施。氧气瓶必须防止油类存在。

（7）高压瓶内气体不得用尽，一般应保持 0.2~1MPa 的余压，以备充气单位检验取样和防止其他气体倒灌。

五、电气设备的安全使用

（1）电气设备要妥善接地，绝缘良好。对于新设备使用前要先进行全面检查，防止因运输中的震动造成的电线松动，消除安全隐患。

（2）使用前，检查开关、电动机等是否完好，确保设备正常运转；停用时，确保电源彻底关闭。

（3）电器或电源保险丝烧坏时，应先查明原因，排除故障后再按原负荷更换合适的保险丝。

（4）擦拭设备前确保电源已全部切断。严禁湿手操作，严禁用导电金属器具、湿布清理电门。

（5）使用高压电源工作时，要戴绝缘手套、穿绝缘鞋并站在绝缘垫上。

（6）实验室内不能有裸露线头，以防产生电火花。

（7）电气设备停电复用时，做好防范，以免仪表击穿。

（8）使用高温炉时，要加装安全设施，确保自动控温装置可靠，还需人工定时监测，避免温度过高。

（9）正确使用电源闸刀开关，应使闸刀处于完全合上或完全断开的状态，不得停在中间若即若离，以防产生不良电火花。

（10）如果人员受电击，立即用不良导体将其移开电线，同时切断电源，将伤者移至室外救治，通知医疗机构。

任务三　事故急救和处理常识

实验室人员掌握一些基本急救知识非常必要，这样能在遇突发事故时冷静、有效处理，将损失降到最低。实验室常见的事故有火灾、触电、割伤、化学灼伤、烧伤和中毒。

一、火灾

灭火基本原理是消除燃烧三要素之一。意外起火时要保持镇定，首先切断电源、关闭煤气，然后根据火情选择合适的灭火器材，若有必要，联系消防部门。水是最廉价的灭火剂，对一般木材、纤维和水溶性可燃物的灭火均适用。砂土也是有效的灭火剂，其原理是隔绝空气，去除助燃剂这一要素，适用于不能用水扑火的火情，实验室应配置砂土箱。实验室还须配备灭火器材，常用灭火器适用情况见表1-1-2。

表1-1-2　常用灭火器使用及保养

灭火器类型	药液成分	适用火灾类型	使用方法	保养与检查
酸碱式灭火器	硫酸、小苏打	非忌水、忌酸物质，非油类电器	筒身倒过来即喷出	放置方便处，注意使用期限，防喷嘴堵塞，防冻防晒，每年一次检查，泡沫小于4倍时换药
干粉灭火器	小苏打粉、润滑剂、防潮剂	油类、可燃气体、电器	提起圆环，干粉即可喷出药液	置于干燥通风处，防潮防晒。一年检查一次气压，当质量减少1/10时应充气

续表

灭火器类型	药液成分	适用火灾类型	使用方法	保养与检查
泡沫式灭火器	小苏打、发泡剂、硫酸铝溶液	非水溶性可燃液体、油类和一般固体火灾	倒过来稍加摇动或打开开关，药剂即可喷出	放置方便处，注意使用期限，防喷嘴堵塞，定期检查测量
二氧化碳灭火器	液体二氧化碳	电器（精密仪器）、图书资料档案	一手拿喇叭筒对准火源，另一手打开开关	当质量小于原量1/10时充气，每月测量一次

二、触电

触电事故主要是电击，电击的危害取决于通过人体的电流大小，电流越大，危害越大。根据欧姆定律，电流大小与施加电压呈正比，与人体电阻呈反比。一般规定，通过人体的安全电压不超过36V。

如遇触电事故，首先用绝缘物使触电者脱离电源，同时切断电源，然后将触电者转移至空气新鲜处，如伤势不重短时间内就可恢复知觉。若停止呼吸，应立即进行人工呼吸，并请求急救援助。

三、割伤

割伤是一种常见外伤。在实验室，多是由破损玻璃器皿、尖锐金属等不慎划伤，操作时一定要小心。切割玻璃管（棒）及塞子钻孔时往往造成割伤，一定按正确的规程操作。往玻璃管上套橡皮管时，首先正确选择玻璃管直径，不要使用薄壁玻璃管，且须将管端烧圆滑后才插入。

出现割伤时，首先清洁伤口，一般用医用酒精或碘伏给伤口及四周消毒，然后用创伤贴外敷。如出现出血现象，要进行压迫止血，比较严重的伤口，处理后要去就医。

四、化学灼伤

发生化学灼伤要及时去除皮肤表面化学品，常用方法是：先用布或吸水性良好的纸片等擦除腐蚀品，再用大量流水冲洗，然后用能消除这些灼伤试剂的溶剂、药品处理。用作处理的药品性能一定要温和，不能对皮肤造成其他损伤，处理时间要短，处理完后彻底清洗。眼睛被水溶性化学品灼伤时，应立即就近冲洗眼睛，用流水冲洗15min以上，淋洗时用手撑开眼睑，并向各个方向转动眼珠，冲洗完立刻前去就医。

灼伤程度取决于四个要素：化学品性质、浓度、温度和接触时间。常见急救处理见表1-1-3。

表1-1-3 常见化学灼伤及急救方法

灼伤性化学品	主要症状	处理方法
酸类（硫酸、盐酸、硝酸、醋酸、甲酸）	接触硫酸引起局部红肿痛，重者起水泡，如烫伤状；硝酸、盐酸腐蚀性小于硫酸，醋酸、甲酸腐蚀性最小	立即用大量流水冲洗，再用2%小苏打液中和冲洗，最后清水清洗

灼伤性化学品	主要症状	处理方法
碱类（氢氧化钠、氢氧化钾、碳酸钠、氨、氧化钙）	氢氧化钠或氢氧化钾会产生强烈的腐蚀性，造成化学灼伤	迅速以水、柠檬汁、2%乙酸或2%硼酸清洗，最后清水冲洗
氯气、氨气	氨气：对黏膜和皮肤有碱性刺激及腐蚀作用，可造成组织溶解性坏死 氯气：吸入后，迅速附着于呼吸道黏膜，导致人体支气管痉挛、支气管炎、支气管周围水肿、充血和坏死	分别用酸类和碱类方法处理
溴、酚	溴灼伤后的伤口一般不易愈合；酚对皮肤、黏膜有强烈的腐蚀作用，会引起神经系统损害	立即用大量流水冲洗，再以30%~50%酒精清洗，然后以5%小苏打液冲洗，最后清水冲洗

五、烧伤（包括烫伤、炸伤）

烧伤先看伤势，大面积烧伤时，要口服大量温热盐开水以防休克，烧伤面积大于体表1/3时，立即送往医院治疗；小块面烫伤且皮肤不破者立即用冷流水冲洗10~15min来降温防止伤情恶化，擦干后伤处敷上烫伤膏。

六、中毒

中毒分累积性慢性中毒和急性中毒。慢性中毒不易觉察，实验时注意防范。能够引起慢性中毒的有挥发性小分子有机物类（如苯、酚）和重金属类。急性中毒往往发展急骤，病情严重，一旦发生，必须全力以赴，争分夺秒，及时把中毒者救出毒区，设法排除体内毒物，并送医疗机构进一步治疗。

思考题

1. 染色打样中废液应如何处理？
2. 通过气味辨别药品的正确方式是什么？
3. 实验室安全操作规范有哪些？
4. 通常染整实验室的安全隐患有哪些？
5. 浓碱或浓酸不慎接触皮肤后应如何处理？
6. 浓碱或浓酸不慎溅入眼睛后应如何处理？

复习指导

1. 实验室规则包括实验室基本规章制度和实验室安全操作规范。熟悉实验室基本规章制度，了解实验室的安全隐患，掌握防范措施。

2. 实验室常见的突发事故有火灾、触电、割伤、化学灼伤、烧伤和中毒等。熟悉化学实验室有关防火、防爆、防毒、防触电的基本知识，掌握一些基本急救知识，掌握常用灭火器的使用方法。

3. 能在遇突发事故时冷静、有效处理，将损失降到最低。

4. 熟悉实验室仪器管理和化学品安全管理规范，熟悉并严格遵守实验室安全守则。

5. 掌握有毒、有害物质的使用与处置方法，确保使用与排放安全。

参考文献

［1］蔡苏英．染整技术实验［M］．北京：中国纺织出版社，2005.

［2］刘珍．化验员读本：上册［M］.4 版．北京：化学工业出版社，2004.

［3］李景惠．化工安全技术基础［M］.4 版．北京：化学工业出版社，1998.

［4］杭州大学化学系分析化学教研室．分析化学手册第一分册［M］.2 版．北京：化学工业出版社，1997.

项目二 染色打样常用仪器设备

本项目知识点

1. 熟练掌握玻璃仪器类型、规格、使用规范及洗涤方法。
2. 熟练掌握常用染色打样仪器设备类型及规范操作方法。
3. 掌握染色打样其他相关仪器及规范操作方法。

任务一 玻璃仪器

一、玻璃仪器种类

（1）杯类。分为烧杯和染杯。烧杯分低型烧杯和高型烧杯，规格有 1000mL、800mL、500mL、250mL、100mL、50mL 等。烧杯主要用于配制溶液、溶解试剂、润湿织物等，加热时应置于石棉网上，使其受热均匀，不宜干烧。染杯规格有 300mL、250mL，主要用于小样前处理或染色。

（2）瓶类。分为试剂瓶、称量瓶、容量瓶、锥形瓶和滴瓶。

试剂瓶规格有 1000mL、500mL、250mL、100mL、50mL 等，又有棕色和白色、广口和细口之分。细口瓶主要用于存放液体，如各种液体化学药剂、染料母液等；广口瓶用来存放各类固体。棕色瓶用来存放见光易分解的试剂，如保险粉等。

称量瓶分高型具磨砂玻璃塞称量瓶和低型具磨砂玻璃塞称量瓶。高型用于称量基准物样品，低型用于在烘箱中烘干基准物，磨口塞要原配。

容量瓶是一种细颈梨形的平底玻璃瓶，带有磨口玻璃塞或塑料塞，容量瓶塞要保持原配，漏水的不能用，可用橡皮筋将塞子系在瓶颈上。容量瓶通常用于配制一定体积和规定浓度的标准溶液。瓶颈上标有标线，瓶肚上标有容积及使用温度（通常为 20℃，表示在 20℃时液体凹面与标线平齐时的体积）。有 50mL、100mL、250mL、500mL 和 1000mL 等各种规格。

锥形瓶规格有 1000mL、500mL、250mL 等，可用于化学反应或染色，可在石棉网上加热，也可用水浴加热。

滴瓶用来存放需要滴加的溶液。

（3）移液管和吸量管。移液管是用来准确移取一定体积溶液的仪器，常用的移液管有 5mL、10mL、25mL 和 50mL 等规格。吸量管是具有分刻度的玻璃管，又称刻度吸管，它一般只用于量取小体积的溶液。常用的吸量管有 0.1mL、1mL、2mL、5mL、10mL 等规格。现在常常将移液管和吸量管统称为移液管。

（4）量器类。有搪瓷量杯和量筒等，搪瓷量杯有 1000mL、500mL 等规格，量筒有 500mL、100mL、50mL、10mL 等规格。二者常用于粗略量取液体体积。量筒不能加热，不能用作反应容器。

（5）干燥器。有白色干燥器和棕色干燥器。

（6）表面皿。有 9cm 和 10cm 两种规格。可作为固体称量器皿，也可用于较高温度染色时盖住染杯口以保温。

（7）过滤瓶。有具上嘴过滤瓶和具上下嘴过滤瓶。

（8）温度计。有水银温度计和红水温度计。

（9）浮计。有密度计和波美比重计，分别用于测量液体的密度和波美度。

（10）其他玻璃仪器。如玻璃棒、玻璃砂芯漏斗、胶头滴管等。

二、容量分析仪器使用规范

视频1：移液管
和吸量管的使用

（一）移液管和吸量管

移液管和吸量管是实验室中常用的卸量容器，在使用时，只有规范操作，方能确保移取溶液体积准确。

1. 移液管和吸量管选用

移液管又称为胖肚吸管，精确度较高，其相对误差 A 级为 0.7%~0.8%，B 级为 1.5%~0.16%，液体自标线流至口端（留有残液）。吸量管准确度低于移液管，A 级相对误差为 0.8%~0.2%，B 级相对误差为 1.6%~0.4%。A 级和 B 级通常在管上端标注 A 或 B 字样，A 级和 B 级除相对误差不同外，放出液体时的等待时间也不同，A 级等待 15s，B 级等待 3s。有"吹"字则为吹出式，即将管尖溶液吹出；无"吹"字的或标注"快"字的不需要将管尖的溶液吹出。使用前要看清吸量管的使用要求。

为了减小溶液移取时的体积误差，在使用前，需根据移取溶液的体积选择合适的移液管和吸量管。在吸量管上端有一色块，色块上方数字即为吸量管的规格，色块下面的数字为吸量管的精度。一般选取移液管规格等于需移取溶液的体积。选取的吸量管的规格要大于或等于移取溶液的体积，而不宜用小于移取溶液体积的吸量管分次移取；大于溶液的体积时，要选取相近规格的吸量管。

2. 吸量管、移液管及吸耳球的拿取

使用时，右手拇指、中指及无名指拿吸量管或移液管的上端色块处，小指放后面起辅助支撑作用，食指用来封堵管口。管尖插入液面下深 1~2cm，不宜过深或过浅。过浅，易吸入空气，过深，管外壁沾附过多溶液。左手拇指和中指握吸耳球，食指调节吸耳球的排气及进气，用前排尽空气，用后洗涤干净，最好竖放于吸量管架上。

3. 移液管和吸量管的洗涤

移取标准溶液前，移液管和吸量管都应该洗净，使整个内壁和下部的外壁不挂水珠。洗涤时，将吸耳球排尽空气后，放于吸管上口，缓缓松动左手，让洗液液面上升至满刻度线以上后，将液体排放掉（若用铬酸洗液，详细使用方法见本节铬酸洗液的洗涤）。根据移液管和吸量管的洁净程度可选用不同的洗涤方法。移液管和吸量管洁净的，先用自来水洗涤 3 次，再用纯净水或蒸馏水洗涤 3 次；不洁净的，先用洗液或表面活性剂溶液洗涤后，再依次用自来水和纯净水（或蒸馏水）洗涤 3 次。

4. 移液管和吸量管的使用

（1）移取标准溶液前的润洗。经洗涤干净的移液管和吸量管，在移取标准溶液前，要用标准溶液润洗 3 次，以确保所用的标准溶液浓度不受影响。润洗前，先将内壁水分用吸水纸吸出，外壁水分用吸水纸擦干。润洗时，将标准溶液摇匀，右手握移液管或吸量管，将移液管或吸量管插入液面以下 1~2cm，左手排尽吸耳球空气，吸取约 1/5 移液管或吸量管的标准溶液后，迅速封住管上口离开标准溶液试剂瓶（禁止管内溶液流回标准溶液内，即使不小心吸多了，也不可放回），然后把移液管和吸量管平放，用双手拇指、食指和中指缓缓转动，使液体上升至满刻度以上，但不要从上端流出，然后从移液管和吸量管尖部将溶液排出至废液杯中。再重复上述操作两次。

（2）标准溶液的移取。用吸量管移取标准溶液时，规范操作是吸液时首先将液面调整到吸量管的满刻度，然后从满刻度放液到接收容器所需体积为止，最后将管中剩余液体放回试剂瓶（做分析实验时要放掉剩余液体）。

吸取溶液前，将溶液摇匀。吸取溶液时，把管尖插入液面以下 1~2cm，左手拿吸耳球先把球内空气压出，然后把吸耳球尖端接在管口，慢慢松开左手指，使溶液吸入管内（图 1-2-1）。当液面升高至刻度以上时，迅速移去洗耳球，立即用右手的食指按住管口，将移液管向上提，使其离开液面，并将管的下部沿试剂瓶内壁转两圈，以除去管外壁上的溶液，必要时用滤纸擦净管外壁液体。然后右手的大拇指和中指缓慢转动，使食指稍稍松动，让管中多余溶液缓缓流下，当溶液的弯月面与移液管和吸量管刻度标线相切时，立即用食指压紧管口。左手改拿接收器。将接收器倾斜，使内壁紧贴管尖呈 45°倾斜（图 1-2-2），移开右手食指，让管中溶液自由流入接收器，并停留规定时间（遗留在管尖端的溶液及停留的时间要根据移液管和吸量管的种类进行不同处理），转动一圈后取出。如不是满刻度移取溶液（如用 10mL 吸量管移取 7mL 溶液），食指稍稍松动，使溶液自由地沿壁流下，放至流出的液体体积为所需液体体积时，迅速用右手食指压紧管口，离开接收器，将剩余溶液放回试剂瓶（或根据要求放掉）。

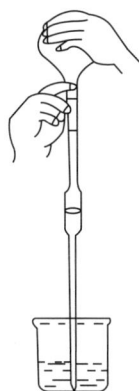

图 1-2-1　吸取溶液　　图 1-2-2　放出溶液

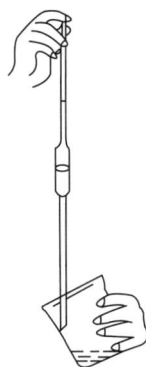

在印染中，常常用两种以上的染料拼色，一个染杯中通常要同时移取两种及两种以上的染料溶液，在移取第二个染料时，若不小心放入过量溶液，则需要重新配制染液，给配色带来很多不便。为此，在配色打样时，较多采用剩余溶液体积移取法。即首先调节吸量管液面至管内剩余溶液体积等于需移取溶液的体积，再将吸量管内溶液放入染杯中。

（二）容量瓶

使用容量瓶配制标准溶液的方法如下：

1. 检漏

使用前检查瓶塞处是否漏水。具体操作方法是：在容量瓶内装入半瓶水，塞紧瓶塞，用左手食指顶住瓶塞，右手五指托住容量瓶底，将其倒立，观察容量瓶是否漏水（图1-2-3）。若不漏水，将瓶正立且将瓶塞旋转180°后，再次倒立，检查是否漏水。若两次操作，容量瓶瓶塞周围皆无水漏出，即表明容量瓶不漏水。经检查不漏水的容量瓶才能使用。

视频2：容量瓶的使用

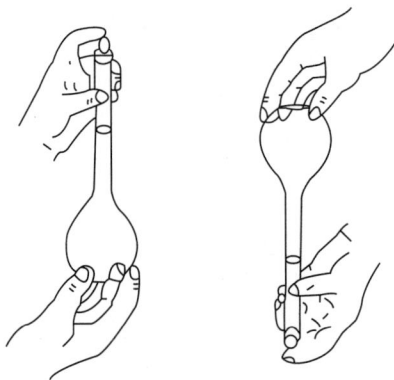

2. 称量与化料

将烧杯洗涤干净，擦净烧杯外壁水分，放在电子天平上，清零后，少量多次加料至需要量，用少量水溶解均匀（根据需要可以采用不同的化料温度），然后用玻璃棒引流，即将玻璃棒一端靠在容量瓶颈内壁上，不要让玻璃棒其他部位触及容量瓶口，防止液体流到容量瓶外壁上，把烧杯尖口处紧贴玻璃棒，缓缓将溶液转移到容量瓶里（图1-2-4）。为保证溶质能全部转移到容量瓶中，要用水少量多次冲洗烧杯，且一并转移到容量瓶里。一般洗涤3次即可，但在配制染料母液时，有些染料溶解不充分，3次较难将烧杯洗涤干净，这种情况可不拘泥于洗涤次数，以洗净烧杯为止。

图1-2-3　容量瓶检漏　　　　　　　图1-2-4　溶液转移

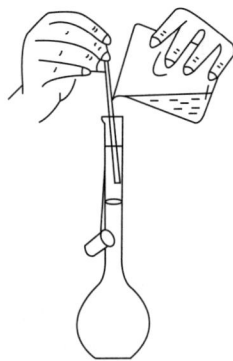

3. 定容

向容量瓶内加水至液面离标线1cm左右时，应改用滴管小心滴加，最后使液体的弯月面与标线正好相切。若加水超过标线，则需重新配制。

4. 摇匀

盖紧瓶塞，用倒转和摇动的方法使瓶内的液体混合均匀。静置后如果发现液面低于刻度线，这是因为容量瓶内极少量溶液在瓶颈处润湿所损耗，所以并不影响所配制溶液的浓度，故不要在瓶内添水，否则，将使所配制的溶液浓度降低。

5. 注意事项

（1）容量瓶的容积是特定的，刻度不连续，所以一种型号的容量瓶只能配制规定体积的溶液。在配制溶液前，先要明确需配制溶液的体积，然后选用相同规格的容量瓶。

（2）易溶解且不发热的物质可直接用漏斗倒入容量瓶中溶解，其他不适宜在容量瓶里进行溶解的物质，应将物质在烧杯中溶解后转移到容量瓶里。

（3）用于洗涤烧杯的水的总量不能超过容量瓶的规定容积。

（4）容量瓶不能进行加热。如果溶质在溶解过程中放热，要用烧杯溶解并待溶液冷却后再进行转移，因为一般的容量瓶是在20℃的温度下标定的，若将温度较高或过低的溶液注入容量瓶，容量瓶会热胀冷缩，所量体积就会不准确，导致所配制的溶液浓度不准确。

（5）容量瓶只能用于配制溶液，不能储存溶液，因为溶液可能会对瓶体进行腐蚀，从而使容量瓶的精度受到影响。或染料溶液在容量瓶内壁附着，导致清洗困难。

（6）容量瓶用毕应及时洗涤干净，为防止瓶塞与瓶口粘连，在塞子与瓶口之间夹一纸条，塞上瓶塞。

（7）定容时，不能用手掌握着瓶肚，这样会给其加热，从而造成定容体积及浓度的误差。

三、玻璃仪器的洗涤、干燥和存放

（一）洗涤剂及使用范围

根据玻璃仪器的沾污程度不同，常用的洗涤剂有肥皂、洗衣粉、去污粉、皂液、洗液及有机溶剂等。

肥皂、洗衣粉、去污粉及皂液，用于可以直接用刷子刷洗的仪器，如烧杯、三角瓶、试剂瓶等。

洗液多用于不便用刷子洗刷的仪器，如滴定管、移液管、吸管、容量瓶及蒸馏器等特殊形状的仪器，也用于洗涤长久不用的杯皿器具和刷子刷不下的污垢。用洗液洗涤仪器，是利用洗液本身对污物的化学作用，将污物去除。因此需要浸泡一定的时间，让洗液与污垢充分反应。

有机溶剂是针对各类油性污物的洗涤，是借助有机溶剂能溶解油脂的作用洗除，或借助某些有机溶剂能与水混合而又挥发快的特殊性，冲洗一下带水的仪器。如甲苯、二甲苯、汽油等可以洗涤油性污垢，酒精、乙醚、丙酮可以冲洗刚洗净而带水的仪器。

洗液是根据不同的洗涤要求而配制的具有不同洗涤作用的溶液。常用洗液的制备及使用如下：

1. 铬酸洗液

铬酸洗液是用重铬酸钾（$K_2Cr_2O_7$）和浓硫酸（H_2SO_4）配成。重铬酸钾在酸性溶液中有很强的氧化能力，对玻璃仪器又极少有侵蚀作用，所以这种洗液在实验室内使用较广泛。但因其对环境污染严重，应尽可能减少使用。铬酸洗液浓度在5%~12%不等，而以重铬酸钾：水：硫酸=1：2：20的配方去污效果最好。没有水，则洗液不稳定，密闭放置一个月，会析

出大量 CrO_3 红色沉淀。

铬酸洗液的配制方法为：取一定量的重铬酸钾（工业品即可），先用 1~2 倍的水加热溶解，稍冷后，将所需量的工业品浓硫酸徐徐加到重铬酸钾溶液中（千万不能将水或溶液加入浓硫酸中），边加边用玻璃棒搅拌，并注意不要溅出，混合均匀，冷却后，装入棕色试剂瓶备用。

例如，配制浓度为 5% 的铬酸洗液，其步骤如下：于烧杯中称取工业用重铬酸钾 25g，加水 50mL，加热溶解，然后冷却至室温。在不断搅拌下缓慢地加入工业硫酸 450mL，冷却后放置在棕色磨口瓶中密闭保存。

新配制的洗液为红褐色，氧化能力很强，腐蚀性很强，易烫伤皮肤，烧坏衣服，所以使用时要注意安全。当洗液多次使用变为黑绿色后，即说明洗液已失去氧化洗涤效力。

2. 碱性洗液

碱性洗液用于洗涤有油性污物的仪器。洗涤时采用长时间（24h 以上）浸泡法或浸煮法。必须注意的是，要戴乳胶手套进行清洗操作，不可直接用手从碱性洗液中捞取仪器，以免烧伤皮肤。常用的碱性洗液有碳酸钠洗液、碳酸氢钠洗液、磷酸三钠洗液等，可根据需要配制成不同浓度。

3. 碱性高锰酸钾洗液

碱性高锰酸钾洗液适合于洗涤有油污的器皿，作用缓慢。配制方法为：取高锰酸钾 4g 加少量水溶解后，再加入 10% 氢氧化钠 100mL。

4. 纯酸纯碱洗液

根据器皿污垢的性质，直接用浓盐酸或浓硫酸、浓硝酸浸泡或浸煮器皿（温度不宜太高，否则浓酸挥发刺激人）。纯碱洗液多采用 10% 以上的浓氢氧化钠、氢氧化钾或碳酸钠溶液浸泡或浸煮器皿（可以煮沸）。

5. 有机溶剂

带有脂肪性污物的器皿，可以用汽油、甲苯、二甲苯、丙酮、酒精、乙醚等有机溶剂擦洗或浸泡。但用有机溶剂作为洗液浪费较大，能用刷子洗刷的大件仪器尽量采用碱性洗液。只有无法使用刷子的小件或特殊形状的仪器才使用有机溶剂洗涤，如活塞内孔、移液管尖端、滴定管尖端、滴定管活塞孔、滴管等。

6. 草酸洗液

将 20g 草酸及约 30mL 冰醋酸溶于 1000mL 水中（或可根据洗涤用途用少量浓盐酸代替冰醋酸）。草酸溶液既呈酸性又有还原作用及络合作用，可以洗涤织物上的锈斑，也可用于洗除玻璃仪器的水垢及附着的染料颜色。

（二）洗涤玻璃仪器的步骤与要求

玻璃仪器的用途不同，对仪器的清洁程度要求不同，可以选用不同的洗涤方法。

1. 常规洗涤方法

（1）用水刷洗。首先用水冲去仪器上带有的可溶性物质，再用毛刷蘸水刷洗以刷去仪器表面黏附的灰尘。

（2）用合成洗涤剂刷洗。用市售洗洁精（以非离子表面活性剂为主要成分的中性洗液）

配制成 1%~2% 的水溶液，或用洗衣粉配制成 5% 的水溶液，刷洗仪器。它们都有较强的去污能力，必要时可将洗液加热以提高洗涤效力，或经短时间浸泡后洗涤。

（3）用去污粉刷洗。将刷子蘸上少量去污粉，将仪器内外全刷一遍，然后用自来水冲洗，至肉眼看不见有去污粉时，再视需要用软化水或蒸馏水冲洗 2~3 次。

（4）酸洗。首次使用的玻璃仪器常附着有游离的碱性物质，可先用 0.5% 的去污剂洗刷，再用自来水洗净，然后浸泡在 1%~2% 盐酸溶液中过夜（不可少于 4h），再用自来水冲洗。

2. 作痕量金属分析的玻璃仪器的洗涤

痕量分析是指对物质中含量在万分之一以下的组分的分析方法。痕量金属分析对所用玻璃仪器的洁净度要求比较高，一般先使用 1∶（1~9）硝酸溶液浸泡，然后进行常规洗涤。

3. 铬酸洗液洗涤

这种洗液有强腐蚀性和强氧化性，在使用时要注意不能溅到身上，以防"烧"破衣服和损伤皮肤。同时铬对人体有致癌作用，排放后对环境有很大的污染，应尽量减少其使用。使用时将洗液倒入要洗的仪器中，应使仪器周壁全浸洗后稍停一会再倒回洗液瓶。第一次用少量水冲洗刚浸洗过的仪器后，废水不要倒在水池里和下水道里，因其经长时间浸渍会腐蚀水池和下水道及污染环境，应倒在废液缸中，缸满后经适当处理再倒掉。处理的方法是：首先用废铁屑还原残留的六价铬，再用废碱液或石灰中和使其生成低毒的 $Cr(OH)_3$ 沉淀。少量的洗液弃掉时如不便处理，要边倒边用大量的水冲洗。

另外，进行荧光分析时，玻璃仪器应避免使用洗衣粉洗涤（因洗衣粉中含有荧光增白剂，会给分析结果带来误差）。

一般染色用玻璃仪器，如染杯、烧杯等，洁净度要求不像分析仪器那么高，原则是只要能够保证仪器内壁附着物不影响染色色光、牢度及得色量即可。平时用去污粉洗刷即可满足清洁要求，当有有色污垢附着时，可用草酸洗液或少量洁厕剂洗涤。

（三）玻璃仪器的干燥

作实验用仪器应在每次实验完毕后洗净干燥备用。不同实验对干燥有不同的要求，一般定量分析及染色用的烧杯、锥形瓶及染杯等仪器洁净即可使用，而用于分析的仪器很多要求是干燥的，有的要求无水痕，有的要求无水。应根据不同要求采取不同的干燥方法。

1. 晾干

将洗净的仪器在无尘处倒置控去水分，让其自然干燥。可用安有支架可倒挂仪器的架子或带有透气孔的玻璃柜放置仪器。

2. 烘干

（1）一般仪器。将洗净的仪器控去水分，放在烘箱内烘干，烘箱温度为 105~110℃，烘 1h 左右。也可放在红外灯干燥箱中烘干。

（2）称量瓶。在烘干后要放在干燥器中冷却和保存。

（3）带实心玻璃塞及厚壁仪器。烘干时要注意慢慢升温，且温度不可过高，以免仪器炸裂。

（4）硬质试管。可用酒精灯加热烘干，要从底部开始加热，把管口向下，以免水珠倒流把试管炸裂，烘到无水珠后把试管口向上赶净水汽。

注意量器不可置于烘箱中烘燥。

3. 热（冷）风吹干

对于急于干燥的仪器或不适于放入烘箱的较大仪器可采用吹干的办法。先将仪器中水分控去，倒入少量乙醇或丙酮（或最后再用乙醚）摇洗，然后用电吹风吹，开始用冷风吹 1~2min，当大部分溶剂挥发后改用热风吹至完全干燥，再用冷风吹去残余蒸汽，以防其又冷凝在仪器内。

任务二　染色打样设备

视频3：电热恒温
水浴锅的使用

一、常温电热恒温水浴锅

（一）普通电热恒温水浴锅

普通电热恒温水浴锅用于加热及蒸发等，常用的有 2 孔、4 孔、6 孔和 8 孔的，分单列式和双列式。工作温度从室温至 100℃，恒温波动±（1~5）℃。在水浴锅面板处有两个上下排列或平行排列的温度刻度盘，其中带调温旋钮的一个为设定温度盘，用来设置使用所需温度；另一个为显示温度盘，显示水浴的实时温度。

1. 普通电热恒温水浴锅的操作规程

（1）关闭水浴锅放水阀门，注入蒸馏水至水浴锅内适当的深度（要略高于或等于被加热仪器内的液位）。加蒸馏水是为了防止水浴槽体锈蚀，水质好的地区也可用自来水。

（2）将调温旋钮沿顺时针旋转到所需温度位置。

（3）接通电源，打开水浴锅电源开关，红灯亮表示通电开始加热。

（4）在加热过程中，当显示温度达到设置温度时，红灯熄灭，绿灯亮，表示恒温控制器发生作用。水浴锅将保持恒温。

（5）使用完毕，关闭电源开关，拔下插头。

2. 注意事项

（1）水浴锅内的水位线不能低于电热管，否则电热管将被烧坏。

（2）控制箱部分切勿受潮，以防发生漏电现象。且在使用过程中应随时注意水浴锅是否有漏电现象。一旦漏电，立即关闭电源，检修合格后方可使用。

（3）调温旋钮刻度盘的数字并不表示水浴的实际温度。应随时记录调温旋钮设定温度与水浴实际温度的关系，以便标定和调节设定温度。另外，因散热作用，被加热杯内的液体温度一般略低于水浴温度，水浴温度与室温温差越大，杯内液体温度与水浴温度温差就越大。使用时，应视温差大小，保持水浴温度等于或略高于杯内液体需要的温度。

（4）一般来说，设定的温度越高，升温速度越快。在开始加热时，为了提高升温速度，可将调温旋钮设定到最高温度，但要时刻注意水浴锅的显示温度，当快要达到需要温度时，要将调温旋钮退回至合适的设定温度。

（5）若较长时间不使用水浴锅时，应将调温旋钮退回原位，并放净水浴锅内的存水。

（二）自动振荡常温电热水浴锅

自动振荡常温电热水浴锅分为常温振荡式染色小样机和圆周平动式微电脑控制型常温水浴染样机，如 L-12/24A 型常温振荡式染色小样机（图 1-2-5）。

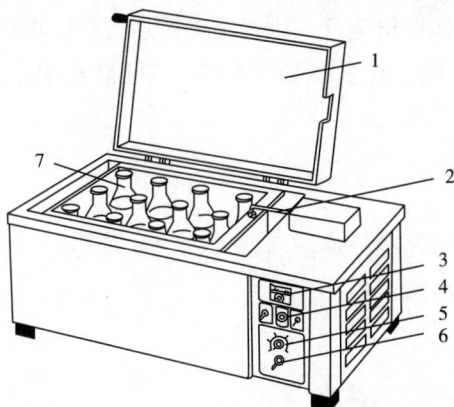

图 1-2-5 L-12/24A 型常温振荡式染色小样机

1—机盖 2—游戏杆 3—温度控制器 4—电源指示灯 5—马达转速控制器 6—马达 7—锥形杯

1. 常温振荡式染色小样机操作规程

（1）开机前首先确定水槽内是否有足够的水，然后才可打开电源。

（2）温控仪温度设定操作：先按"<"键，使数字右下方点闪烁，表示可设定温度；按"<"键使右下方闪烁点移动至预设定位置；按"∧"键增加数字，按"∨"键减少数字；设定温度至工艺要求的温度。

（3）启动主电动机开关，旋转马达调速旋钮调整电动机开关转速至合适速度。

（4）开启两段加热开关，可根据工艺要求选择一组或两组加热管进行加热。

（5）到达设定温度后，调整振荡速度至 0。

（6）将盛装染液的锥形瓶置于固定夹中，调整振荡速度至合适速度，开始染色。

（7）染色结束，关闭加热管开关，关闭振荡电动机开关，取出锥形瓶。

2. 圆周平动式微型计算机控制型常温水浴染样机操作规程

开机前准备：打开电源，检查温度传感器、电子调速器等电器是否正常，按动平动开关，检查平动机构是否灵活。

操作规程：

（1）将机内水加至与染杯内染液平齐位置。

（2）将染杯加入染液，放入被染物，瓶口加盖橡皮塞。

（3）打开电源开关，电源指示灯亮。

（4）将调速旋钮调于最小处（即逆时针旋转）。打开平动开关，平动指示灯亮，根据染色要求调节调速旋钮，实行电动机调速，染杯做圆周平动运动。

（5）计算机操作。

①按工艺从开始至结束的操作。按电源按钮接通电源，这时电源指示灯亮，第一个数码

管"—"闪动，这时按"+"键，直至第1位数显示的数符合所需要的工艺号为止。按运行键，即按该工艺曲线运行，直至该工艺结束蜂鸣器呼叫为止。这时按清除键，数码管上数字全部消失，蜂鸣器停止呼叫，这时可开门取出杯子。

②按工艺曲线中某些工步运行操作。按上述操作直至第一位数码管显示所要运行的工艺号，按编程键，再按"▶"键，直至所要运行的工艺参数出现，这时按运行键，即从该工艺中这一步开始运行。若要中途退出运行，则必须先按运行键，再按清除键，使运行终止。

（6）放下门盖。当设定温度超过75℃开盖时，注意防止槽内热水烫伤。

（7）关闭电源开关，取出染杯。

二、小轧车

小轧车主要用于压轧浸渍各种处理液后的织物，使其均匀带液。目前染整实验室常用的有立式和卧式两种小轧车，如图1-2-6所示。

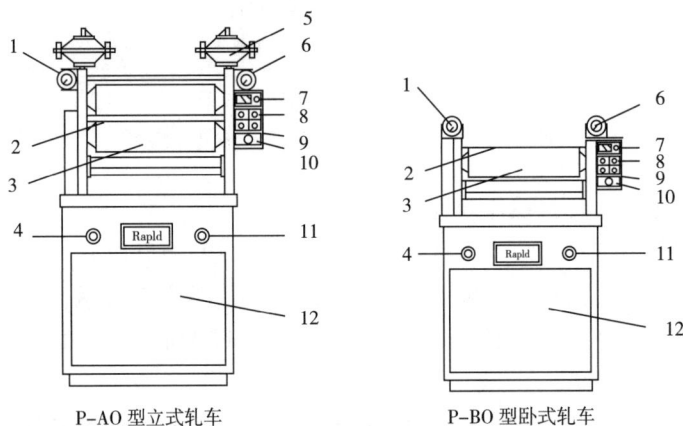

P-AO型立式轧车　　　　P-BO型卧式轧车

视频4：小轧车的使用（上）

视频5：小轧车的使用（下）

图1-2-6　小轧车

1，6—压力表　2—保险杠　3—橡胶压辊　4，11—压力调节阀　5—膜阀　7—轧辊压力指示表　8—电动机启动按钮　9—加压按钮　10—紧急触摸开关　12—安全膝压板

1. 小轧车的操作规程

（1）接通电源、气源及排液管。卧式轧车压紧端面密封板，关闭导液阀。

（2）按下电动机启动按钮及加压按钮，使轧辊旋转方向分别如图1-2-7和图1-2-8所示。

（3）分别调整左右压力阀后（压力阀顺时针方向旋转为增加压力，反之为降低压力），按卸压按钮，再按加压按钮，重复2~3次，当确定所调压力准确无误后，向外轻拉调压阀到"LOCK"位置。

（4）将轧液率测试调节布样浸渍后压轧、称重，计算轧液率。重复操作，直至轧液率达到规定要求。

（5）配制试验用浸轧液，准备好织物。

（6）用浸轧液淋冲轧辊，以防轧辊沾污试验织物。

（7）浸轧织物。

（8）试验完毕，清洗压辊。按卸压按钮和电动机停止按钮，关闭设备。

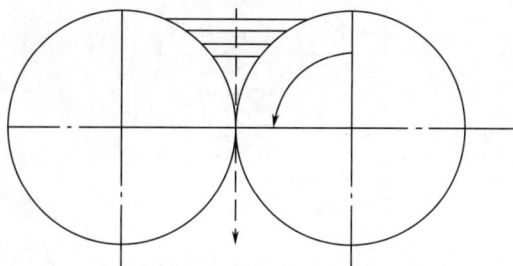

图 1-2-7　P-BO 型卧式轧车轧辊旋转方向示意图

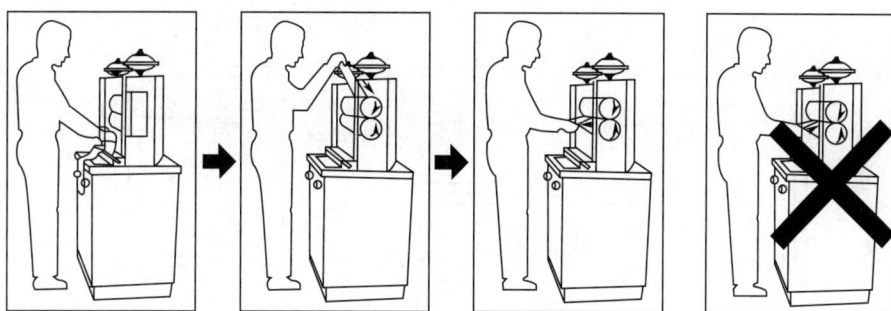

图 1-2-8　P-AO 型立式轧车轧辊旋转方向

2. 注意事项

如遇紧急情况，按压紧急按钮或安全膝压板，机台会自动停止运转，同时轧辊释压并响铃。按下紧急按钮后，机台无法启动，若要重新启动机器，先将紧急按钮依箭头指示旋转弹起后即可。

三、高温高压染色样机

高温高压染色样机分为油浴加热式和红外线加热式。因红外线加热操作方便、干净整洁，目前较常用。如瑞比（Rapid）的 LA 2002-A 型新红外线染色试样机，其结构示意图和控制面板图如图 1-2-9 和图 1-2-10 所示。

红外线高温高压染色试样机适用于各种染料、助剂试验，它装有红外线加热装置，以特殊探针控制红外线的照射来达到染色的目的。与传统的甘油浴加热高温高压小样机相比，工作环境整洁，操作方便，升温速率快，染杯内染液温度均匀，染色试样平整，匀染性好。

1. 红外线染色试样机的操作规程

（1）将染杯置于转轮上，同时要将探针插入探针杯内。请务必将感温棒放入侦测杯底。

（2）选用已设定的染色程序。

（3）开启加热系统，同时选择适度的转速。

（4）开启仪器冷却系统。

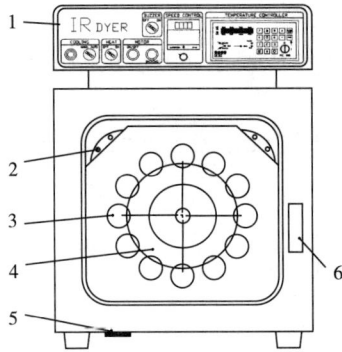

图1-2-9　LA 2002-A型新红外线染色试样机示意图

1—控制面板　2—红外线灯管　3—钢杯位置　4—转轮　5—限制加热开关　6—门钮

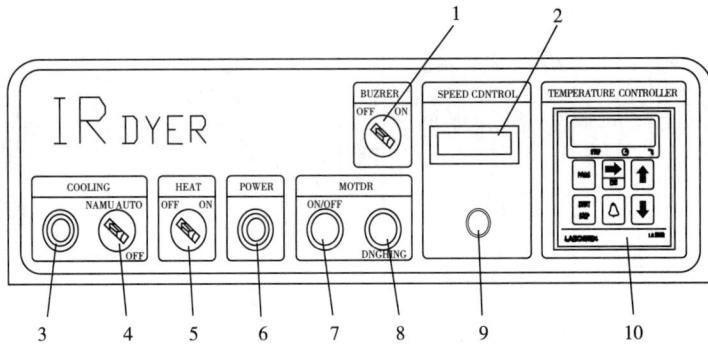

图1-2-10　LA 2002-A型新红外线染色试样机控制面板图

1—电铃开关　2—速度表　3—电源指示灯　4—冷却开关　5—加热开关
6—加热灯　7—电动机开关　8—马达开或寸动　9—速度旋钮　10—温控器

（5）按下电动机启动按钮，仪器将按预先设定的程序执行。程序运行完毕后自动响铃报警。

（6）关闭加热开关，取出染杯，清洗布样及染杯。

2. 注意事项

（1）必须先将染色流程设计好后，再输入计算机程序。应特别注意设定升温速度，最高不可超过3℃/min，更不可设为0（0表示全速升温）；降温速度可设为0（0表示全速降温）。注意启动段的温度和时间设定，否则温度有漂动现象。

（2）每次试验必须更换探针杯子里的水，水温与染杯内的温度相同。

（3）因红外线染色机依靠侦测一只杯子内温度而控制染色全过程温度，每个杯子（含探针杯子）的水量应相同，其误差不得超过±1.5%。

（4）为防止产生色花，在注射添加助剂时，每一染杯注射后旋转20s。

（5）不可在中途加入染杯。

（6）染色结束后，必须等待染杯冷却到规定温度（仪器自动鸣笛提示）方可打开门锁。

四、溢流染色试样机

溢流染色试样机主要用于小批量织物绳状染色或其他加工，可根据需要采用常温常压或高温高压染色。目前常用的溢流染色试样机的机械构造如图 1-2-11 所示。该机采用自动化系统控制，可实现染色全过程的自动控制，如加料、进水、水位、温度、时间、排水等。

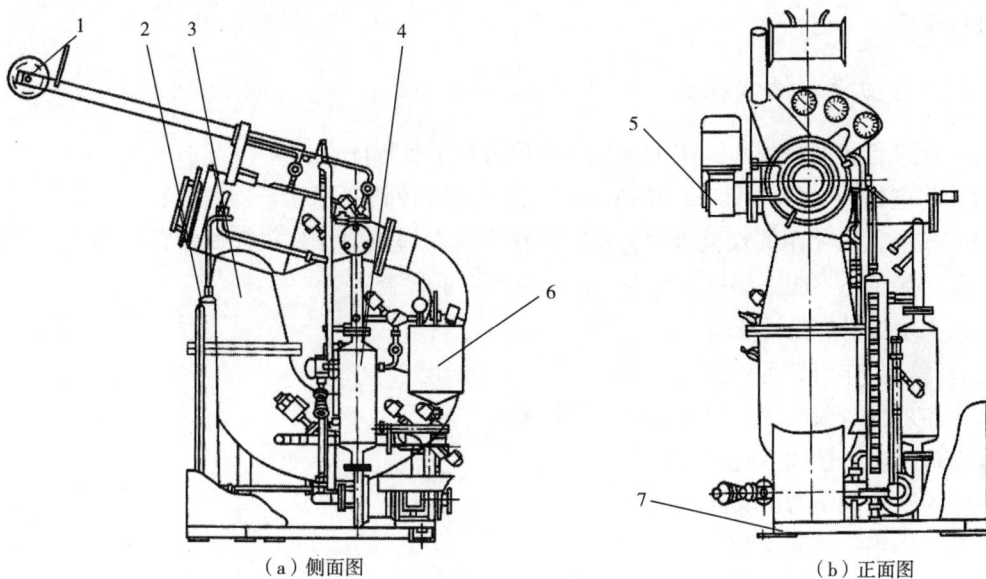

（a）侧面图　　　　　　　　　　　　　　　　　（b）正面图

图 1-2-11　溢流染色试样机结构示意图

1—出布辊　2—水位装置　3—缸体　4—热交换器　5—转鼓装置　6—染料桶　7—底座

溢流染色试样机的操作规程如下。

（一）电源及操作模式选择

（1）逆时针转动电控箱上的电源隔离开关手柄至闭合状态，接通电源。

（2）按电源按钮一次，电源指示灯亮。

（3）转动"AUTO/MANUAL"选择开关选择操作模式（"MANUAL"即手动模式。操作未必全部是自动操作，也可能是半自动的）。

（二）编制染色程序时的注意事项

对于自动操作模式，需在样机运行前编制需要的运行程序，在编制染色程序时，必须将安全保护步骤包括在内，具体如下：

1. 入水

（1）禁止在入水操作程序前设置加热至 85℃ 的步骤。

（2）禁止在入水操作程序前设置启动液流循环泵的程序步骤（除非已配备了该种控制功能）。

（3）如果入水操作程序后紧接着是入布，就必须包括不进行加热和冷却的液流循环工序及手动执行下一工序的功能。

2. 排水

在执行排水工序前，必须设置一冷却程序能将机器温度降低到85℃以下，并保持5min（带高温排放功能的除外）才能进行排水。

3. 取样

在染液温度高于85℃时，必须有一程序能将机器温度冷却到85℃以下，并保持10min，才能进行取样。

（三）自动模式操作规程

（1）在进行机器操作前，按上述注意事项编制染色程序文件。

（2）将电控箱上的"AUTO/MANUAL"选择开关转到"AUTO"自动位置。

（3）按照仪器使用的规范步骤，将染色程序输入到微型计算机控制器存储器内。但必须注意的是，此时还不能立刻启动程序。需要进行以下检查：

①入水水位设定是否正确。

②过滤器工作门是否已关闭上紧。

③入布后缸身前的工作门是否已关闭拧紧。

④节流阀是否已调节到正确位置。

⑤喷淋清洁阀是否已关闭。

⑥确认压缩空气源正常。

⑦确认手动排压阀已关闭。

⑧确认加料桶的模式选择开关已置放在"AUTO"（自动）位置（只适用于可编程注料系统）。

（4）在确保上述各项准备无误后，选择好正确的步骤及程序号，按下自动控制系统的启动按钮。

（5）系统回应下列呼唤信号：

①备料呼唤（染料）。

②取样呼唤。

（6）当取样呼唤信号灯亮时，按仪器规范操作步骤进行取样操作。

五、连续轧染机

连续轧染机主要用于实验室打轧染小样及其他加工。根据染料扩散与固着条件不同，分为连续式热溶固色机和连续式压吸蒸染试验机。

（一）连续式热溶固色机

连续式热溶固色机适用于使用干热空气焙烘或定形的工艺，如分散染料热溶染色、树脂整理等。PT-J型连续式热溶固色机如图1-2-12及图1-2-13所示。

连续式热溶固色机操作规程如下：

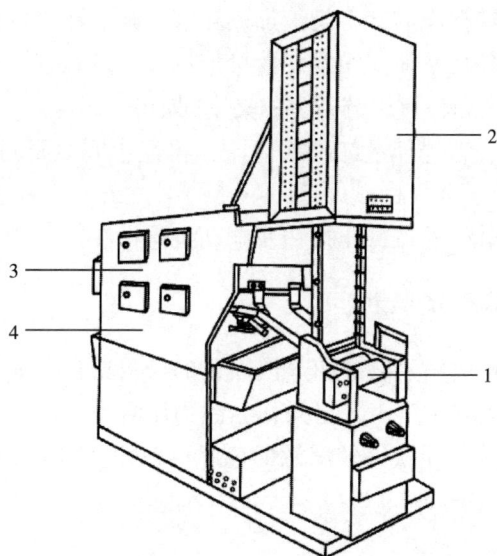

图 1-2-12　PT-J 型连续式热溶固色机示意图

1—二辊卧式轧车　2—红外线烘干　3—热风烘干　4—热溶焙烘

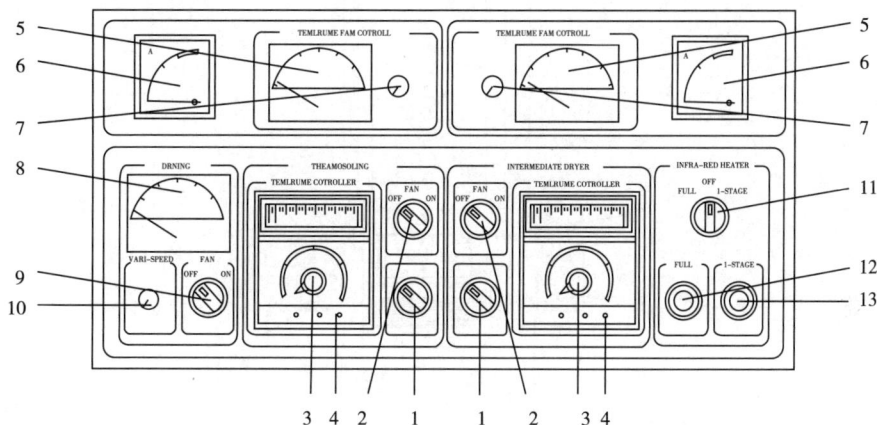

图 1-2-13　PT-J 型连续式热溶固色机控制面板图

1—加热器开关　2—风扇开关　3—电子温度显示计　4—调温螺丝　5—风扇转速显示器　6—负荷显示器
7—风扇变速调整旋钮　8—电动机变速滞留时间表　9—电动机开关　10—电动机变速调整旋钮
11—红外线加热开关　12—红外线满负荷加热显示器　13—红外线半负荷加热显示器

（1）设定工艺流程。首先决定染色过程中是否包含热溶过程，即试验过程是否为：轧车轧液→红外线预烘→上层烘箱预热焙烘→下层烘箱热溶染色（如不需热溶过程，把上层预热烘箱后面的落布袋用螺丝固定上，如此试样可在通过上层烘箱后直接落入布箱内，不会再通过热溶烘箱）。

（2）设定工艺流程条件：轧车压力、传动链条速度、红外线预烘条件、风扇马达转速、预热烘箱的温度。

（3）准备试验布、染液。

（4）清洗轧槽及轧辊并擦干后，将染液加入轧槽，调整好试验布。

（5）按电动机按钮及加压按钮。织物浸渍染液后，经过轧辊轧压，即用两支夹布棒固定在连续运转中的链条上，夹布棒可由链条上的夹子固定。

（6）织物随链条运行，首先经过红外线烘干，再经中间烘干过程，即进入热溶烘箱中，最后自动退料到存放槽中。

（7）试验结束，清洗轧辊，按卸压按钮及电动机停止按钮。

（二）连续式压吸蒸染试验机

连续式压吸蒸染试验机适用于以饱和蒸汽固色的染料染色，如活性染料、还原染料及硫化染料的轧染等。它模拟大样生产工艺与操作，织物压吸染液后进入蒸箱内，经短时间汽蒸而固色，可避免空气氧化等，能获得较满意的色泽再现性。图 1-2-14 所示为 PS-JS 型连续式压吸蒸染试验机结构示意图。

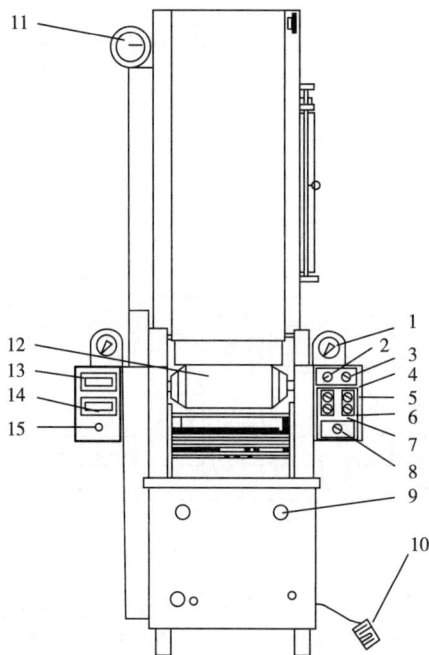

图 1-2-14　PS-JS 型连续式压吸蒸染试验机

1—压力表　2—染槽清洗指示灯　3—染槽清洗开关　4—加压按钮　5—电动机启动按钮
6—电动机停止按钮　7—释压按钮　8—紧急按钮　9—调压阀　10—脚踏开关
11—类比式温度指示表　12—橡胶辊　13—数位温度显示器
14—滞留时间指示　15—调速旋钮

连续式压吸蒸染试验机的操作规程如下：

（1）查看导布棍和轧辊是否清洁，压缩空气供应是否正常（最高使用压力为 0.6MPa）；机器导布是否穿妥，同时另外准备一份导布。

（2）依次开启主电源系统、空压机、蒸汽系统，检查温度是否达到所需温度。

（3）调整轧辊压力大小至所需轧液率。

（4）检查水封槽是否有水，并进行温度设定。

（5）将已配制好的染液或助剂倒入浸轧槽，按电动机按钮及加压按钮。

（6）调整调速旋钮，并检查滞留时间表是否符合要求。

（7）织物浸渍、轧压，通过橡胶辊进入蒸箱。

（8）将液槽升降开关拨到"ON"位置。

（9）当织物通过水封槽后，按卸压按钮及电动机停止按钮。

（10）取下织物，进行下道工序。

（11）试验结束后，关闭蒸汽、水、压缩空气、电源等。

（12）打开排水管阀，清洁导布辊和橡胶辊，排除水封槽中的水。

任务三　其他仪器

其他仪器主要指各类染色打样辅助仪器，包括电热烘燥箱、电熨斗、电炉、直尺、天平、酸度计、电吹风、滤纸、标准光源箱、色彩色差仪、分光光度计、灰色样卡（见第二篇项目四对色及调色）、各种规格玻璃仪器刷、剪刀、搪瓷盘、吸量管架等。

一、电子天平

实验室常用的、较为精确的称量天平有电光天平和电子天平两种，根据不同的型号，称量精度可从 0.001g（1mg）至 0.0001g（0.1mg），甚至可达到 0.001mg，即一克的百万分之一。由于电子天平称量精确，使用方便，故应用较为广泛。

视频6：电子
天平的使用

电子天平规格较多，如 TPL 系列电子天平、FA/JA 系列电子天平和上皿式电子天平等。

（一）电子天平的校准

电子天平开机显示零点，不能说明天平称量的数据准确度符合测试标准，只能说明天平零位稳定性合格。衡量一台天平合格与否，还需综合考虑其他技术指标。因存放时间较长，位置移动，环境变化或为获得精确测量，天平在使用前一般都应进行校准操作。校准方法分为内校准和外校准两种。德国生产的沙特利斯、瑞士产的梅特勒、上海产的"JA"等系列电子天平均有校准装置。如果使用前不仔细阅读说明书很容易忽略"校准"操作，造成较大称量误差。下面以上海天平仪器厂 JA1203 型电子天平为例说明如何对天平进行外校准。

轻按"CAL"键当显示器出现"CAL-"时，即松手，显示器就出现 CAL-100，其中"100"为闪烁码，表示校准砝码需用 100g 的标准砝码。此时把准备好的 100g 校准砝码放上称盘，显示器即出现"----"等待状态，经较长时间后显示器出现"100.000g"，拿去校准砝码，显示器应出现"0.000g"。若出现的不为零，则清零，再重复以上校准操作。注意：为了得到准确的校准结果最好重复以上校准。

（二）电子天平的使用

以 FA1604S 型上皿电子天平为例，其外形结构如图 1-2-15 所示。

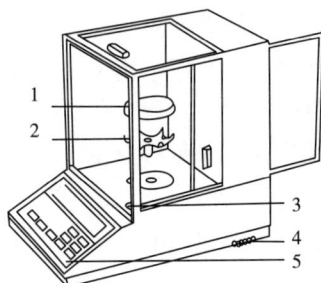

图 1-2-15 FA1604S 型上皿电子天平外形图
1—秤盘 2—盘托 3—水平仪 4—水平调节脚 5—键盘

1. 电子天平功能键介绍

TAR——消零键或去皮键；

RNG——称量范围转换键；

UNT——量制转换键；

INT——积分时间调整键；

CAL——天平校准键；

ASD——灵敏度调整键；

PRT——输出模式设定键。

2. 电子天平操作规程

（1）天平水平调节。观察水平仪，如水平仪水泡偏移，则调整水平调节脚，使水泡位于水平仪中心。

（2）接通电源，此时显示器并未工作，预热 30min 后，按"ON"键开启显示器进行操作使用。

（3）天平进入称量模式 0.0000g 或 0.000g 后，方可进行称量。

（4）将需称量的物质置于秤盘上，待显示数据稳定后，直接读数。

（5）若称量物质需置于容器中称量时，应首先将容器置于秤盘上，显示出容器的质量后，轻按"TAR"键，出现全零状态，表示容器质量已去除，即去皮重。然后将需称量的物质置于容器中，待显示数据稳定后，便可读数。当拿去容器，此时出现容器质量的负值，再按"TAR"键，显示器恢复全零状态，即天平清零。

（6）称量完毕，轻按"OFF"键，显示器熄灭。

（7）若长时间不使用，应切断电源。

（三）电子天平的维护与保养

（1）将天平置于稳定的工作台上避免振动、气流及阳光照射。

（2）在使用前调整水平仪气泡至中间位置。

（3）电子天平应按说明书的要求进行预热。

（4）称量易挥发和具有腐蚀性的物品时，要盛放在密闭的容器中，以免腐蚀和损坏电子天平。

（5）经常对电子天平进行自校或定期外校，保证其处于最佳状态。

（6）如果电子天平出现故障应及时检修，不可带"病"工作。

（7）操作天平不可过载使用以免损坏天平。

二、酸度计

酸度计是测定水溶液酸碱度的仪器，在染整实验中常用来测定各种染液和其他溶液的pH。酸度计的种类很多，常用的有国25型酸度计和PHS-3C型精密pH计等。PHS-3C型精密pH计采用3位半十进制LED数字显示，测量精密，适用于实验室取样测定水溶液的pH和电位（mV）。

PHS-3C型精密pH计结构如图1-2-16、图1-2-17及图1-2-18所示。

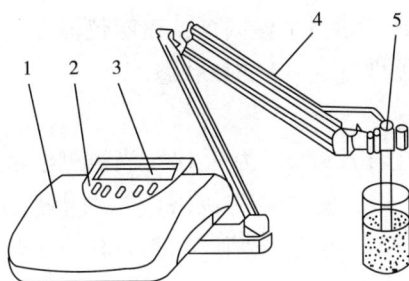

图 1-2-16　PHS-3C 型精密 pH 计外形结构图

1—机箱　2—键盘　3—显示屏
4—多功能电极架　5—电极

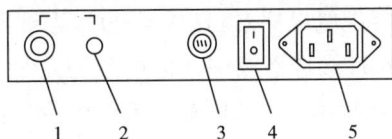

图 1-2-17　PHS-3C 型精密 pH 计后面板图

1—测量电极插座　2—参比电极接口　3—保险丝
4—电源开关　5—电源插座

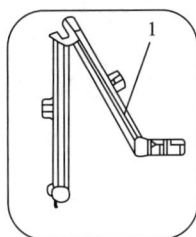
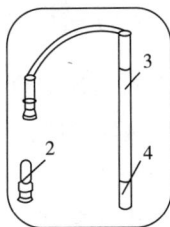

图 1-2-18　PHS-3C 型精密 pH 计附件示意图

1—多功能电极架　2—Q9 短路插头　3—E-201-C 型 pH 复合电极　4—电极保护套

PHS-3C 型精密 pH 计的操作规程：

（一）准备程序

（1）将图 1-2-18 中多功能电极架 1 按图 1-2-16 所示插入插座中。

（2）将图 1-2-18 中 pH 复合电极 3 按图 1-2-16 所示安装在电极架上。

（3）拔下图 1-2-18 中 pH 复合电极下端的电极保护套 4，并且拉下电极上端的橡皮套，使其露出上端小孔。

（4）使用蒸馏水清洗电极。

（5）标准缓冲溶液配制。利用酸度计所附带的标准物质，根据被测溶液的酸碱性配制标准缓冲溶液，第一只为 pH=6.86 的标准缓冲溶液，第二只为 pH=4.00（被测溶液为酸性时）或 pH=9.18（被测溶液为碱性时）的标准缓冲溶液。

（二）酸度计标定

（1）在图 1-2-17 中的 2 处插入图 1-2-18 中复合电极 3（如不用复合电极，则在测量电极插座 1 处插入玻璃电极插头，在图 1-2-17 中参比电极接口 2 处插入参比电极）。

（2）打开电源开关，按"pH/mV"按钮，仪器即进入 pH 测量状态。

（3）按"温度"按钮，此时温度指示灯亮，显示溶液温度；再按"确认"键，仪器即回到 pH 测量状态。

（4）用蒸馏水清洗电极，然后插入 pH 为 6.86 的标准缓冲溶液中，待读数稳定后按"定位"键，使读数为该溶液当时温度下的 pH（此时 pH 指示灯呈慢闪烁，表明仪器在定位标定状态）。再按"确认"键，pH 指示灯停止闪烁，仪器即进入 pH 测量状态。

（5）用蒸馏水清洗电极。

（6）把电极插入 pH 为 4.00（当被测溶液为酸性时）或 pH 为 9.18（当被测溶液为碱性时）的标准缓冲溶液中，待读数稳定后按"斜率"键，使读数为该溶液当时温度下的 pH（此时 pH 指示灯呈快闪烁，表明仪器在斜率标定状态）。再按"确认"键，pH 指示灯停止闪烁，仪器即进入 pH 测量状态，标定完成。

注意：经标定后，"定位"键及"斜率"键不能再按。如果触动此键，仪器 pH 指示灯就会闪烁。这时请不要按"确认"键，而是按"pH/mV"键，使仪器重新进入 pH 测量状态，而无须再进行标定。一般情况下，在 24h 内仪器不需再标定。

（三）测量被测溶液的 pH

（1）若被测溶液和定位溶液温度不同，则用温度计测出被测溶液的温度值，按"温度"键，使仪器显示为被测溶液温度值，然后按"确认"键。

（2）用蒸馏水清洗电极头部。

（3）用被测溶液清洗电极头部。

（4）把电极插入被测溶液内，用玻璃棒轻轻搅拌溶液，待读数稳定后读出该溶液的 pH。

三、标准光源灯箱

标准光源灯箱是指由标准照明体制作的对色灯箱。标准照明体是指特定的光谱功率分布，这一光谱功率分布不是必须由一个光源直接提供，也不一定能用一个光源来实现。国际照明委员会推荐四种标准照明体 A、B、C、D 和三种标准光源 A、B、C。近年来，随着国际纺织市场的变化和要求又出现了 D65、CWF、TL84、UV、HOR 等多种标准光源。这些标准光源都是各国纺织品商根据销售市场需要而制订的，这些光源代表了不同的色温和照明条件。为了适应对色的需要，大多数标准光源灯箱由多只不同的光源灯管组合而成，常用如 TILO 天友利对色灯箱，YG982A 标准光源灯箱，T60（5）、P60（6）及 CAC-600 系列标准光源灯箱等。标准光源灯箱如图 1-2-19 所示。

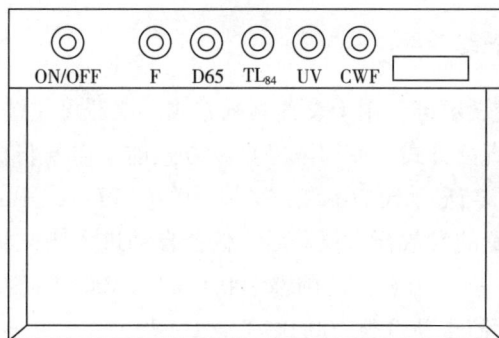

图 1-2-19 标准光源灯箱

标准光源灯箱操作规程如下：

（1）将电源线插入灯箱背面插口，接通电源，计时显示器会显示一个流水时间，提示电源已接通。

（2）按一下"ON/OFF"键，计时显示为该灯箱已使用的总时间。

（3）按一下"D65""F""TL84"或"UV"键，对应的该组灯管即点亮，计时显示该组灯管已使用时间。若需同时开启两种或多种光源，只需同时按下两键或多键即可。

（4）将被测样品放在灯箱底板中间，若比较两件以上物品时，应并排放在灯箱内进行对比。

（5）观察角度以90°光源、45°视线为宜。光源从垂直入射角照射到被检测物品上，观察者从45°观察。

（6）检测完毕，按一下"ON/OFF"键关机，并断开电源。

视频7：标准光源灯箱的使用

四、分光光度计

分光光度计是常用的比色分析仪器，在染整实验室中，通常用来测定染料的上染百分率等数据，其规格有721型、722型、722N型、723型等。常用722型光栅分光光度计如图1-2-20所示。

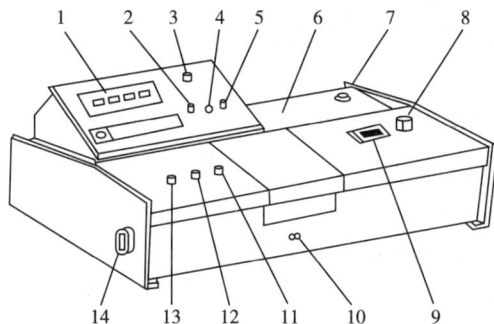

图 1-2-20 722 型光栅分光光度计外形示意图

1—数字显示器　2—吸光度调零旋钮　3—选择开关　4—吸光度调斜率电位器　5—浓度旋钮　6—光源室
7—电源开关　8—设置按钮　9—波长刻度窗　10—试样架拉手　11—100%T 旋钮
12—0%T 旋钮　13—灵敏度调节旋钮　14—干燥器

（一）仪器操作键介绍

（1）"MODE"即方式设定键。用于设置测试方式。仪器可供选择的测试方式有：透射比方式、吸光度方式和浓度直读方式。使用浓度直读方式前，需要将标准样品的浓度值或 K 因子（FACTOR）输入仪器。当显示窗右侧测试方式中的 C 窗口或 F 窗口亮时，仪器处于设置状态。按"ENT"键将设置的参数存入仪器后，仪器自动进入测试状态。

（2）"100%T/OABS"键。用于自动调整 100.0%T（100.0% 为透射比）或 OABS（零吸光度）。当波长被改变时，需重新调整 100.0%T 或 OABS。

（3）"0%T"键。用于自动调整零透射比。仪器在开机预热后，将挡光体插入样品架，将其推或拉入光路，按"0%T"键调零透射比，仪器自动将透射比零参数保存在微处理器中。仪器在不改变波长的情况下，一般无须再次调透射比零（仪器长时间使用过程中，有时 0%T 可能会产生漂移。调整 0%T 可提高测试数据的精确度）。

（4）"波长设置"旋钮。用于设置分析波长。

（5）"参数输入"键。当测试方式指示在"C"或"F"时，仪器处于设置状态。

（二）分光光度操作规程

1. 样品测试前的准备

（1）打开电源开关，使仪器预热 20min。仪器接通电源后即进入自检状态，自检结束仪器自动停在吸光度测试方式。开机前，先确认仪器样品室内是否有东西挡在光路上。光路上有东西将影响仪器自检甚至造成仪器故障。

视频 8：分光光度计的使用

（2）用"波长设置"按钮将波长设置在您将要使用的分析波长位置上；每当波长被重新设置后，请不要忘记调整 100.0%T。

（3）打开样品室盖，将挡光体插入比色皿架，将其推或拉入光路，并盖好样品室盖。

（4）按"0%T"键调透射比零（仪器在不改变波长的情况下，一般无须再次调透射比零）。

（5）取出挡光体，盖好样品室盖，按"100%T"调 100% 透射比。

2. 吸光度测定操作

（1）按"MODE"键将测试方式设置为需要测试的参数（透射比/吸光度/浓度值），显示器显示"X.XXX"。

（2）用"波长设置"按钮设置所需的分析波长，如 340nm。

（3）将参比溶液和被测溶液分别倒入比色皿中（比色皿内的溶液面高度不应低于 25mm；且被测试的样品中不能有气泡和漂浮物，否则，会影响测试参数的精确度）。

（4）打开样品室盖，将盛有溶液的比色皿分别插入比色皿槽中，盖上样品室盖。一般情况下，标准样品放在样品架的第一个槽位中。被测样品的测试波长在 340~1000nm 时，建议使用玻璃比色皿，被测样品的测试波长在 190~340nm 时，建议使用石英比色皿。

（5）将参比溶液推入光路中，按"100%T"键调整 100%T。

仪器在自动调整 100%T 的过程中，显示器显示"BLA"，当 100.0%T 调整完成后，显示器显示"100.0%T"。

（6）将被测溶液推或拉入光路中，此时，显示器上所显示是被测样品的参数（透射比/吸光度/浓度值）。

（三）分光度计使用注意事项

（1）仪器连续使用不应超过 3h，每次使用后需要间歇 30min 以上。

（2）比色皿由两个面组成，即透光面和毛玻璃面，在使用时要将透光面对准光路。

（3）在测定过程中，勿用手触摸比色皿透光面（透光面不能有指印、溶液痕迹，否则影响样品的测试精度）。比色皿光面的清洁不可用滤纸、纱布或毛刷擦拭，只能用镜头纸轻轻擦拭。

（4）盛待测液时，必须达到比色皿的 2/3 左右，不宜过多，若不慎使溶液溢出，必须先用滤纸吸干，再用镜头纸擦净。

（5）分光光度计的吸光值在 0.2~0.7（透光率为 20%~60%）时准确度最高，低于 0.1 而超出 1.0 时误差较大。如未知样品的读数不在此范围，应将样品做适当稀释。

（6）每次测试完毕或更换样品液时，必须打开样品室的盖板，以防止光照过久，使光电池疲劳。

（7）仪器所附的比色皿，其透射率是经过测试和匹配的，未经匹配处理的比色皿将影响样品的测试精度。

五、色差仪

色差仪分为桌面式和便携式分光测色仪及小型色差计。国内外常用的色差计有 MINOLTA（美能达）公司生产的系列分光测色计，如 CM-3700d 桌面式分光测色计、CM-2600d/2500d 便携式分光测色计及 CR-10 小型色彩色差计等；BYK Gaedner（毕克·加索纳）公司的 CG 系列分光色差仪和 X-Rite（爱色丽）公司的 SP 系列色差仪等。

下面以 CR-10 小型计算机色彩色差计为例介绍色差计使用方法。

（一）CR-10 小型计算机色彩色差计的工作原理

自动比较来样与配色试样之间的颜色差异，输出 L、a、b 三组数据和比色后的 ΔE、ΔL、Δa、Δb 四组色差数据（ΔE 为总色差的大小）。

$\Delta L>0$ 表示偏白，$\Delta L<0$ 表示偏黑；

$\Delta a>0$ 表示偏红，$\Delta a<0$ 表示偏绿；

$\Delta b>0$ 表示偏黄，$\Delta b<0$ 表示偏蓝；

$\Delta C>0$ 表示偏鲜艳，$\Delta C<0$ 表示偏暗；

$\Delta H>0$ 偏逆时方向色调，$\Delta H<0$ 表示偏顺时方向色调。

（二）CR-10 计算机色彩色差计的操作规程

（1）取下镜头保护盖。

（2）打开电源至“ON”的位置。

（3）按一下样品目标键“TARGET”，此时显示“Target　L　a　b”。

（4）将镜头口对正样品的被测部位，按一下录入工作键，等"嘀"的一声响后才能移开镜头，此时显示该样品的绝对值："Target $L**.*$ $a+-**.*$ $b+-**.*$"。

（5）再将镜头对准需检测物品的被测部位，重复（4）的测试工作，此时显示该被检物品与样品的色差值："d$L**.*$ da $+-**.*$ d$b+-**.*$"。

（6）根据前面所述的工作原理，由 dL、da、db 判断两者之间的色差大小和偏色方向。

（7）重复第（5）、（6）步可以重复检测其他被检物品与第（4）步所得样品的颜色差异。

（8）若要重新取样，需按一下"TARGET"，再从第（4）步开始即可。

（9）测试完后，盖好镜头保护盖，关闭电源。

六、干燥箱

干燥箱用于物品的干燥，干燥箱的使用温度范围为 50~250℃，常用鼓风式电热干燥箱以加速升温。鼓风式电热干燥箱规格很多，如 ALS-80 型、ALS-150 型、ALS-225 型电热鼓风干燥箱等。以 ALS-225 型电热鼓风干燥箱为例，其操作规程及注意事项如下。

视频 9：鼓风干燥箱的使用

（一）操作规程

（1）将温度计插入插孔内（一般在箱顶放气调节器中部）。

（2）通电，打开电源开关，红色指示灯亮，开始加热。开启鼓风开关，促使热空气对流。

（3）注意观察温度计，当温度计温度将要达到需要温度时，调节自动控温旋钮，使绿色指示灯正好亮。10min 后再观察温度计和指示灯，如果温度计上所指温度超过所需温度，而红色指示灯仍亮，则将自动控温旋钮略向逆时针方向旋转，调到需要的温度上，并且指示灯轮番显示红色和绿色为止。自动恒温器旋钮在箱体正面左上方或右下角。它的刻度板不能作为温度标准指示，只能作为调节的标记。

（4）工作一定时间后，可开启顶部中央的放气调节器将潮气排除，也可以开启鼓风机。

（5）用于烘干染色织物时，为防止染料泳移，应将织物悬挂烘燥，且温度不能高于 60℃。

（6）使用完毕，关闭开关。将电源插头拔下。

（二）注意事项

（1）检查电源，要有良好的地线。

（2）切勿将易燃易爆物品及挥发性物品放入箱内加热。箱体附近不可放置易燃物品。

（3）箱内应保持清洁，放物网不得有锈，否则影响玻璃皿洁净度。

（4）烘烤洗刷完的器具时，应尽量将水珠甩干再放入烘箱内。干燥后，应等到温度降至 60℃ 以下方可取出物品。塑料、有机玻璃制品的加热不能超过 60℃，玻璃器皿的加热温度不能超过 180℃。

（5）鼓风机的电动机轴承应每半年加油一次。

（6）放物品时要避免碰撞感温器，否则温度不稳定。

（7）检修时应切断电源，防止带电操作。

思考题

1. 染整实验室的基本仪器配置包括哪些？
2. 规范使用容量瓶的具体事项有哪些？
3. 吸量管应如何选用？
4. 如何设置电热恒温水浴锅的温度？
5. 电子天平的规范使用步骤是什么？
6. 小轧车的正确使用步骤是什么？
7. 如何确定轧液率？

复习指导

1. 染色打样的玻璃仪器有染杯、烧杯、量筒、容量瓶、试剂瓶、吸量管、锥形瓶等。熟悉玻璃仪器的使用规范，重点是吸量管及容量瓶的使用。

2. 玻璃仪器的洗涤方法有清水洗涤、洗液洗涤、去污粉洗涤、氧化剂洗涤及酸液或碱液洗涤，了解各种洗液的配制方法，掌握不同仪器的洗涤方法，熟悉玻璃仪器的干燥方法。

3. 染色打样的仪器设备按温度分为常温常压染色样机和高温高压染色样机，按运行方式分为连续式轧染机和间歇式染色样机。常温常压染色样机分为手动搅拌式电热恒温水浴锅和自动振荡式染色小样机，连续式轧染机分为汽蒸式和热溶式。熟悉各种染色仪器的操作规范，熟悉各类自动染色样机的程序设计方法。

4. 分光光度计在染色中通常用于测定染液的吸光度，或以此绘制吸收光曲线，或计算染料的上染率，以判断染色工艺是否为最佳工艺。常用分光光度计有 721 型、722 型、722N 型等规格。熟悉分光光度计的使用方法。

5. 电子天平是实验室常用称量仪器，熟悉电子天平的使用与保养方法。

6. 标准光源灯箱、灰色样卡是人工对色及染色牢度级别评定用工具，熟悉灰色样卡的使用与储存方法。

7. 色差仪是计算机测色配色的仪器，可用于色差评定及染色配方设计。熟悉色差仪的使用方法。

参考文献

[1] 南京大学《无机及分析化学实验》编写组. 无机及分析化学实验 [M]. 3 版. 北京：高等教育出版社，1998.

[2] 蔡苏英. 染整技术实验 [M]. 北京：中国纺织出版社，2005.

项目三　染色常用助剂

本项目知识点

1. 熟悉染色常用酸、碱、盐的具体种类、性能及安全使用方法。
2. 熟悉染色常用氧化剂及还原剂的具体种类、性能及安全使用方法。
3. 了解表面活性类型，熟知其在染色过程中的作用。
4. 了解固色剂的类型，熟知其对不同染料的固色方法。
5. 了解水质分类，熟知水质对印染质量的影响。

任务一　酸、碱、盐

一、酸

（一）硫酸

1. 基本性质

硫酸分子式为 H_2SO_4，俗称硫镪水。纯硫酸为无色油状液体，具有强氧化性、吸水性及强腐蚀性。硫酸能与水以任何比例互溶，其水溶液呈强酸性。当浓硫酸与水混合时会放出大量的热，稀释浓硫酸时，只可将浓硫酸慢慢地倒入水中，切不可将水倒入浓硫酸中，以免放热太多，引起酸液飞溅甚至爆炸。硫酸中杂质主要为铁质、硫酸铅、二氧化硫等。市售硫酸浓度多为 97.7%（66°Bé），硫酸浓度对照见表 1-3-1。

表 1-3-1　硫酸浓度（15℃）对照表

波美度 （°Bé）	H_2SO_4 （%）	H_2SO_4 （g/L）	波美度 （°Bé）	H_2SO_4 （%）	H_2SO_4 （g/L）	波美度 （°Bé）	H_2SO_4 （%）	H_2SO_4 （g/L）
1	1.15	11	9	9.78	105	17	18.83	218
2	2.20	22	10	10.90	117	18	19.94	227
3	3.34	34	11	12.07	130	19	21.16	243
4	4.39	45	12	13.13	144	20	22.45	261
5	5.54	57	13	14.35	158	21	23.60	277
6	6.67	71	14	15.48	169	22	24.76	292
7	7.72	82	15	16.49	185	23	26.04	310
8	8.77	93	16	17.66	199	24	27.32	328

续表

波美度 (°Bé)	H₂SO₄ (%)	H₂SO₄ (g/L)	波美度 (°Bé)	H₂SO₄ (%)	H₂SO₄ (g/L)	波美度 (°Bé)	H₂SO₄ (%)	H₂SO₄ (g/L)
25	28.58	346	42	51.15	721	59	76.44	1293
26	29.84	364	43	52.51	747	60	78.04	1334
27	31.23	384	44	53.91	775	61	80.02	1387
28	32.40	402	45	55.35	804	62	81.86	1435
29	33.66	420	46	56.75	833	63	83.90	1489
30	34.91	441	47	58.13	862	64	86.30	1549
31	36.17	460	48	59.54	893	65	90.05	1639
32	37.45	481	49	61.12	926	65.1	90.40	1647
33	38.85	504	50	62.53	957	65.2	90.80	1656
34	40.12	523	51	63.99	990	65.3	91.25	1666
35	41.50	548	52	65.36	1021	65.4	91.70	1676
36	42.93	572	53	66.71	1054	65.5	92.30	1690
37	44.28	596	54	68.28	1091	65.6	92.75	1700
38	45.61	619	55	69.89	1128	65.7	93.43	1713
39	46.94	643	56	71.57	1170	65.8	94.60	1739
40	48.36	669	57	73.02	1207	65.9	95.60	1759
41	49.85	697	58	74.66	1248	66	97.70	1799

硫酸用于酸洗时，使用浓度较低，表1-3-2为低波美度硫酸与质量浓度的换算关系。

表1-3-2 低波美度硫酸与质量浓度（15℃）换算表

波美度 (°Bé)	H₂SO₄ (g/L)	波美度 (°Bé)	H₂SO₄ (g/L)	波美度 (°Bé)	H₂SO₄ (g/L)
0.1	1.1	0.4	4.4	0.7	7.7
0.2	2.2	0.5	5.5	0.8	8.8
0.3	3.3	0.6	6.6	0.9	9.9

2. 硫酸在印染中的用途

（1）羊毛炭化剂。利用硫酸的脱水作用，使羊毛上植物性杂质脱水炭化而去除。炭化时根据羊毛含杂程度不同，以控制硫酸浓度 35~55g/L，浸酸时间 3~5min 为宜。

（2）强酸性染料及媒染染料染色的促染剂。强酸性染料及媒染染料用于羊毛染色时，染料本身对羊毛的亲和力较小，上染率低。选用低 pH 染色（pH 在 2~4），因酸促使羊毛中氨基电离形成更多的正电荷，增强了羊毛对染料的吸附作用而促染。

（3）1∶1 型金属络合染料染色羊毛时的匀染剂。染色时加入硫酸可抑制羊毛上羧基的电离，减少与铬原子形成的共价键；同时，硫酸可以增进羊毛上氨基的电离，降低与铬原子间配价键的形成，这样可防止染料过快过早地与纤维络合，有利于匀染。染色后用水清洗时，羊毛上 pH 恢复，染料中的铬原子便可以和羊毛形成共价键和配价键。

（4）棉布次氯酸钠漂白后的脱氯剂。棉经次氯酸钠漂白后，织物上残留部分有效氯，在遇到含氮物质，如未去除干净的天然杂质或含氮树脂整理剂时，形成淡黄色的氯胺，使棉织物泛黄。同时，在湿热如熨烫等条件下，氯胺水解释放出盐酸，使纤维素纤维发生部分水解断键，引起棉织物脆损。经过活性染料或硫化染料染色的棉织物，在遇有效氯后，还会引起色变。而次氯酸钠遇水中的钙离子产生的不溶性钙盐去除不净，即形成钙斑。脱氯时通常使用较低浓度的硫酸浸渍，故又称为酸洗。酸洗时常用硫酸浓度为 1~3g/L，酸洗时间为 10~15min。

（5）硫酸酸洗还可用作棉布铜酞菁蓝染色、凡拉明蓝地色防染印花及棉布丝光后余碱的去除。

3. 硫酸分析方法

对于高纯度的硫酸溶液可用波美计快速测定其浓度。如果不是十分纯净的硫酸，必须用氢氧化钠中和滴定的方法才能准确测定。其反应如下：

$$2NaOH+H_2SO_4 = Na_2SO_4+2H_2O$$

操作：精确称取检测样品约 5g，用蒸馏水稀释定容于 100mL 容量瓶中，从中取 20mL 于锥形瓶中，加酚酞指示剂数滴，用 1mol/L 氢氧化钠标准溶液滴定至微红色为止。记录所消耗氢氧化钠标准溶液的体积。按式（1-3-1）计算样品硫酸质量分数：

$$H_2SO_4 \text{ 质量分数} = \frac{c_{NaOH} \times V_{NaOH} \times \dfrac{98.08}{2000}}{m \times \dfrac{20}{100}} \times 100\% \tag{1-3-1}$$

式中：c_{NaOH}——氢氧化钠标准溶液浓度（mol/L）；

V_{NaOH}——消耗氢氧化钠标准溶液的体积（mL）；

m——检测样品质量（g）。

（二）盐酸

1. 基本性质

盐酸为氯化氢的水溶液，分子式为 HCl，学名为氢氯酸，俗称盐镪水。纯盐酸为无色溶液，但一般因含氯化铁、氯化砷常呈黄色。盐酸呈强酸性，有很大的毒性和腐蚀性，且有挥发性，浓盐酸中的氯化氢容易逸出，有刺鼻的臭味，与空气中的水蒸气相遇形成白雾。盐酸中的杂质主要为铁质、硫酸及硝酸等。工业上常用盐酸的浓度为约含 32% 氯化氢（约为 20°Bé）。其浓度与相对密度关系见表 1-3-3。

表 1-3-3　盐酸浓度（20℃）与相对密度（4℃）的关系

波美度（°Bé）	相对密度	HCl（%）	HCl（g/L）	波美度（°Bé）	相对密度	HCl（%）	HCl（g/L）
0.5	1.0032	1	10.03	3.9	1.0279	6	61.67
1.2	1.0082	2	20.15	5.3	1.0376	8	23.01
2.6	1.0181	4	40.72	6.6	1.0474	10	104.7

波美度 （°Bé）	相对密度	HCl （%）	HCl （g/L）	波美度 （°Bé）	相对密度	HCl （%）	HCl （g/L）
7.9	1.0574	12	12.9	17.7	1.1392	28	319.0
9.2	1.0675	14	149.5	18.8	1.1493	30	344.8
10.4	1.0776	16	172.4	19.9	1.1593	32	371.0
11.7	1.0878	18	195.8	21.0	1.1691	34	397.5
12.9	1.0980	20	219.6	22.0	1.1789	36	424.4
14.2	1.1083	22	243.8	23.0	1.1885	38	451.6
15.4	1.1187	24	268.5	24.0	1.1908	40	479.2
16.6	1.1290	26	293.5				

2. 盐酸在印染中的用途

（1）冰染染料的重氮化剂。冰染染料是由显色剂的重氮盐与打底剂在织物上合成的染料，显色剂的重氮化反应需要在盐酸与亚硝酸钠的共同作用下完成。

（2）棉布漂白后的酸洗剂。可以代替硫酸。实际使用时，因成本较硫酸高，主要用于高级棉织物及绒坯织物的酸洗。

3. 盐酸分析方法

测定盐酸的浓度可用氢氧化钠标准溶液中和滴定法，反应如下：

$$NaOH+HCl=NaCl+H_2O$$

操作：精确称量称量瓶质量，用移液管迅速移取盐酸样品 4mL 于称量瓶中再次精确称重，计算移取样品的质量。将样品用水稀释后转移到 500mL 容量瓶中，洗涤称量瓶 3 次并转移到容量瓶中，定容、摇匀。准确吸取稀释的盐酸溶液 50mL 于 250mL 锥形瓶中，加水 100mL 及酚酞指示剂数滴，用 0.1mol/L 氢氧化钠标准溶液滴定至微红色为止。记录所消耗氢氧化钠的体积，按式（1-3-2）计算盐酸质量分数：

$$HCl 质量分数 = \frac{c_{NaOH} \times V_{NaOH} \times \frac{36.5}{1000}}{m \times \frac{50}{500}} \times 100\% \qquad (1-3-2)$$

式中：c_{NaOH} ——氢氧化钠标准溶液浓度（mol/L）；

　　　V_{NaOH} ——消耗氢氧化钠的体积（mL）；

　　　m ——移取样品的质量（g）。

（三）醋酸

1. 基本性质

醋酸为有机酸中应用最广的一种，学名乙酸，分子式为 CH_3COOH，简写为 HAc。纯醋酸为无色液体，在 16℃ 以下时凝结成结晶，又名冰醋酸。有强烈刺鼻的酸味，易燃，有挥发性和高度腐蚀性，对皮肤有刺痛和灼伤作用。可与水以任意比例混合，其溶液呈弱酸性。醋酸中杂质多为硫酸、盐酸、铁质及亚硫酸等。市售醋酸大多含 CH_3COOH 30%（5.8°Bé）。其他浓度对照见表1-3-4。

表1-3-4　醋酸浓度与波美度（15℃）对照表

CH_3COOH（%）	波美度（°Bé）	CH_3COOH（%）	波美度（°Bé）	CH_3COOH（%）	波美度（°Bé）	CH_3COOH（%）	波美度（°Bé）
5	1	30	5.8	55	8.9	80	10.1
10	2	35	6.5	60	9.3	85	9.97
15	3	40	7.15	65	9.7	90	9.7
20	4	45	7.75	70	9.95	95	9.0
25	4.9	50	8.35	75	10.07	100	7.2

2. 醋酸在印染中的用途

（1）弱酸性染料、活性染料染蚕丝纤维的促染剂。弱酸性染料及活性染料用于蚕丝及其制品染色时，为提高染料的利用率，可采用醋酸或中性盐促染。醋酸还可促进蚕丝及其制品的丝鸣感，提高颜色鲜艳度。一般用醋酸控制染液 pH 在 4~6，根据染色方法及染色浓度不同，醋酸浓度控制在 0.3~0.5mL/L。

（2）阳离子染料助溶剂及染色的缓染剂。阳离子染料染色腈纶时因染料吸附过快易引起染色不匀。加入醋酸可抑制腈纶中酸性基团的电离，削弱纤维对阳离子染料的吸附力，降低染料的上染速率，获得匀染的效果。一般控制染液 pH 在 3~4，对于匀染性很差的阳离子染料，可以将 pH 降低到 2~3。

（3）分散染料的色光稳定剂及涤纶性能的稳定剂。分散染料在染液 pH 过高或过低时均会因极性基的电离，使色光发生变化，不利于染色的对色。同时，涤纶本身耐酸不耐碱，在碱性条件下纤维分子中的酯键水解而断裂，导致织物强力下降。常与醋酸钠混合使用，控制 pH 在 5~6。

（4）冰染染料显色液的抗碱剂。冰染染料染色通常采用轧染法，织物首先浸轧色酚的碱性溶液，再浸轧显色液。此时，织物上的碱会不断带入显色液，使显色液 pH 不断升高，影响显色剂的活泼性及偶合反应的正常进行。在显色液中加入醋酸可以吸收碱剂，使显色液 pH 保持稳定。

（5）中和剂。在碱性条件下加工后，织物上残留碱剂很难彻底洗除，对织物的部分性能或染色制品的颜色产生不同程度的影响。如羊毛及蚕丝织物在碱性条件下洗毛或脱胶后，残留碱会引起羊毛及蚕丝纤维强力的损伤，且使织物手感发涩。棉织物用含有 β-硫酸酯乙烯砜基的活性染料（如 KN 型、M 型及 B 型等）染色后，残留碱会引起染料与纤维结合键的水解断键，导致织物色变，即产生"风印"。为确保产品质量稳定及保护织物品质，以上情况均可用稀醋酸溶液中和，调节织物的 pH 至中性。此过程又称为"酸洗"，酸洗工艺：0.5g/L HAc，室温，10min。

（6）醋酸还可以做多种固色剂的助溶剂，提高固色剂的固色效果。

3. 醋酸分析方法

（1）波美度测量法。波美度测量法简单易行，但从表1-3-4中不难看出，80%以下浓度的醋酸，可用这个方法直接检验其浓度。当醋酸浓度超过80%以后，很难通过用波美计测量波美度的方法来直接判定醋酸浓度。40%浓度和100%浓度的醋酸，其波美度都接近7.2。用波美计测量高浓度醋酸的波美度，不容易获得准确数据。同时，由于南方夏季气温较高，冰醋酸很难结晶，无法从外观上判定醋酸浓度。此时，可借助对高浓度冰醋酸稀释的方法进行简易检验，具体方法如下：

把液体冰醋酸注入容积为1000mL的量筒，醋酸的体积也为1000mL。用测量比重大于水的波美计测量该醋酸的波美度，并记录数据。把波美计放入量筒时，注意轻拿轻放，以免损坏波美计。取出波美计，将1000mL量筒内的醋酸倒入另外一只容量为500mL的量筒内，把500mL清水加入剩余一半醋酸的1000mL的量筒内，先用玻璃棒搅拌10s，以使醋酸溶液浓度均匀，再用波美计测量其波美度。

根据第二次测量得到的波美度数值从表1-3-4查对应醋酸溶液的浓度，此浓度的两倍即为被检测醋酸的浓度（注：因为波美度与浓度不是等比例关系，不可以利用所测得的波美度的两倍数值去查找被测醋酸的浓度）。第一次测量的数据在整个检验过程中起到一个验证作用。

（2）化学分析法。与盐酸溶液浓度分析法相同，用氢氧化钠标准溶液滴定求得，反应如下：

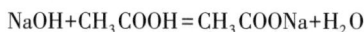

$$NaOH + CH_3COOH = CH_3COONa + H_2O$$

操作：用移液管吸取样品5mL（如系结晶体冰醋酸，需先在容器外隔水微微加热，以使其熔化后取样），置于已知重量的称量瓶中，精确称量 m g。用水洗入500mL的容量瓶中，洗涤称量瓶3次并转移到容量瓶中，加水定容至刻度，摇匀。用50mL的移液管吸取稀释样液，置于250mL的锥形瓶中，加入100mL水及酚酞指试剂数滴，以0.1mol/L氢氧化钠标准溶液滴至试样溶液呈微粉红色时为止，记录所消耗氢氧化钠的体积。按式（1-3-3）计算醋酸浓度：

$$CH_3COOH \text{ 质量分数} = \frac{c_{NaOH} \times V_{NaOH} \times \dfrac{60.04}{1000}}{m \times \dfrac{50}{500}} \times 100\% \qquad (1-3-3)$$

式中：c_{NaOH}——氢氧化钠标准溶液浓度（mol/L）；

V_{NaOH}——消耗氢氧化钠的体积（mL）；

m——样品质量（g）。

（四）草酸

1. 基本性质

草酸学名乙二酸，分子式为 $H_2C_2O_4 \cdot 2H_2O$。草酸为有机酸中强酸之一，易分解，易被氧化。药品性状为无色透明晶体，风化后成为白色粉末。其浓度与相对密度的关系见表1-3-5。

表 1-3-5　草酸溶液浓度与相对密度（15℃）的关系

$H_2C_2O_4 \cdot 2H_2O$（%）	相对密度	$H_2C_2O_4 \cdot 2H_2O$（%）	相对密度	$H_2C_2O_4 \cdot 2H_2O$（%）	相对密度
1	1.0032	6	1.0182	11	1.0289
2	1.0064	7	1.0204	12	1.0309
3	1.0096	8	1.0226	12.6	1.0320
4	1.0128	9	1.0248		
5	1.0160	10	1.0271		

2. 草酸在印染中的用途

洗除织物上铁锈斑。在织造、运输、染色及整理加工中，常因机器或运输设备及储存等原因，在织物上沾污锈斑，形成疵点，影响产品质量。草酸可与铁锈中的三价铁离子络合，形成易溶于水的阴离子络合物，即铁锈可以使用草酸溶液洗除。但浓草酸易损伤纤维，经草酸处理后的织物需用清水彻底洗净，以防烘干时草酸浓缩损伤织物，严重者形成破洞。

3. 草酸分析方法

（1）高锰酸钾法。在酸性介质中，高锰酸钾将草酸根离子氧化为二氧化碳，同时，高锰酸钾因还原而脱色，反应式如下：

$$2KMnO_4+3H_2SO_4+5H_2C_2O_4 = K_2SO_4+2MnSO_4+8H_2O+10CO_2 \uparrow$$

操作：用锥形瓶称取样品 0.5g，加入 200mL 水溶解后，加入 20mL 3mol/L 的硫酸溶液，加热至 70~80℃，然后用 0.05mol/L 的高锰酸钾溶液滴定，至样品溶液呈粉红色时为止。按式（1-3-4）计算：

$$H_2C_2O_4 \cdot 2H_2O \text{ 质量分数} = \frac{V_{KMnO_4} \times c_{KMnO_4} \times \frac{126}{1000} \times \frac{5}{2}}{m} \times 100\% \qquad (1-3-4)$$

式中：V_{KMnO_4}——消耗高锰酸钾标准溶液的体积（mL）；

　　　c_{KMnO_4}——高锰酸钾标准溶液浓度（mol/L）；

　　　m——样品质量（g）。

（2）中和法。草酸与氢氧化钠溶液发生中和反应，生成草酸钠。反应如下：

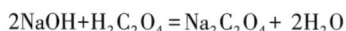

$$2NaOH+H_2C_2O_4 = Na_2C_2O_4+2H_2O$$

操作：用锥形瓶称取样品 0.5g，加入 200mL 水溶解后，加酚酞指示剂数滴，用 0.1mol/L 的氢氧化钠溶液滴定，至溶液呈微粉红色为止。按式（1-3-5）计算。

$$H_2C_2O_4 \cdot 2H_2O \text{ 质量分数} = \frac{c_{NaOH} \times V_{NaOH} \times \frac{126}{2000}}{m} \times 100\% \qquad (1-3-5)$$

式中：c_{NaOH}——氢氧化钠标准溶液浓度（mol/L）；

　　　V_{NaOH}——消耗氢氧化钠的体积（mL）；

　　　m——样品质量（g）。

在印染加工中，除了以上常用的酸剂外，硝酸可作雕刻花筒的腐蚀剂，蚁酸可代替醋酸使用等。

二、碱

（一）烧碱

1. 基本性质

烧碱学名氢氧化钠，又名苛性钠、火碱，分子式 NaOH。无水的烧碱为脆白半透明固体，潮解性极强，且在潮湿空气中易吸收二氧化碳形成纯碱。烧碱中杂质主要为氯化钠、碳酸钠、硅酸钠，有时有少量氧化铁。烧碱属强碱，具有强烈的腐蚀性，易溶于水，溶解时放出大量的热并伴随刺激性气味，应避免与身体接触或吸入，操作时必须佩戴好防护眼镜和橡皮手套。固体烧碱纯度一般在95%以上，液体烧碱常用浓度为30%。其浓度与相对密度的关系见表1-3-6。

表 1-3-6　烧碱浓度与相对密度（15℃）的关系

波美度（°Bé）	比重	NaOH（%）	NaOH（g/L）	波美度（°Bé）	比重	NaOH（%）	NaOH（g/L）
1	1.007	0.59	6.0	26	1.220	19.65	239.7
2	1.014	1.20	12.0	27	1.231	20.60	253.6
3	1.022	1.85	18.9	28	1.241	21.55	267.4
4	1.029	2.50	25.7	29	1.252	22.50	281.7
5	1.036	3.15	32.6	30	1.263	23.50	296.8
6	1.045	3.79	39.6	31	1.274	24.43	311.9
7	1.052	4.50	47.3	32	1.285	25.50	327.7
8	1.060	5.20	55.0	33	1.297	26.55	341.7
9	1.087	5.86	62.5	34	1.308	27.65	361.7
10	1.075	6.58	70.7	35	1.320	28.83	380.8
11	1.083	7.30	79.1	36	1.332	30.00	399.6
12	1.091	8.07	88.0	37	1.345	31.26	419.6
13	1.100	8.78	96.6	38	1.357	32.50	441.6
14	1.108	9.50	105.3	39	1.370	33.73	462.1
15	1.116	10.30	114.9	40	1.383	35.00	484.1
16	1.125	11.06	124.4	41	1.397	36.36	507.9
17	1.134	11.84	134.0	42	1.410	3765	530.9
18	1.142	12.69	145.0	43	1.424	39.06	556.2
19	1.152	13.50	155.5	44	1.438	40.47	582.0
20	1.162	14.35	166.7	45	1.453	42.02	610.6
21	1.171	15.15	177.4	46	1.468	43.58	639.8
22	1.180	16.00	188.8	47	1.483	45.16	669.7
23	1.190	16.91	201.2	48	1.498	46.73	700.0
24	1.200	17.81	213.7	49	1.514	48.41	732.9
25	1.210	18.71	226.4	50	1.530	50.10	766.5

2. 烧碱分析方法

烧碱分析方法采用双终点滴定法。

双终点滴定法的原理：烧碱中常含有碳酸钠，用酸滴定时，酸能同时与烧碱及碳酸钠反应。滴定时在第一、二终点依次用酚酞和甲基橙做指示剂，反应如下：

$$NaOH+Na_2CO_3+2HCl=2NaCl+NaHCO_3+H_2O \qquad (第一终点)$$

$$NaHCO_3+HCl=NaCl+H_2CO_3 \qquad (第二终点)$$

总反应为：$NaOH+Na_2CO_3+3HCl=3NaCl+H_2CO_3+H_2O$

双终点滴定法分为容量法和质量法两种。容量法分析简便快捷，常用于对棉布退浆、煮练、丝光等碱液浓度的测定。质量法比较费时。

（1）容量法。准确移取液体烧碱样品 5mL 于 250mL 锥形瓶中，加水 100mL，滴加酚酞指示剂 2~3 滴至粉红色，用 1mol/L 盐酸标准溶液滴定，至粉红色消失，这是第一终点，记录所消耗盐酸溶液的体积。再加入甲基橙指示剂 2~3 滴，继续用 1mol/L 盐酸溶液滴定，至微红色为止，这是第二终点，记录第二次消耗盐酸溶液的体积。分别按式（1-3-6）和式（1-3-7）计算烧碱和纯碱浓度。

$$NaOH 浓度(g/L) = \frac{(V_1 - V_2) \times c_{HCl} \times \dfrac{40}{1000}}{V} \times 1000 \qquad (1-3-6)$$

$$Na_2CO_3 浓度(g/L) = \frac{2V_2 \times c_{HCl} \times \dfrac{106}{2000}}{V} \times 1000 \qquad (1-3-7)$$

式中：V_1——第一终点所消耗盐酸溶液的体积（mL）；

V_2——第二终点消耗盐酸溶液的体积（mL）；

c_{HCl}——盐酸标准溶液浓度（mol/L）；

V——烧碱样品体积（mL）。

（2）质量法。取一个干净小烧杯，于烘箱内烘约 0.5h，取出放置于干燥器内冷却至室温，精确称重，记下质量。移取浓碱液样品 2.5mL 于小烧杯内，再精确称重（由此计算出碱液样品的质量）。取 100mL 水，先用少量水稀释碱液并转移到 250mL 锥形瓶中，其余水分多次洗涤小烧杯并全部转移到锥形瓶中。滴加酚酞指示剂 2~3 滴至粉红色，用 1mol/L 盐酸标准溶液滴定，至粉红色消失，这是第一终点。记录所消耗盐酸溶液的体积为 V_1（mL）。再加入甲基橙指示剂 2~3 滴，继续用 1mol/L 盐酸溶液滴定，至微红色为止，这是第二终点。记录第二次消耗盐酸溶液的体积为 V_2（mL）。分别按式（1-3-8）和式（1-3-9）计算烧碱和纯碱质量分数。

$$NaOH 质量分数 = \frac{(V_1 - V_2) \times c_{HCl} \times \dfrac{40}{1000}}{m} \times 100\% \qquad (1-3-8)$$

$$Na_2CO_3 质量分数 = \frac{2V_2 \times c_{HCl} \times \dfrac{106}{2000}}{m} \times 100\% \qquad (1-3-9)$$

式中：V_1——第一终点所消耗盐酸溶液的体积（mL）；

V_2——第二终点消耗盐酸溶液的体积（mL）；

c_{HCl} ——盐酸标准溶液浓度（mol/L）；

m ——烧碱样品质量（g）。

（二）纯碱

1. 基本性质

纯碱学名碳酸钠，实质属于碱式盐，在印染工业中通常作为碱剂使用。分子式 Na_2CO_3。为白色的粉状固体，易潮解结块。易溶于水，其水溶液呈碱性，有滑腻的手感和热感。纯度一般在95%以上。通常意义上的纯碱为碳酸钠的粗制品。纯碱中杂质主要为碳酸氢钠、烧碱、氯化钠、硫酸钠及少量铁质。其浓度对照见表1-3-7。

表1-3-7 纯碱浓度（15℃）对照表

波美度 (°Bé)	Na_2CO_3		$Na_2CO_3 \cdot 10H_2O$		波美度 (°Bé)	Na_2CO_3		$Na_2CO_3 \cdot 10H_2O$	
	（%）	（g/L）	（%）	（g/L）		（%）	（g/L）	（%）	（g/L）
1	0.63	6.3	1.700	16.9	11	7.85	85.0	21.179	229.4
2	1.29	13.1	3.480	35.3	12	8.59	93.5	23.122	252.3
3	2.00	20.4	5.396	55.1	13	9.31	102.4	25.118	276.3
4	2.83	29.0	7.639	78.6	14	10.08	111.7	27.196	301.3
5	3.42	35.4	9.227	95.6	15	10.85	121.1	29.273	326.7
6	4.16	43.5	11.224	117.3	16	11.67	131.3	31.486	354.2
7	4.93	51.9	13.301	139.9	17	12.46	141.3	33.617	381.2
8	5.65	59.9	15.244	161.6	18	13.25	151.3	35.749	408.3
9	6.36	67.9	17.159	183.1	19	14.09	162.3	38.015	437.9
10	7.08	76.1	19.102	205.3					

2. 纯碱在印染中的用途

（1）软水剂。当水中钙、镁离子含量较多时，容易导致练漂及染色的疵病。所以印染对用水的要求较高，一般需要软化处理。纯碱可与钙、镁离子形成不溶性盐而沉淀出来，但沉淀过多会附着于织物表面。所以纯碱软化法仅适用于水中钙、镁离子含量较低的情形。

（2）直接染料、硫化染料助溶剂。直接染料溶解性差，不耐硬水，在染色时加入纯碱可以保持染液的稳定性，有助于染料的溶解，防止病疵产生。硫化染料隐色体容易水解析出，加入纯碱使硫化染料隐色体稳定，有利于提高得色量。作助溶剂时，纯碱使用浓度一般为0.5~2.0g/L。

（3）活性染料染色纤维素纤维的固色剂。活性染料染色纤维素纤维时，除了膦酸酯活性基外，其他活性基的染料与纤维的固着反应均需要在碱性条件下进行。纯碱浓度一般为15~30g/L，根据染色浓度及染料活泼性而定。

（4）助洗剂。纯碱有助洗作用，可作为精练、皂煮、脱胶及洗毛助剂。一是能促进纤维的膨化，有利于洗液向织物内部渗透及织物内部污物的排出；二是能提高洗涤剂的溶解性，从而提高洗涤剂的有效作用能力；三是能提高污物的溶解性，促使污物在洗涤液中稳定，防止对织物的再沾污。

（5）树脂整理后织物 pH 中和剂。部分树脂与纤维交联反应的副产物呈酸性，而且使用的催化剂也呈酸性，对纤维素纤维产生损伤。采用纯碱中和可以调节织物的 pH。

3. 纯碱分析方法

操作：称取样品 2g，用预先煮沸（驱赶其中的二氧化碳）冷却的蒸馏水溶解后转移至 500mL 容量瓶中，定容、摇匀即为样品溶液。取样品溶液 50mL 于 250mL 锥形瓶中，加蒸馏水 100mL，滴入数滴酚酞指示剂搅匀。迅速用 0.1mol/L 盐酸标准溶液滴定，至粉红色消失，这是第一终点。记录所消耗盐酸溶液的体积。再加 2~3 滴甲基橙指示剂，继续用 0.1mol/L 盐酸溶液滴定，至微红色为止，这是第二终点。记录第二次消耗盐酸溶液的体积。计算分两种情况。

（1）当 $V_1 > V_2$ 时，说明纯碱中有烧碱，按下式计算：

总碱量：

$$Na_2O \text{ 质量分数} = \frac{(V_1 + V_2) \times c_{HCl} \times \dfrac{62}{2000}}{m \times \dfrac{50}{500}} \times 100\% \qquad (1-3-10)$$

纯碱量：

$$Na_2CO_3 \text{ 质量分数} = \frac{2V_2 \times c_{HCl} \times \dfrac{106}{2000}}{m \times \dfrac{50}{500}} \times 100\% \qquad (1-3-11)$$

烧碱量：

$$NaOH \text{ 质量分数} = \frac{(V_1 - V_2) \times c_{HCl} \times \dfrac{40}{1000}}{m \times \dfrac{50}{500}} \times 100\% \qquad (1-3-12)$$

（2）当 $V_1 < V_2$ 时，说明纯碱中有碳酸氢钠（小苏打），按下式计算：

纯碱量：

$$Na_2CO_3 \text{ 质量分数} = \frac{2V_1 \times c_{HCl} \times \dfrac{106}{2000}}{m \times \dfrac{50}{500}} \times 100\% \qquad (1-3-13)$$

小苏打量：

$$NaHCO_3 \text{ 质量分数} = \frac{(V_2 - V_1) \times c_{HCl} \times \dfrac{84.01}{1000}}{m \times \dfrac{50}{500}} \times 100\% \qquad (1-3-14)$$

式中：V_1——第一终点所消耗盐酸溶液的体积（mL）；

V_2——第二次消耗盐酸溶液的体积（mL）；

c_{HCl}——盐酸标准溶液浓度（mol/L）；

m——样品质量（g）。

（三）硫化碱

1. 基本性质

硫化碱学名硫化钠，又称臭碱、硫化石。分子式 Na_2S，为粉粒状。硫化碱通常含 9 个结晶水，分子式为 $Na_2S \cdot 9H_2O$，晶体硫化碱一般含 Na_2S 50%~60%。硫化碱易溶于水，其水溶液呈强碱性，具有还原性及强烈腐蚀性。与酸反应产生有毒、易燃且有臭鸡蛋气味的气体硫化氢，硫化碱本身也能燃烧。60%以上的硫化碱为半透明橙红色或橙黄色结晶，50%~58%硫化碱为赤褐色固体。其中的杂质主要为铁质。硫化碱常用浓度与相对密度的关系见表 1-3-8。

表 1-3-8 硫化碱浓度与相对密度（18°/4℃）的关系

波美度（°Bé）	相对密度	Na_2S（%）	Na_2S（g/L）	波美度（°Bé）	相对密度	Na_2S（%）	Na_2S（g/L）
1.4	1.0098	1	10.10	14.9	1.1146	10	111.5
3.0	1.0211	2	20.42	17.7	1.1388	12	136.7
6.1	1.0400	4	41.76	20.4	1.1634	14	162.9
9.1	1.0672	6	64.13	23.0	1.1885	16	190.2
12.1	1.0907	8	87.26	25.6	1.2140	18	218.5

2. 硫化碱在印染中的用途

（1）硫化染料还原剂及溶剂。硫化染料不溶于水，使用时需要在还原剂及碱剂的作用下形成可溶性的隐色体，才能上染棉纤维。硫化碱既是还原剂又有很强的碱性。使用时用热的硫化碱将硫化染料调匀，然后加水至需要量（生产时加入染槽内），搅拌加热 5~15min，至染料还原溶解充分。

（2）与保险粉共同作为海昌蓝染料的还原剂。

3. 硫化碱分析方法

硫化碱的分析方法一是定性鉴别，二是定量分析。

（1）定性鉴别。定性鉴别硫化碱方法非常简单。将少量硫化碱置于试管中，加少许水制成浓溶液，加入盐酸数滴，如产生臭鸡蛋气味的气体，即证明样品为硫化碱。

（2）定量分析。硫化碱的定量分析可以使用碘滴定法和硫代硫酸钠滴定法。下面重点介绍碘滴定法。碘与硫化碱的反应如下：

$$Na_2S + 2CH_3COOH = 2CH_3COONa + H_2S$$
$$H_2S + I_2 = 2HI + S$$

操作：准确称量样品约 5g，溶解后转移至 500mL 容量瓶中，清洗称量瓶，洗液倒入容量瓶，并定容、摇匀。准确移取 50mL 至 250mL 锥形瓶中，加水 50mL，加入 6mol/L 醋酸溶液 15mL 调节溶液 pH 呈酸性，加入淀粉指示剂，迅速用 0.1mol/L 碘溶液滴定，至呈蓝色为止。记录所消耗碘溶液的体积。计算如下：

$$Na_2S\ \text{质量分数} = \frac{V_{I_2} \times c_{I_2} \times \frac{78.05}{1000}}{m \times \frac{50}{500}} \times 100\% \qquad (1-3-15)$$

式中：V_{I_2}——消耗碘溶液的体积（mL）；

  c_{I_2}——碘溶液浓度（mol/L）；

  m——样品质量（g）。

（四）泡花碱

1. 基本性质

泡花碱学名硅酸钠，又称水玻璃。通常分子式写作 Na_2SiO_3。实际上硅酸钠是由不同比例的 Na_2O 和 SiO_2 结合而成的，所以分子式又写作 $Na_2O \cdot nSiO_2$，其中 n 值在 $1.6\sim4$，n 值不同，硅酸钠的性质也不同。商品硅酸钠有固体和液体两种形式。固体为白色粒状，液体为无色黏稠状，且略带绿色或灰色。因其外形很像玻璃，且又能溶解在水中，故俗称水玻璃，实际与普通玻璃有很大区别。作为印染助剂使用的泡花碱，通常为 $34\%\sim38\%$（$37\sim40°Bé$）的水溶液，其中 n 值约为 3，约含 SiO_2 24%。泡花碱浓度与相对密度的关系见表 1-3-9。

表 1-3-9　泡花碱浓度与相对密度（15℃）的关系

$Na_2O \cdot 2.06SiO_2$ (%)	$Na_2O \cdot 2.06SiO_2$ (g/L)	波美度 (°Bé)	相对密度	$Na_2O \cdot 2.06SiO_2$ (%)	$Na_2O \cdot 2.06SiO_2$ (g/L)	波美度 (°Bé)	相对密度
1	10.07	1.0	1.007	24	290.3	28.7	1.247
2	20.32	2.3	1.016	26	330.5	30.9	1.271
4	41.40	4.9	1.035	28	362.9	33.1	1.296
6	63.24	7.4	1.054	30	396.3	35.2	1.321
8	85.84	9.9	1.073	32	430.7	37.3	1.346
10	109.30	12.3	1.093	34	466.1	39.2	1.371
12	133.60	14.7	1.113	36	502.9	41.2	1.397
14	158.80	17.1	1.134	38	540.7	43.1	1.423
16	185.0	19.6	1.156	40	580.0	45.0	1.450
18	212.0	21.9	1.178	45	634.0	49.6	1.520
20	240.0	24.2	1.200	50	797.0	54.0	1.594
22	269.1	26.4	1.223	55	920.2	58.3	1.673

2. 泡花碱在印染中的用途

（1）练漂的助练剂。棉布及蚕丝织物等天然纤维类织物中含有大量杂质，通过练漂溶落至练液中经水洗去除，但也有一些会吸附到织物上，影响织物手感及白度。特别是其中的含铁化合物，在织物上产生铁锈。依靠泡花碱的胶体作用可以吸附溶落在练液中的杂质。

（2）双氧水漂白的稳定剂。双氧水的漂白是依靠其分解产生的过氧氢离子（HO_2^-）对色素的分解、氧化等作用而完成的。第一，双氧水产生 HO_2^- 需要在碱性条件下；第二，双氧水的分解速率过快会降低漂白的效果。加入泡花碱既是碱剂又能控制双氧水的分解速率，使双氧水均匀、缓慢地分解。

需强调的是，一是泡花碱的用量不宜过高，过高反而会降低织物的毛细管效应，如棉布煮练时一般不超过 0.4%；二是泡花碱长时间及高温加工时会结垢，影响织物手感。

3. 泡花碱分析方法

对于泡花碱的分析，一是分析总碱量，通常用酸滴定法；二是分析其中 SiO_2 的含量，采用称重法。

（1）总碱量。泡花碱的总碱量以所含 Na_2O 总量来表示，是指游离的 Na_2O 及与 SiO_2 结合的 Na_2O 的总量。一般采用盐酸标准溶液滴定。其反应如下：

$$Na_2O + 2HCl = 2NaCl + H_2O$$
$$Na_2SiO_3 + 2HCl = 2NaCl + H_2SiO_3$$

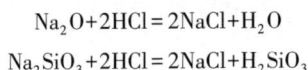

操作：准确称量样品约 5g，溶解后转移至 500mL 容量瓶中，清洗称量瓶并将洗液转移到容量瓶后，定容、摇匀。准确移取 50mL 至 250mL 锥形瓶中，加水 50mL，滴加数滴甲基橙指示剂，用 0.1mol/L 盐酸标准溶液滴定，至微红色为止。记录所消耗盐酸溶液的体积。计算如下：

$$Na_2O \text{ 质量分数} = \frac{c_{HCl} \times V_{HCl} \times \frac{62}{2000}}{m \times \frac{50}{500}} \times 100\% \qquad (1-3-16)$$

式中：c_{HCl}——盐酸标准溶液浓度（mol/L）；

$\quad\quad V_{HCl}$——消耗盐酸溶液的体积（mL）；

$\quad\quad m$——样品质量（g）。

（2）SiO_2 含量。泡花碱与过量酸反应形成食盐和硅酸，硅酸受热分解形成不溶于水的二氧化硅。依据此特性，可以测得泡花碱中二氧化硅的含量。反应如下：

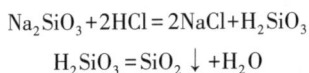

$$Na_2SiO_3 + 2HCl = 2NaCl + H_2SiO_3$$
$$H_2SiO_3 = SiO_2 \downarrow + H_2O$$

操作：将上述（1）滴定后的溶液转移到蒸发皿中，加过量的浓盐酸 5mL（以确保使泡花碱全部转化成硅酸和食盐），在水浴锅上加热使水蒸发至干（此时，硅酸已全部分解为二氧化硅）。再用浓盐酸润湿残渣，并加入 50mL 水，继续加热至干。再加 50mL 水搅匀，用无灰滤纸过滤洗涤沉淀，移到坩埚中灼烧至恒重。称出残渣 SiO_2 的质量。按下式计算：

$$SiO_2 \text{ 质量分数} = \frac{m_{SiO_2}}{m \times \frac{50}{500}} \times 100\% \qquad (1-3-17)$$

式中：m_{SiO_2}——残渣 SiO_2 的质量（g）；

$\quad\quad m$——样品质量（g）。

（五）液氨

氨在室温下为气体，经过加压后可转变为液体，即液氨。液氨的沸点为 -33.4℃。液氨在印染中常用作棉织物防皱整理剂。整理时，织物在一定张力下在 -33℃ 液氨中浸渍 9s 后，离开液氨，织物升温后液氨蒸发。在处理过程中，液氨在纤维的无定形区产生交联键，从而提高了织物的抗皱性和耐磨性，且手感柔软、缩水率降低。液氨整理是目前高档棉织物的加工方式之一。但氨气刺激性强，会对眼睛及皮肤产生灼伤，所以生产加工时要做好防护及回收工作。且液氨整理后，可能引起染色产品的色变，要做好检测工作。一般以液氨整理后的颜色为对色的色样较为合适。

除上述印染中常用的碱剂外，其他碱剂还有：小苏打（学名碳酸氢钠）用于活性染料直接印花及轧染时的固色剂，石灰用于淡碱回收剂，三乙醇胺用于活性染料半防印花及树脂稳定剂等。

三、盐

（一）食盐

1. 基本性质

食盐学名氯化钠，分子式 NaCl。工业用食盐含 NaCl 92%～98%，所含杂质主要为氯化镁、氯化钙、硫酸钙。久置于空气中，因氯化镁、氯化钙吸水而潮解。

2. 食盐在印染中的用途

（1）促染剂。食盐常作为多种阴离子染料染色的促染剂，如直接染料、活性染料、弱酸性染料、还原染料隐色体及色酚钠盐的上染等，食盐均产生促染作用。

（2）缓染剂。在阳离子染料染色腈纶时，食盐能够抢占染座，起到缓染作用，但相对于阳离子型表面活性剂来说，其缓染作用较弱。在强酸性染料染羊毛时，加入食盐同样起作用。

需注意的是，在使用食盐时，其用量不宜过高，尤其是对于聚集倾向大的染料，如直接染料等，在染色浓度较高时，食盐浓度过高会导致染料过度聚集甚至沉淀，产生染色疵病。

3. 食盐分析方法

根据食盐中氯离子的特性，可以用银量法。其反应如下：

$$NaCl + AgNO_3 = NaNO_3 + AgCl \downarrow$$

操作：准确称量样品约 2g，溶解后转移至 500mL 容量瓶中，清洗称量瓶，将洗液一并转移到容量瓶中，定容、摇匀。准确移取 50mL 至 250mL 锥形瓶中，加水 100mL，滴加数滴铬酸钾指示剂，用 0.1mol/L 硝酸银标准溶液滴定，至微红色为止。记录所消耗硝酸银溶液的体积。计算如下：

$$NaCl \text{质量分数} = \frac{V_{AgNO_3} \times c_{AgNO_3} \times \dfrac{58.4}{1000}}{m \times \dfrac{50}{500}} \times 100\% \tag{1-3-18}$$

式中：V_{AgNO_3}——消耗硝酸银溶液的体积（mL）；

c_{AgNO_3}——硝酸银标准溶液浓度（mol/L）；

m——样品质量（g）。

（二）元明粉

元明粉学名硫酸钠，分子式 Na_2SO_4，白色粉状或晶状。含 10 分子结晶水的硫酸钠又称为芒硝。工业用元明粉含 Na_2SO_4 92%～98%，所含杂质主要为氯化物、铁盐及硫酸钙。元明粉在印染中的用途基本同食盐。

（三）醋酸钠

1. 基本性质

醋酸钠分子式 CH_3COONa，简写为 NaAc。无水醋酸钠为白色或灰白色粉末，商品醋酸钠为含 3 个结晶水的无色晶体，含无水醋酸钠 58%～60%。

2. 醋酸钠在印染中的用途

（1）中和剂。在冰染染料染色时，中和显色剂重氮盐中过量的盐酸，使重氮盐由稳定状态转变为活泼状态而能与色酚偶合。且醋酸与醋酸钠形成缓冲体系，有利于显色液 pH 的稳定。

（2）硫化染料防脆剂。硫化染料染色后，常因染料中析出硫氧化形成的酸使棉织物脆损，强力下降。在染色后用醋酸钠溶液处理可以中和织物上残留酸，防止硫化染料染色棉布的脆损。

（3）pH 稳定剂。在分散染料染色时，涤纶织物及分散染料对染液 pH 都十分敏感，pH 的变化常引起染色色光的改变或涤纶织物的损伤，为此，在加工时常采用醋酸与醋酸钠的缓冲溶液，以稳定染液 pH。

（四）其他盐类

除以上常用盐之外，印染中使用的盐还有如下几种。

磷酸钠：可用做软水剂、棉布煮练助剂、双氧水漂白稳定剂、活性染料固色剂。

硼砂：为非耐久阻燃剂。

磷酸氢二铵及磷酸二氢铵：为耐久性阻燃剂及树脂整理催化剂。

六偏磷酸钠：为软水剂。

氯化镁及硝酸锌：常作为树脂整理的催化剂。

任务二 氧化剂与还原剂

一、氧化剂

（一）双氧水

1. 基本性质

双氧水学名过氧化氢，分子式 H_2O_2。纯的双氧水为无色无臭的油状液体。双氧水稳定性差，易分解，浓度过高、受热、日光暴晒及剧烈振荡均易引起爆炸。有强氧化性，高浓度双氧水对皮肤有强烈刺激性。易溶于水，可与水以任意比例混合。为安全起见，工业用双氧水浓度通常为30%~35%，4.3%的双氧水通常用于外科消毒剂。

2. 双氧水在印染中的用途

（1）天然纤维漂白剂。如棉、蚕丝、羊毛等的漂白。双氧水漂白的最佳作用pH为10.5~11，且要加入稳定剂硅酸钠等，以防止漂液中的重金属离子、金属屑、酶及有棱角的细小的固体物质对双氧水的无效催化作用的发生，提高双氧水的利用率及减少对纤维的损伤。双氧水漂白的白度好且稳定，不易泛黄，且能够去除天然纤维中的部分杂质。一般双氧水漂白的使用浓度为2~6g/L（双氧水以100%计）。双氧水漂白成本较次氯酸钠高，适用于高品质织物的漂白。

（2）还原染料显色的氧化剂。还原染料隐色体上染纤维后，需要氧化才能恢复正常色光，部分用空气氧化较慢的染料可以用双氧水溶液氧化。

（3）剥色剂。当染色出现质量问题，如色花、色斑等严重的色泽不匀，无法通过修色纠正时，需要剥色后重染。生产上通常使用成本较低的保险粉还原剥色，但对于部分染料如蒽醌结构的染料，还原剥色后遇氧化剂容易复色，这种情况用双氧水剥色效果更好。

3. 双氧水分析方法

双氧水有效浓度的分析通常采用高锰酸钾滴定法。室温条件下，在稀硫酸溶液中$KMnO_4$与H_2O_2发生如下反应：

$$5H_2O_2+2KMnO_4+3H_2SO_4=2MnSO_4+K_2SO_4+5O_2+8H_2O$$

操作：准确称量样品约2.5g，用少量水稀释后转移至500mL容量瓶中，清洗称量瓶，将洗液转移至容量瓶，并定容、摇匀。准确移取50mL至250mL锥形瓶中，加水100mL，3mol/L硫酸溶液10mL，用0.02mol/L高锰酸钾标准溶液滴定至终点（使终点时滴定剂本身的紫红色稍过量，即溶液呈微红色，半分钟不消失）。记录所消耗高锰酸钾标准溶液的体积。计算如下：

$$H_2O_2 \text{质量分数} = \frac{V_{KMnO_4} \times c_{KMnO_4} \times \frac{34.02}{1000} \times \frac{5}{2}}{m \times \frac{50}{500}} \times 100\% \qquad (1-3-19)$$

式中：V_{KMnO_4}——消耗高锰酸钾标准溶液的体积（mL）；

$\qquad c_{KMnO_4}$——高锰酸钾标准溶液浓度（mol/L）；

$\qquad m$——样品质量（g）。

（二）次氯酸钠

1. 基本性质

次氯酸钠分子式NaClO，为白色粉末。商品次氯酸钠为无色或淡黄色的液体，俗称漂白水。次氯酸钠易溶于水，其水溶液有腐蚀性，且溶液的成分复杂，随溶液pH而改变，易分解或水解，稳定性差，在碱性条件下相对稳定。所以商品次氯酸钠溶液为碱性，其pH约为13。次氯酸钠的有效成分以有效氯含量表示（即次氯酸钠溶液加酸后产生氯的量）。常用次氯酸钠浓度与相对密度关系见表1-3-10。

表 1-3-10 次氯酸钠浓度与相对密度 (15℃) 的关系

波美度 (°Bé)	相对密度	有效氯 (g/L)	波美度 (°Bé)	相对密度	有效氯 (g/L)	波美度 (°Bé)	相对密度	有效氯 (g/L)
0.5	1.0036	1.77	9	1.067	42.90	18	1.142	96.80
1	1.007	5.30	10	1.075	48.57	19	1.152	103.54
2	1.014	9.60	11	1.082	53.34	20	1.162	112.76
3	1.022	13.83	12	1.091	60.28	21	1.172	119.49
4	1.029	13.79	13	1.100	64.53	22	1.180	122.33
5	1.037	22.70	14	1.108	70.21	23	1.190	130.13
6	1.045	28.73	15	1.116	76.94	24	1.200	138.64
7	1.052	32.64	16	1.125	83.68	25	1.210	148.22
8	1.060	37.94	17	1.134	90.78	26.5	1.226	159.92

2. 次氯酸钠在印染中的用途

(1) 曾用作棉织物漂白剂。与双氧水相比，次氯酸钠漂白温度低，一般为 20~30℃，冬季为 30~35℃，且价格低，漂白成本低，对棉籽壳去除能力突出。但漂白的白度一般，且脱氯不净易引起泛黄，对棉纤维损伤较大，过去曾用于中、低档棉织物的漂白。次氯酸钠的使用浓度取决于漂白方式，一般控制在 0.5~3g/L（以有效氯计），漂白 pH 为 9~11。

(2) 还原黑 BB 的氧化显色剂。因还原黑 BB 结构的特殊性，只有用次氯酸钠才能正常显色。

(3) 维纶的漂白。

3. 次氯酸钠分析方法

次氯酸钠有效浓度的分析最简单的方法是浮萍法，如波美计、比重计法，还可以用氧化还原滴定法。次氯酸钠中的有效氯在酸性溶液中与碘化钾反应，释放出碘，用硫代硫酸钠标准溶液滴定。根据硫代硫酸钠溶液的用量计算出次氯酸钠中的有效氯含量。反应如下：

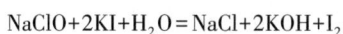

$$NaClO+2KI+H_2O=NaCl+2KOH+I_2$$
$$I_2+2Na_2S_2O_3=2NaI+Na_2S_4O_6$$

操作：准确称量样品约 10g，用少量水稀释后转移至 500mL 容量瓶中，清洗称量瓶，将洗液一并转移至容量瓶中，定容、摇匀。准确移取 50mL 至 250mL 锥形瓶中（此锥形瓶中预先加入了 20mL 10% 的碘化钾、15mL 3mol/L 的硫酸及 100mL 水），立即用 0.1mol/L 硫代硫酸钠标准溶液滴定，在黄色将近消失前加入淀粉溶液 3~5mL，继续滴定至蓝色消失。记录所耗硫代硫酸钠溶液的体积。计算如下：

$$有效氯(Cl_2)质量分数 = \frac{V_{Na_2S_2O_3} \times c_{Na_2S_2O_3} \times \frac{35.47}{1000}}{m \times \frac{50}{500}} \times 100\% \qquad (1-3-20)$$

式中：$V_{Na_2S_2O_3}$——消耗硫代硫酸钠溶液的体积（mL）；

$c_{Na_2S_2O_3}$——硫代硫酸钠标准溶液浓度（mol/L）；

m ——样品质量（g）。

（三）亚氯酸钠

1. 基本性质

亚氯酸钠分子式 $NaClO_2$，纯净的亚氯酸钠为纯白色，因含有微量的二氧化氯而为黄绿色。商品为无色粉末，也有含3分子结晶水或水溶液形式。亚氯酸钠及其水溶液的性质稳定，不易分解。在酸性溶液中，能够分解产生二氧化氯气体。二氧化氯有毒且有强烈刺激性。

2. 亚氯酸钠在印染中的用途

（1）棉纤维漂白剂。亚氯酸钠漂白的白度洁白、晶莹透亮，织物手感好，同时具有很强的去杂能力，对棉纤维损伤小。但脱氯不净会引起泛黄。

（2）涤纶漂白剂。亚氯酸钠用于涤纶漂白，能够获得其他漂白剂如双氧水、次氯酸钠等达不到的白度。

（3）维纶、锦纶及醋酯纤维的漂白。

但亚氯酸钠漂白过程中产生的有毒气体二氧化氯对环境污染严重，对排风要求高，对设备要求高（需用钛板）。因此目前工业上已禁止使用 $NaClO_2$ 作漂白剂。

3. 亚氯酸钠分析方法

亚氯酸钠有效浓度的分析方法同次氯酸钠。

操作：准确称量样品约1g，用少量水稀释后转移至500mL容量瓶中，清洗称量瓶，将洗液一并转移到容量瓶中，定容、摇匀。准确移取25mL至250mL锥形瓶中，加入30mL 10%的碘化钾、20mL 0.5mol/L的硫酸，放置 $1\sim2min$。用 0.1mol/L $Na_2S_2O_3$ 标准溶液滴定，在黄色将近消失前加入淀粉溶液 $3\sim5mL$，继续滴定至蓝色消失。记录所耗 $Na_2S_2O_3$ 溶液体积。计算如下：

$$NaClO_2\ 质量分数 = \frac{V_{Na_2S_2O_3} \times c_{Na_2S_2O_3} \times \dfrac{90.06}{4000}}{m \times \dfrac{25}{500}} \times 100\% \qquad (1-3-21)$$

式中：$V_{Na_2S_2O_3}$ ——消耗硫代硫酸钠溶液的体积（mL）；

$\quad\ \ c_{Na_2S_2O_3}$ ——硫代硫酸钠溶液浓度（mol/L）；

$\quad\ \ m$ ——样品质量（g）。

（四）红矾钠

1. 基本性质

红矾钠学名重铬酸钠，分子式 $Na_2Cr_2O_7 \cdot 2H_2O$。商品形态为橘红色的晶体。红矾钠有毒，具有氧化性，易潮解。其商品含 $Na_2Cr_2O_7 \cdot 2H_2O$ 为 $95\%\sim99\%$。

2. 红矾钠在印染中的用途

（1）酸性媒染染料的媒染剂。通过其还原产生的 Cr（Ⅲ）的络合作用，能够提高媒染料的染色牢度。

（2）显色剂。用于难氧化的还原染料显色剂。

（3）防染剂。用于快色素染料印花时的防染剂。

3. 红矾钠分析方法

红矾钠成分的分析常用碘量法。反应如下：

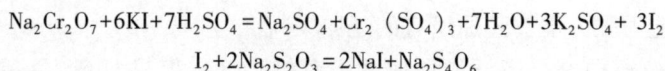

$$Na_2Cr_2O_7+6KI+7H_2SO_4 = Na_2SO_4+Cr_2(SO_4)_3+7H_2O+3K_2SO_4+3I_2$$

$$I_2+2Na_2S_2O_3 = 2NaI+Na_2S_4O_6$$

操作：准确称量样品约5g，用少量水溶解后转移至500mL容量瓶中，清洗称量瓶，将洗液且一并转移到容量瓶中，定容、摇匀。准确移取25mL定容容量瓶中溶液至500mL锥形瓶中，加入200mL水、10mL的10%碘化钾、20mL的3mol/L硫酸溶液，静置暗处10min，用0.1mol/L硫代硫酸钠标准溶液滴定析出的碘，在黄色将近消失前加入淀粉溶液3~5mL，继续滴定至绿色为止［Cr（Ⅲ）的颜色］。记录所耗硫代硫酸钠溶液体积。计算如下：

$$Na_2Cr_2O_7 \text{ 质量分数} = \frac{V_{Na_2S_2O_3} \times c_{Na_2S_2O_3} \times \frac{298}{6000}}{m \times \frac{25}{500}} \times 100\% \qquad (1-3-22)$$

式中：$V_{Na_2S_2O_3}$——消耗硫代硫酸钠溶液的体积（mL）；

　　　$c_{Na_2S_2O_3}$——硫代硫酸钠溶液浓度（mol/L）；

　　　m——样品质量（g）。

（五）防染盐S

学名为间硝基苯磺酸钠。为白色或黄色粉末，易溶于水，在中性及碱性介质中具有一定氧化性。耐酸、耐碱、耐硬水。防染盐S在印染中用作活性染料印花后或染色后汽蒸时色光保护剂。因在汽蒸时蒸汽机中的还原性物质或由高温汽蒸促使纤维水解所产生的还原性，会使染料色光改变，变暗变萎。加入防染盐S可以消耗这些还原性物质，防止其对染料的还原破坏。作还原染料色纱织物煮练时的白地保护剂，利用其氧化作用防止煮练下来的还原染料对白地的沾色。作拔染印花地色保护剂等。

印染加工中使用的氧化剂还有：漂白粉用于棉织物漂白，氯胺T用于植物纤维及人造丝的漂白，过氧化钠及过硼酸钠可以代替双氧水使用，亚硝酸钠作为冰染染料色基的重氮化试剂。

二、还原剂

（一）保险粉

1. 基本性质

保险粉学名连二亚硫酸钠，又称低亚硫酸钠，商业上又称养缸粉，分子式$Na_2S_2O_4$。不含结晶水时呈淡黄色粉末，含2分子结晶水时呈白色至灰白色结晶性粉末，有二氧化硫特异臭味，具有强还原性，为印染中常用的还原剂。稳定性差，遇热、光、空气、水极易分解或水解，受潮或露置空气中会失效，并可能自燃，至190℃时可发生爆炸。对眼、呼吸道和皮肤有刺激性，接触后可引起头痛、恶心和呕吐。宜在密闭、阴凉、避光、干燥处保存。商品含$Na_2S_2O_4$ 85%~95%。

2. 保险粉在印染中的用途

（1）还原染料染色的还原剂。还原染料为棉织物染色常用染料，但其本身不溶于水，对纤维素纤维没有直接性，染色时需在保险粉的碱性溶液中还原转变为可溶性的隐色体而上染纤维。保险粉还原能力强，能够还原所有的还原染料。

（2）羊毛及蚕丝漂白剂。还原漂白成本较双氧水低，但易复色，一般与氧化漂白结合使用。

（3）剥色剂。当染色色泽严重不符或色泽不匀无法修复时，通常剥色后复染。印染设备更换加工颜色时，为防止沾色，可用保险粉剥色清洗。

3. 保险粉分析方法

常用碘量法，其反应如下：

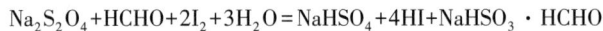

$$Na_2S_2O_4+HCHO+2I_2+3H_2O = NaHSO_4+4HI+NaHSO_3 \cdot HCHO$$

操作：移取10mL中性的40%甲醛，稀释到90mL纯水中，搅匀后待用。准确称量样品2g，将样品用上述甲醛溶液通过干燥漏斗洗入500mL容量瓶中，并定容、摇匀，静置15~20min。移取20mL上述溶液至250mL锥形瓶中，加入100mL水及5mL的3mol/L醋酸溶液，加3~5mL淀粉溶液作指示剂，用0.05mol/L碘溶液滴定至蓝色不消失为止。记录所耗碘溶液体积。计算如下：

$$Na_2S_2O_4 \text{ 质量分数} = \frac{V_{I_2} \times c_{I_2} \times \frac{174.1}{2000}}{m \times \frac{20}{500}} \times 100\% \qquad (1-3-23)$$

式中：V_{I_2}——消耗碘溶液的体积（mL）；

c_{I_2}——碘溶液浓度（mol/L）；

m——样品质量（g）。

（二）二氧化硫脲

1. 基本性质

二氧化硫脲又叫甲脒亚磺酸，分子式为$CH_4N_2O_2S$，为白色或淡黄色结晶颗粒，无臭、无刺激性气味，室温下稳定且不易分解。但在加热或碱作用下，会发生分解，游离出还原性很强的亚磺酸，因此可以控制还原作用。二氧化硫脲具有很强的还原能力，还原能力超过保险粉，且生产和使用时环保无污染。

2. 在印染中的用途

（1）还原染料还原剂。代替保险粉作还原染料还原剂时，用量仅为保险粉的1/5，而且还原电位的下降速度慢，仅为保险粉还原电位降低数的1/5。但由于其过强的还原作用，易使染料过度还原，得色暗，单独作还原剂还易产生染色的条花病疵。所以，一般与保险粉混合使用。通常可以使用保险粉正常用量的一半，另一半二氧化硫脲的用量为保险粉正常用量的1/10，可以达到单独用保险粉还原的色泽与效果。

（2）漂白剂。用作棉、毛及化纤的还原漂白剂。

（3）剥色剂。纺织品的剥色重新加工或除浮色等场合都可应用。

（三）雕白粉

1. 基本性质

雕白粉学名次硫酸氢钠甲醛或甲醛合次硫酸氢钠，根据其商品形态不同，又称雕白块或雕白粒，分子式为 $NaHSO_2 \cdot CH_2O \cdot 2H_2O$。雕白粉为半透明白色结晶块状、粉状或粒状，易溶于水。室温下稳定性好，没有还原力，在高温下具有较强的还原性，有漂白作用。高温下遇酸即分解，120℃下分解产生甲醛、二氧化硫和硫化氢等有毒气体。其水溶液在60℃以上就开始分解出有害物质。受潮、受热极易分解，储存时一定注意密封，不可受潮、受热，且与酸隔离。若块状变粉状或粉状结为块状都视为变质现象，故本品不宜久存。

2. 在印染上的用途

（1）作纳夫妥地色等拔染印花的拔白剂或拔染剂。印花色浆在已染有地色的布上进行拔染时，需要采用具有还原性的印浆，破坏地色，同时使花色固着在布上。常用的着色染料都是还原染料。雕白粉室温下性质较保险粉稳定，在汽蒸（100℃）时还原能力最强。汽蒸时，放出［H］，使地色染料的发色基团被破坏，达到拔除地色的目的，同时使印制色浆中的还原染料还原成隐色体而溶解并上染纤维。故多应用于拔染纳夫妥、活性、铜盐等染料染成的地色布，尤以纳夫妥地色布拔染印花上的应用最为广泛。纳夫妥地色拔染印花拔白浆中雕白粉用量一般为160~250g/L，还原染料着色拔染印花色浆中雕白粉用量一般为140~200g/L。

（2）作阿尼林黑及印地科素染料地色防染印花的防白助剂。阿尼林黑地色防染印花的防白印浆由淀粉糊、纯碱、锌氧粉及荧光增白剂组成，也可加入少量还原剂如雕白粉、亚硫酸氢钠作防白助剂，将阿尼林黑中的氧化剂氯酸钠的效力削弱，防止它氧化发色，从而获得更好的防白效果。

（3）作纳夫妥与印地科素同印时防止传色助剂。传色为一种印花疵病，滚筒印花运转中，前面花筒已经转印在织物上的色浆，未被纤维全部吸收，而堆积在织物表面，经轧压黏附在后面花筒上，由刮浆刀不断刮入后面花筒的给浆盘内，使该只色浆的色泽或色光改变，再转印于织物后，造成该花纹的颜色与原配色不符。当采用纳夫妥与印地科素同印时，一般是纳夫妥先印花，印地科素后印花。在印地科素印浆里加入 0.2%~0.5% 雕白粉，可以防止纳夫妥印浆传色到印地科素印浆里。由于雕白粉有还原力，能让传色过来的纳夫妥色泽消失，从而避免了印地科素本身被纳夫妥沾污。但需指出，印地科素印浆里要补加亚硝酸钠，例如雕白粉加入 0.2%，则 $NaNO_2$ 补加 0.2%，只有这样才能使印地科素本身的发色不受影响。

（四）其他还原剂及在印染中的应用

漂毛粉又称漂毛剂，为40%焦磷酸钠与60%保险粉的混合物，最适宜于羊毛的漂白。

雕白剂W学名二甲基苯基苄基氯化铵二磺酸钙，又称拔白剂W或咬白剂W。用于还原染料为地色的拔白印花。由于能够与还原染料隐色体结合成溶于碱的化合物，在以还原染料为地色的拔染印花时，克服了雕白粉拔白不白的问题。

亚硫酸钠为棉布的煮练助剂，能使棉布中的天然杂质如棉籽壳及果胶等分解或水解。还可以防止氧化性物质如空气中的氧在高温煮练对棉纤维的破坏作用，保护棉纤维，减少对纤维强力的损伤。

大苏打学名五水硫代硫酸钠，又名海波，通常用于棉布用次氯酸钠漂白后的脱氯剂。

任务三　表面活性剂

一、表面活性剂的基本知识

（一）表面活性剂的定义

当液体和空气接触时，液体内部的分子因为周围条件相同，从四周受到的引力是均匀一致的，而液体的表面层分子，由于分子的上部暴露在空气中，空气对这些分子的吸引力较小，结果就使液体内部的分子对表面层分子的吸引力大于空气的吸引力。所以，液体的表面就有向内收缩的趋势，而呈球状。如荷叶上的露滴、玻璃板上的水银滴等，就好像是在这些液滴的表面形成了一层紧绷的薄膜。能使液滴在自然界中保持这种现象的力通常叫作表面张力。这种液体表面张力的存在，使自然界中的液体不易发挥润湿、渗透、净洗、乳化等作用，从而不利于印染加工的进行。

为了提高试剂的润湿性、分散性、乳化能力、清洗效果，在印染加工时，通常在液体中加入一种化学助剂来降低液体的表面张力，改变体系的界面状态，从而产生润湿、渗透、乳化、净洗、消泡等一系列改善印染加工质量的作用。加入的这种化学物质，通常称为表面活性剂。表面活性剂在纺织湿处理过程中应用很广泛。表面活性剂的分子结构由特殊亲水部分和拒水部分组成。当它们的浓度达到一定程度时，溶液的表面张力会降低，形成胶束，从而赋予溶液新的特性。

（二）表面活性剂的一般性质

1. 在水中的溶解性

在一般情况下，离子型表面活性剂的亲水性随温度的升高而增强，至一定温度后，溶解度会增加很快，如图1-3-1所示。

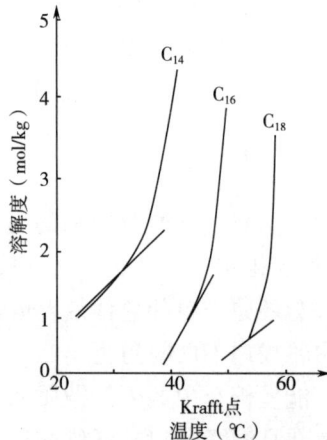

图1-3-1　烷基苯磺酸钠溶解度与温度的关系

从图 1-3-1 中可见，离子型表面活性剂的溶解度随温度的升高有一明显的突变点，此突变点时的温度称为克拉夫特点（Krafft point），在应用时，往往都是在此点以上使用。

对于非离子表面活性剂，其溶解度随温度变化的情况与离子型表面活性剂差别很大，它们一般低温时易溶，当温度升至一定程度后，表面活性剂溶液会发生浑浊、析出及分层的现象。析出、分层并发生浑浊时的温度称为非离子型表面活性剂的浊点。

2. 耐酸碱性

一般阴离子型表面活性剂在强酸液中不稳定，在强酸作用下，羧酸皂类表面活性剂易析出游离酸，硫酸酯盐易水解，磺酸盐则较稳定，而在碱液中它们均较稳定。

阳离子表面活性剂中，铵盐类在碱液中易析出游离氨，在酸性环境中稳定；季铵盐类耐酸、碱性均较好。

一般非离子表面活性剂在酸、碱液中均较为稳定，但羧酸的聚乙二醇酯或环氧乙烷加成物例外。

两性类表面活性剂一般易因 pH 变化而改变性质。在等电点时，形成内盐而析出沉淀。如分子含有季铵盐结构，则无此现象发生。

值得注意的是，分子中含有酯键的表面活性剂，在强的酸性或碱性中均易发生水解。

3. 耐硬水性

离子型表面活性剂易产生盐析，多价金属离子对羧酸类表面活性剂影响更大；非离子和两性类表面活性剂不易产生盐析。

4. 耐氧化性

离子型表面活性剂中磺酸盐类和非离子型表面活性剂中聚氧乙烯醚类抗氧化性较好，结构最为稳定。从分子结构中可知，C—S、C—F 及 —O— 键较稳定，不易被破坏。

（三）表面活性剂的分类

在实际使用时，以离子类型和工业用途对表面活性剂分类最为普遍。

1. 按离子类型分类

在水中，凡能电离生成离子的表面活性剂称为离子型表面活性剂，包括：

（1）阴离子型表面活性剂。其主要用作洗涤剂、渗透剂、润湿剂、乳化剂、分散剂等。

（2）阳离子型表面活性剂。主要用作柔软剂、匀染剂、防水剂、固色剂、抗静电剂等。

（3）两性型表面活性剂。主要用作柔软剂、匀染剂、抗静电剂等。

（4）非离子型表面活性剂。其具有活性基团，但在水中不电离，而又能发生水化作用，用作匀染剂、乳化剂、分散剂等。

2. 按用途分类

在印染工业中，按用途可将表面活性剂分为：净洗剂、精练剂、润湿剂、渗透剂、分散剂、乳化剂、起泡剂、消泡剂、匀染剂、固色剂、剥色剂、柔软剂、防水剂、阻燃剂、抗静电剂等。往往具有抗静电作用的阳离子表面活性剂同时又具有柔软、杀菌和消毒作用。

二、常用表面活性剂及其性能

（一）润湿剂、渗透剂

1. 太古油

太古油又名土耳其红油，简称红油。为棕黄色油状液体，易溶解于水而呈乳浊液，暴露在空气中会起作用而变质。具有优良的润湿、渗透和乳化能力。但洗涤作用较差。太古油耐酸，耐硬水。

在染整加工过程中，太古油与肥皂一起常用作棉布煮练助剂、纳夫妥 AS 类打底染色助剂、硫化染料染色助剂等。例如，硫化染料染色时，以适量太古油将染料调成浆状，加入硫化碱，通过汽蒸加热，待染料溶解后注入染槽。

2. 渗透剂 T

渗透剂 T 为淡黄色或棕黄色黏稠液体，属阴离子表面活性剂，可溶于水，1%的水溶液 pH 为 6.5~7，本身不耐强酸、强碱、还原剂及重金属盐。具有很高的渗透能力，并且渗透快速、效果均匀，在低于 40℃ 及 pH 在 5~10 时，渗透效果最好，当织物渗透完全后，其性能不再受酸、碱、温度等的影响。

渗透剂 T 主要用于棉纱染色及棉布煮练过程，但在棉布煮练过程中，不可将渗透剂 T 直接加入浓碱液中，应先将碱加入后再加入渗透剂 T，通常用量为 1~6g/L。

3. 渗透剂 M

渗透剂 M 是棕褐色液体，属阴离子型表面活性剂，易溶于水，具有极强的润湿、渗透能力。遇强酸不稳定，耐碱，硬水中的钙、镁离子不影响其作用的发挥。

渗透剂 M 可代替太古油作为纳夫妥染料 AS 类打底剂调制时的润湿剂，以及在打底液中的渗透剂，用量为 30~50mL/L。

4. 渗透剂 JFC

渗透剂 JFC 为透明淡黄色的黏稠液体，是非离子表面活性剂，水溶性好。在水溶液中稳定，耐强酸、强碱、次氯酸盐、硬水及重金属盐。能和阴离子型、阳离子型表面活性剂混用，具有优良的润湿、渗透及乳化能力，并有一定的净洗效果。

在棉布退浆时，为提高退浆液的润湿、渗透能力，可加 0.5~1g/L 渗透剂 JFC，加速退浆，并提高退浆效果；在羊毛炭化时，加 0.5~1g/L 渗透剂 JFC，可缩短炭化时间，减少酸量，提高炭化效果；在树脂整理时，为提高渗透效果，常增大渗透剂 JFC 的用量，一般为 3~5g/L。

5. 拉开粉 BX

拉开粉 BX 为阴离子表面活性剂，易溶于水，1%的水溶液 pH 为 7~8.5，能耐酸、碱和硬水，但在强碱中呈白色沉淀。拉开粉 BX 不能和阳离子表面活性剂共用，且铝、铁、锌、铅盐能使其沉淀。在染整过程中，拉开粉 BX 具有优良的润湿渗透性能，以及乳化、扩散、起泡等性能，但几乎无净洗能力。

因拉开粉 BX 具有优良的润湿渗透能力，粉状染料可用 0.5%拉开粉溶液打浆，然后溶解。纳夫妥 AS 打底时可加 1~3g/L 拉开粉代替太古油；涤/棉纱用分散染料高温染色时，通常加 2~3g/L 拉开粉作为匀染剂；也可用于煮练、酶退浆、羊毛炭化、氯化、缩绒等工序，用量一般为 0.1%~3%（owf）。

6. Sinvaine PT-70N

Sinvaine PT-70N 为无色透明液体，属磷酸酯类非离子型表面活性剂，pH 为 2.8~4.8。用于各种纤维的前处理、染色及后整理，具有抑泡功能。浸染及轧染染色时，可促进染料对织物的渗透力及匀染性。涤/毛及纯毛织物因表面鳞片而具有疏水性，轧染时瞬间吸水性差，添加该助剂可改善此问题。筒子纱染色时，特别难染的绿色等易出现染斑、内外层色差等问题，应用该助剂可获得满意的效果。一般用量 1.0~2.0g/L。整理加工重修时，建议加倍用量，尤其是在泼水加工时，建议用 4~6g/L。通常储于阴凉处，40℃以下可储存 6 个月。

7. 高效快速渗透剂 FT、HFT

渗透剂 FT 全称为脂肪醇聚氧乙烯醚硫酸钠。具有良好的渗透、乳化、分散和去污性能。在纺织印染中可促进染料渗透；在洗涤剂中能增强去污效果；在工业清洗等领域也有广泛应用。

渗透剂 HFT 全称为脂肪醇聚氧乙烯醚硫酸铵。具有优良的渗透性能、乳化性能和去污能力。在纺织印染行业可促进染料和助剂对纤维的渗透，提高染色均匀性和色牢度；在洗涤剂和清洁剂中能增强去污效果；在造纸工业中有助于提高纸张的质量等。

8. 渗透剂 WJ-200

该渗透剂为透明流动黏稠液，属阴离子和非离子表面活性剂复配物，pH 为 4~6，与大部分阴离子、非离子助剂相容。可广泛用于处理棉、麻、黏胶以及混纺织物的前处理。

在工艺和配方的设计上，渗透剂 WJ-200 达到甚至超过了渗透剂 T 具有的强效渗透力，同时又改进了它的耐碱、耐还原性。渗透剂 WJ-200 经水溶解后直接使用，建议用量 3~8g/L。

9. 渗透剂 KF-P

该渗透剂为无色至浅黄色黏稠状液体，属非离子型表面活性剂，pH 6.5~7.0，溶于水，溶液呈乳白色，耐强碱、强酸、重金属盐以及还原剂。适宜于棉、麻、黏胶纤维及混纺纤维及其制品的上浆和染色前处理。具有渗透均匀和快速的特点。

当浴比为 1:20 时用量为 2~3g/L，浴比为 1:5 时用量为 5~6g/L，或根据具体情况使用。

10. 快速渗透剂 KW-2010

该渗透剂为淡黄色透明液体，pH 5~7（1.0%水溶液），是烷基磺酸盐及其他复配物，属阴/非离子型表面活性剂。易溶于冷水，对酸、碱、氧化剂和还原剂的稳定性良好。在多种温度下具有很好的渗透、分散和乳化作用。能耐 80℃ 以下的碱液，其低泡沫性尤其适用于工作液高速运转的加工体系，一般可用于前处理、染色、后整理，可提高加工效率。用量一般为 0.5%~2.0%（owf）。生物降解率≥90%。常存放于阴凉、干燥、通风仓内，保质期 12 个月。

11. 快速渗透剂 FOA

该渗透剂为多种阴离子型表面活性剂和非离子型表面活性剂的复配物，广泛用于纺织印染企业各道工序，主要用作润湿剂和渗透剂，也可用作洗涤剂、助染剂、分散剂、乳化剂等。在上浆、退浆、煮练、漂白、染色、整理、炭化、氯化等工序均可用作渗透剂。一般推荐用量为 2~6g/L。

12. 高效渗透剂 SP-30

该渗透剂为白色或淡黄色透明液体，能溶于任何比例的冷水，是脂肪醇磷酸酯及烷基聚氧乙烯醚磷酸酯的混合物，属阴离子型表面活性剂，可与非离子及阴离子表面活性剂同浴使用，pH 6.5~7.5。

该渗透剂可用于棉、麻织物的前处理工艺，具有优良的渗透、净洗性能，能有效去除棉、麻上的油脂、脂状物、果胶、矿物质等杂质。被处理的织物毛效高、白度好、纤维损伤少。也可用作羊毛前处理及染色的渗透剂。

棉、麻织物煮练时用量 0.8~3g/L，羊毛纤维染色时用量 3~5g/L。

13. 透芯油 CGJFC₃

该渗透剂为微黄色透明液体，易溶于水，pH 为 8~9，属特殊阴/非离子型表面活性剂。具有优良的瞬时渗透力，耐高温、耐强碱、耐电解质、低泡沫，广泛应用于前处理、染色、后整理等生产工序，与络合分散剂协调配合使用，能显著提高染色布的匀染性，改善染料拼混时上染速率差异的影响，是一种高品质的染色助剂。

染色用量如下：

	深色	中色	浅色
透芯油	3~5g/L	2~3g/L	1~2g/L
络合分散剂 CGLF	2~3g/L	1~2g/L	1g/L

后整理时用量为 1~2g/L。

14. 低泡渗透剂 FK-ST15

该渗透剂为无色透明液体，属非离子型表面活性剂，渗透性和乳化能力优良，具有低泡性，适用于纱线、织物在高湍动液流机械中的加工，尤其适用于羊毛染色、丝光工艺及棉针织物及纱线的前处理。

15. 低泡染色渗透剂 SBL-8822

该渗透剂为无色或微黄色透明液体，是特种表面活性剂的复配物，属非离子型表面活性剂。pH 为 6~7，易溶于水。适用于各种纤维的染色及后整理工序，可帮助染料及助剂迅速渗透到纤维内部，是一种不含国际禁用化学品、易降解的生态助剂。

（1）轧染工艺。练漂半成品→浸轧染液①→预烘→焙烘→浸轧还原液（或固色液）→汽蒸→水洗→氧化（或热洗）→皂洗→水洗→烘干→浸轧柔软处理液②→烘干→拉幅→预缩→检验。

①染液：

染料	x
SBL-8822	3~5g/L

②柔软处理液：

柔软剂	x
树脂	y
SBL-8822	2~4g/L

（2）浸渍工艺。染色温度95~98℃，时间30~40min，浴比1:（6~10），用量0.5%~1%（owf）。后整理用量0.5%~1%（owf）。

（二）乳化剂、分散剂

1. 乳化剂 OP

该乳化剂为棕黄色膏状液体，是非离子型表面活性剂，可溶解于各种硬度的水，并且在冷水中的溶解度大于热水中的溶解度。1%水溶液的pH为5~7，浊点为75~85℃，耐酸、碱、还原剂、氧化剂、盐及硬水，当水中含有大量金属离子（铁、铬、锌、铝、铜等）时，表面活性会下降。具有优良的匀染、润湿、乳化、扩散等性能，同时也具有助溶、净洗和保护胶体的作用。可与各类表面活性剂及染料、树脂初缩体混用，但一般不与阴离子型表面活性剂同时作匀染剂。

2. 乳化剂 EL 系列

该乳化剂为蓖麻油与环氧乙烷的缩合物，是非离子型表面活性剂。茶黄色油状液体或糊状物，pH为6~7（1%的水溶液），溶于水，但在冷水中的溶解度高于热水中。耐酸、硬水、无机盐。低温时耐碱，但遇强碱时会引起水解。有不同的HLB值和浊点，且随着环氧乙烷加成数的增加HLB值（6.4~15.8）和浊点不断升高。

该系列表面活性剂具有较优良的润湿、乳化、净洗和抗静电性能，常用作O/W型乳液的乳化剂。

3. 斯盘系列

该系列产品为琥珀色油状液体或棕黄色蜡状固体，学名叫失水山梨醇脂肪酸酯，属非离子型表面活性剂。可溶解于热油、脂肪酸及各种有机溶剂，不溶于水，可在热水中分散成乳液。耐酸、碱，是一种W/O型乳液的乳化剂，也可作分散剂、润湿剂、增稠剂、润滑剂、防锈剂，常与吐温配合使用。

4. 吐温（Tuwen）系列

该系列产品为琥珀色油状液体或蜡状固体，学名叫失水山梨醇脂肪酸酯聚氧乙烯醚，属非离子型表面活性剂，是由斯盘与环氧乙烷反应制得。它们均能溶于水及多种有机溶剂，不溶于油，耐酸、碱，是一种优良的O/W型乳液的乳化剂，也可作润滑剂、分散剂、稳定剂使用，与斯盘配合，可作乳化剂、染料分散剂、润滑剂、防静电剂和柔软剂。在化纤油剂、印染行业有着广泛的用途。

5. 扩散剂 NNO

扩散剂NNO又称扩散剂N，为米棕色粉末，主要组分为亚甲基双奈磺酸盐，属阴离子型表面活性剂。易溶于水，1%的水溶液pH为7~9，能耐酸、碱、盐及硬水。具有良好的扩散性能和保护胶体性能，且不会产生泡沫，广泛用于还原染料悬浮体轧染、隐色酸法染色、分散染料染色等，也可用于丝/毛交织织物染色。染料工业主要用作分散剂及色淀制造时的扩散助剂。

悬浮体轧染法中加3~5g/L扩散剂NNO，有助于染料颗粒的扩散与稳定；隐色酸法染色时用量一般为2~3g/L；靛族还原染料用隐色酸法染色时，扩散剂NNO用量可降至0.6~1.5g/L。

6. 分散剂 WA

分散剂 WA 学名为脂肪醇聚氧乙烯醚硅烷，属非离子型表面活性剂。黄棕色透明液体，扩散力≥100%，pH 为 6~8（1%水溶液），浊点≥95℃（5%NaCl 溶液），活性物含量≥17%。主要用于毛腈混纺织物的染色，作为酸性染料和阴离子染料的防沉淀剂。在丝绸工业作为真丝预处理和精练助剂。

7. 染料分散剂 WJ-300

分散剂 WJ-300 为亚甲基双奈磺酸盐和多种表面活性剂的复配物，是阴离子型表面活性剂。外观呈棕黄色液体状，pH 为 8±0.5，与大部分阴/非离子型助剂相容。用于染料的溶解和分散，能使染液更加均匀，在浆染联合机靛蓝染料化料时，可使靛蓝染料颗粒更细腻、更均匀地分散在染液中，尤其能克服靛蓝隐色体扩散性差、在染色中染液对纱线的渗透力弱的缺点。另外，匀染性强，能提高纱线（特别是高支纱）的染色质量且不影响染色工艺或所用染料的上染性能。

用法是先加水后加适量染料分散剂 WJ-300，搅拌均匀再加入靛蓝染料搅拌。建议用量为 3~5g/L。

8. 分散剂 IW

分散剂 IW 学名为脂肪醇聚氧乙烯醚，是非离子型表面活性剂。为白色至淡黄色片状物，pH 6~7（1%水溶液）。主要用于毛腈混纺织物或绒线一浴法染色中酸性染料和阳离子染料的防沉淀剂，也可作强力分散剂，以制备各种有机物乳化液。

9. 扩散剂 KF-M

扩散剂 KF-M 为阴离子型表面活性剂复配物，棕褐色透明液体，固含量（30±2）%，pH 7~9（1%水溶液），具有优良的扩散性和渗透性，可与非离子、阴离子型助剂同时使用，但不能与阳离子染料或阳离子助剂混合使用。主要用作还原染料和分散染料的分散剂，可使染料色光鲜艳，着色均匀。

（三）净洗剂

1. 肥皂

肥皂是传统的洗涤助剂，属阴离子表面活性剂，能溶解于冷水，更易溶解于热水。不耐酸、硬水。当肥皂在水中遇无机酸（如盐酸、硫酸）时，脂肪酸就会游离析出，析出的酸浮于液面上，会破坏肥皂的洗涤作用。在硬水中，肥皂会因生成不溶性的脂肪酸钙和脂肪酸镁沉淀，降低洗涤效能，并且生成的钙皂和镁皂黏附在织物上很难去除，影响产品质量。常用作染后洗涤剂，有利于去除浮色。常规用量：2~3g/L。

2. 胰加漂 T

胰加漂 T 为白色粉末或微黄色黏稠液状物，属阴离子型表面活性剂。溶于热水，低于10℃有浑浊现象，但升温后会消失。在酸、碱、硬水中稳定。易被生物降解。主要用于羊毛、丝绸织物的洗涤，使之具有柔软、光泽之感。也是良好的匀染剂、湿润剂与渗透剂。原毛、毛纱、绒线、呢绒等都可以用胰加漂 T 洗涤，洗涤后纤维手感柔软，也不会影响以后的染色，用量一般为 1~2g/L。毛织物如果在染色前含有少量油脂，可用胰加漂 T 0.5~1g/L，在 30~40℃温度下处理 20min，然后按照常规方法进行染色。

3. 净洗剂 209

洗涤剂 209 为淡黄色胶状液体，主要组分为 *N*-油酰基-*N*-甲基牛磺酸钠，属阴离子型表面活性剂，易溶于热水，冷水中溶解较慢。溶液呈微碱性，pH 7.2~8.5（10%水溶液），活性物含量≥19%。能耐酸、碱及硬水。在温度低于 10℃ 时，放置一段时间会发生浑浊，流动性降低，甚至有白色结晶析出，温度升高后又恢复原状，质量不发生变化。具有较好的净洗、匀染、渗透和乳化性能，是良好的浸润剂和除垢剂，广泛用于动物纤维的染色和洗涤及棉的前处理过程中，可赋予织物松软、滑爽手感。用于毛织物印染后洗去浮色以及缩毛、缩绒处理和丝绸脱脂洗涤，一般用量 1~2g/L。

4. 雷米邦 A

雷米邦 A 为棕色黏稠液体，属阴离子型表面活性剂。它易吸潮，易溶于水，2%水溶液的 pH 为 7~8，在酸性溶液中（pH<6）不稳定，在硬水及碱性溶液中稳定。当有少量纯碱存在时，其净洗能力与胰加漂 T 相似。雷米帮 A 脱脂能力很差，对皮肤温和，因此可用于洗涤头发和护肤。在染整过程中主要用作丝绸精练剂，1kg 雷米帮 A 可以代替 2kg 丝光皂。可用作直接染料匀染剂及丝绸、羊毛洗涤剂。

5. 净洗剂 LS

净洗剂 LS 属阴离子型表面活性剂，易溶于水，耐酸、碱、硬水及一般电解质，是优良的净洗剂和钙皂扩散剂，适用于高级毛织品的净洗和渗透助剂，可获得良好的手感和丰满感，并适用于活性染料、冰染染料等印染织物后处理时去除浮色等纺织工业中要求较高的净洗。净洗剂 LS 又可作为还原、酸性等染料的匀染剂。其作为钙皂扩散剂，用量约为 1g/L。在印花织物皂煮液中加 0.5~1g/L，可防止沾色，使白地洁白，色泽鲜艳；在还原染料染棉、酸性染料染羊毛时，用净洗剂 LS 0.2%~0.4%（owf）作为匀染剂，效果较好；原毛、绒线、呢绒等可用 1~2g/L 净洗剂 LS 洗涤，洗后手感柔软且不影响后续染色。

6. 净洗剂 PD-820

净洗剂 PD-820 属非离子和阴离子表面活性剂及无机盐的复配物，外观是白色润湿性粉状固体，易溶于 60~70℃ 热水，pH 7~9（1%水溶液），固含量 90%以上，活性物含量 20%。具有较好的渗透性和较强的去污力，是织物染色后去除浮色的理想助剂，也可作为前处理的煮练剂。一般用量为 4~6g/L。

7. 羊毛洗涤剂 CW-926

该洗涤剂属非离子和阴离子型表面活性剂复配物。主要用于原毛的中性洗毛，也用作棉、麻、丝、毛等纺织品的洗涤剂、乳化剂和扩散剂。该洗涤剂的一般推荐用量为 3~8g/L。

中性洗毛工艺：进毛（车速 20~25r/min）→碎毛→第一道水洗（55℃）→第二道水洗 [60~65℃，0.5%~1.0%（owf）羊毛洗涤剂 CW-926]→第三道水洗 [60~65℃，0.3%~0.6%（owf）羊毛洗涤剂 CW-926]→第四道水洗（50℃）→第五道水洗（50℃）→烘房烘干（100~110℃）。

（四）匀染剂

1. 超细纤维匀染剂 TF-212A

该匀染剂为棕黄色透明液体，属特种表面活性剂复合物，阴/非离子型，固含量为

23.0%~25.0%，pH 5.0~7.0（1%水溶液），易溶于冷水。

适用于超细涤纶织物高温高压染色，加大用量可用于产品的回修。具有超强的缓染性，能控制染色初期的上染率，发挥优秀的匀染作用。高温分散稳定性优良，可确保染色过程中无染料凝聚。移染能力强，在春亚纺的染色中有特效。消色现象很小，可得到很好的染色重现性、低起泡性。

用于超细涤纶织物高温染色，可按常规工艺进行：

用量	0.5~2.0g/L
浴比	1∶10
染色温度	125~130℃
保温时间	30~60min

具体工艺可根据试样酌情调整。

2. 高温匀染剂 EK-100L

该匀染剂为深褐色透明液体，属阴离子型特殊界面活性剂，易溶于水，pH 约7.5（1%水溶液）。具有优良缓染性，可抑制染色初期染料瞬染性，不仅可促使升温时染料的均匀吸收，而且匀染性和移染性优异，分散性能好，可防止分散染料的热凝聚，获得鲜艳的色泽并防止染斑等疵病。耐高温性良好，具有低起泡性，可防止因起泡而产生的问题，与高温导染剂并用时可保证导染剂的分散，可用于涤毛混纺织物的染色，得到深且鲜艳的色相。

3. 全环保型涤纶高温匀染剂 HD-366A

该匀染剂为表面活性剂复配物，外观呈浅棕色透明液体，耐酸、碱、电解质，pH 为6~8（1%水溶液）。具有良好的分散作用，匀染性及移染性佳，上染率高，色光纯正，重现性好。适用于涤纶或涤/棉织物及丝线的分散染料高温高压染色工艺，推荐用量为0.5~2g/L。

4. 分散染料匀染、剥色修色剂 LD

该产品为脂肪酸环氧乙烷缩合物，属非离子型表面活性剂。外观为棕色透明液体，极易溶于水，与非离子型、阴离子型、阳离子型助剂相容。在分散染料染涤纶时，具有优良的匀染、剥色作用。在快速升温下也能保持良好的匀染效果，提高了染料的选择性。在经轴染色及卷装染色中可增进染料的渗透。

应用工艺举例：

（1）预稀释。LD 使用前需与水按1∶4稀释。在染缸中加入分散染料前应用。

（2）作为剥色剂或修补剂 作剥色剂时视剥色程度不同采用不同浓度。

①剥色20%~30%。LD 用量1.5~3g/L，醋酸调节 pH 至4.5~5.5。在干净的染缸中于130℃处理30min，然后还原清洗和水洗。

②剥色60%~70%。LD 用量5~10g/L，纯碱调节 pH 为9.5~10.5。在干净的染缸中于130℃处理30min，还原皂洗和水洗。

（3）作为缓染剂。用量为0.1~0.5g/L。

5. 棉用匀染剂 DC-100

匀染剂 DC-100是特殊阴离子型高分子表面活性剂，褐色透明液体，pH 为6~9，活性物含量（25±1）%。此匀染剂在棉、麻及其混纺织物用活性染料或直接染料染色时，能有效防止产生色点，染色均匀。筒子纱染色时可防止内外色差，能防止第二主族金属离子对染色的影响。有稳定 pH 的作用，可使染色不匀疵点得到改善和修复。

6. 棉用匀染剂 NS

匀染剂 NS 为阴离子型表面活性剂复配物，棕黄色液体。能有效地分散和助溶染料，匀染性好。耐硬水和杂质，对电解质稳定。耐酸、碱及常用化学品，无泡沫。对各类棉用染料都具有显著的匀染作用，是一种新型环保助剂。

推荐用量：活性、直接染料染色时为 1~1.5g/L，还原染料染色时为 0.5~1.5g/L，成衣染色时为 0.5~1g/L，染色/印花后皂洗时为 0.5~1.5g/L。

7. 活性染料匀染剂 LA-300

匀染剂 LA-300 为阴离子表面活性剂复配物，棕色液体，耐 Na_2CO_3、电解质，易溶于冷水中。主要用于活性染料的染色。不同种染料拼色时，可获得均一上染率，从而消除色花、色差、条痕，提高得色量，不影响色光。推荐用量为 0.5~1mL/L。

8. 棉用匀染剂 450

匀染剂 450 为多种阴离子型高效表面活性剂的复配物，淡黄褐色液体，pH 为 7~9。在活性染料与直接染料染色中具有匀染性能，还可防止染缸污染。在涤/棉织物染色中对棉染色时，可防止涤纶受到污染。无毒无污染，为新型环保助剂。推荐用量为 0.5~2g/L。

9. 棉用匀染剂 WT

匀染剂 WT 为特殊阴离子高分子表面活性剂复配物，棕褐色透明液体，固含量（28±1)%，易溶于水，可与阴、非离子型染料及助剂相容。耐酸、碱、硬水。它是活性染料染棉、麻、黏胶及其混纺的纤维素纤维专用匀染剂，其性能优于常用的非离子型表面活性剂，其优良的分散性、匀染性、螯合性及低泡性，利于染料有秩序地进入染座，并可防止盐效应所导致的染料凝析产生的色花，达到匀染目的。推荐用量为 0.5~1g/L。

10. 酸性染料匀染剂 GES HWD

匀染剂 GES HWD 为脂肪醇聚氧乙烯醚缩合物，属非/阴离子型。淡黄色透明液体，pH 为 6~6.5。为高浓缩产品，1t 可稀释成 5t。在酸性、中性及金属络合染料及毛用活性染料中作匀染剂。推荐用量为 1%~1.5%。

11. 酸性染料匀染剂 HD-362

匀染剂 HD-362 为特殊表面活性剂，淡黄色液体，pH 为 7~8，易溶于水，耐酸、碱、无机盐。匀染剂 HD-362 可作为酸性染料或中性染料染锦纶、羊毛时的匀染剂。上染初期对酸性、中性染料有很好的亲和力和优良的缓染作用。能有效提高染料的溶解力和渗透性，无明显的变色和消色性。具有较强的移染性，能有效地消除色花、色斑、染色不匀等疵病，可作为剥色剂使用，是一种环保型的助剂。一般用量：染色时为 0.5%~1.5%（owf），剥色时为 3%~6%（owf）。

12. 羊毛匀染剂 DM-2206

匀染剂 DM-2206 为脂肪胺聚氧乙烯醚的复配物，属非离子型表面活性剂，淡黄色至黄色透明液体，pH 6~7（1%水溶液），可用水进行任意比例稀释。

匀染剂 DM-2206 适用于中性染料对羊毛染色，具有优良的移染性和缓染性，可获得均匀的染色效果。属亲染料型匀染剂，可显著降低染料对羊毛纤维的上染速率，增强拼色染料的同步上染性能，使染色重现性好，批差小，得色深，色光纯正，鲜艳，对染色牢度基本无影响。参考用量：1%~2%（owf）。

13. 匀染剂 OP

匀染剂 OP 也叫乳化剂 OP，为棕黄色膏状物，是非离子型表面活性剂。可溶于各种硬度的水中。由于非离子表面活性剂存在浊点，其在冷水中的溶解度比在热水中大。1%水溶液的 pH 为 5~7，浊点为 75~85℃。能耐酸、碱、硬水、氧化剂、还原剂等，对盐类也很稳定；但在水中有大量金属离子时，其表面活性会降低。具有与平平加 O 类似的助溶、匀染、乳化、润湿、扩散、净洗等优良性能。

14. 匀染剂 1227

匀染剂 1227 为无色至淡黄色液体，是十二烷基苄基二甲基氯化铵，属阳离子型表面活性剂。易溶于水，1%水溶液的 pH 为 6~8，耐酸、盐和硬水，但不耐碱。是阳离子染料染色的匀染剂和杀菌、消毒剂，也可作织物柔软剂和抗静电剂。目前主要作阳离子染料染腈纶的缓染剂。用量根据染色深度及所用阳离子染料 K 值、f 值以及腈纶饱和值而定，一般深色用量为纤维重量的 0.2%~1%，中色为 1%~1.5%，浅色为 1.5%~3%。

15. 平平加 O

平平加 O 为乳白色或米黄色软膏状物，学名为脂肪醇聚氧乙烯醚，属非离子型表面活性剂，易溶于水，1%水溶液的 pH 为 6~8，浊点为 70~75℃。耐酸、碱、硬水。对直接染料、还原染料亲和力高，在染液中和染料结合形成胶束。在染色过程中，随染料的上染胶束逐渐解体缓缓释放出染料而染着于纤维，所以是一种缓染剂。由于它和染料的亲和力强，过量的平平加 O 在氢氧化钠和保险粉染浴中有剥色能力，故又可作为剥色剂。还可作为渗透剂、分散剂和乳化剂。

平平加 O 对各种染料具有良好的匀染性、渗透性、扩散性。在染浴中作匀染剂时不宜与阴离子表面活性剂同浴使用。用作直接染料染棉的匀染剂时，用量为 0.2~0.5g/L，就得到很好的匀染效果。当还原染料染棉时，用量为 0.02~0.1g/L 足够，加多了会使上染百分率下降明显。

（五）抗静电剂、防水剂、柔软剂

1. 抗静电剂 SN

抗静电剂 SN 为棕红色油状黏稠物，属阳离子型表面活性剂。易溶于水，pH 为 5~8，固含量（52±2）%。对 5%酸、碱稳定，可与非离子表面活性剂混用。适合作合成纤维纺丝油剂，涤、腈织物非耐久性抗静电剂，阳离子染料染腈纶时的匀染剂，涤纶碱减量的整理促进剂。作合成纤维纺丝油剂时，用量一般为 0.2%~0.5%（owf）。作真丝静电消除剂时，用量一般为 0.75~1g/L。

2. 1631 表面活性剂

1631 表面活性剂学名为十六烷基三甲基氯化铵，属阳离子型表面活性剂。为白色蜡状固体，能溶于水和乙醇。1%的水溶液 pH 为 7 左右，活性物含量为 68%~72%。

1631 表面活性剂主要用作杀菌剂、乳化剂、柔软剂及抗静电剂。能与阳离子、非离子及两性型表面活性剂同浴使用。1631 表面活性剂用于腈纶针织品中，不仅使织物膨松、柔软、外观丰满，还可避免因静电作用而产生的"针孔"疵病。不宜在120℃以上的温度长时间使用。

3. 两性表面活性剂 BS-12

表面活性剂 BS-12 学名为十二烷基二甲基甜菜碱，属两性型表面活性剂。外观为无色至浅黄色黏稠液体，活性物含量28%~32%。pH 6~8，可溶于水，对次氯酸钠强氧化剂稳定，不宜在100℃以上长时间使用。

该助剂可用作纤维、织物柔软剂和抗静电剂、钙皂分散剂、杀菌消毒洗涤剂及兔羊毛缩绒剂等。能与各种类型染料、表面活性剂配伍。

4. 抗静电柔软剂 ESF-930

该柔软剂由非离子型表面活性剂组成，乳白色稠厚液体，1%水溶液 pH 为6~7.5，易于分散在70℃以上热水中，可与各种柔软剂及整理剂同浴使用。

该柔软剂适用于真丝、羊毛等纤维及织物的抗静电整理。使产品具有优良的抗静电性能，织物手感柔软、滑爽、丰满并增加亲水性。同浴时染色无色变，对皮肤无刺激。

5. 防水剂 PF

防水剂 PF 为灰白色浆状液，有刺激性吡啶气味，扩散在35~40℃的水中，属阳离子型表面活性剂。防水剂 PF 水溶液呈微酸性，耐酸、耐硬水，但不耐碱，不耐大量硫酸盐、磷酸盐等无机盐，不耐100℃以上高温。可与阳离子及非离子型表面活性剂、合成树脂的初缩体等混用，但不能与阴离子表面活性剂或染料同浴混合使用。分子结构具有反应性基团，能与纤维起化学反应，赋予织物柔软、防污、耐久防水的效果。

防水剂 PF 用作织物防水处理时，用量为60~100g/L，先用稀释后的酒精调成浆状，然后用35~40℃清水稀释至所需浓度，临用前需加入防水剂 PF 用量1/4的结晶醋酸钠（事前经溶化、冷却），充分搅拌备用。pH 应调节为6.5~7.0。应用工艺为：二浸二轧（35~40℃）→预烘（70~80℃）→焙烘（120~150℃，5~10min）→热水洗→烘干→整理。

用作柔软整理时，用量为0.1~0.5g/L（owf），处理方法与防水处理类似，不需焙烘。

（六）消泡剂

1. 抑泡渗透剂 DTB

该渗透剂为无色透明液体，表面活性剂复配物。可用于染色及后整理加工。具有优良的渗透性，有助于染料溶解，获得较深的着色量，使用后不影响织物色光。一般用量1~2g/L。可生物降解。

2. 消泡剂 HB-100

该消泡剂学名为烷基酚聚氧乙烯聚氧丙烯醚，属非离子型表面活性剂。外观为无色至淡黄色透明液体，在低温下可溶于水，1%水溶液的浊点为5~15℃，pH 为5~7。

消泡剂 HB-100 具有优异的消泡和抑泡作用，主要用作低温、低泡净洗剂和消泡剂及金属洗涤剂，还可用作纺织、印染、造纸等工业中的消泡剂，为新开发产品。

3. 消泡王 R、3R

该产品为改性聚硅氧烷，是特种非离子型表面活性剂。乳白色液体，pH 为6.5~7，耐温≥100℃，消泡速率≤3s，稳定性为3000r/min、5 min 不分层。在 pH=4~10范围内，消泡速度快，抑泡时间长，用量少。可用于前处理、染色及涂料印花浆中，用量 0.1%~0.5%。该助剂是高浓缩产品，1t 可稀释成 4t。

4. 有机硅消泡剂

该产品为改性聚硅氧烷，属特殊非离子型表面活性剂。外观为乳白色乳状液体，pH 为 6~7，固含量 22%~44%，经 2000r/min、25min 离心试验后不分层、无沉淀。消泡速度快，抑泡时间长，效率高，用量低。无毒、无腐蚀、无副作用。在水中极易分散，与液体产品相容性好，不易破乳漂油。可消除溢流染色中产生的泡沫，而且不会像一般的有机硅消泡剂那样使染色织物产生"硅斑"。用于 85℃ 以下的染色工艺中，用量 0.4%~1%。可作为消泡、抑泡成分加入纺织助剂、洗涤剂中。

5. 高温高压消泡剂 KW-9120

该产品为聚醚有机硅乳液。乳白色液体，pH 为 6~8（1%水溶液），固含量 20%，黏度 1000mPa·s，对酸、碱、硬水、氧化剂、还原剂稳定。该产品为浓缩品，可直接使用，也可稀释 10 倍后使用。在练漂、染色、印花、整理等各道湿处理加工过程中可抑制和消除泡沫，在高温或冷的发泡浴中都能呈现出快速消泡和长久抑泡功效，硅斑不明显。一般用量为 0.05~0.5g/L。

任务四　固色剂

一、活性染料、直接染料染色常用固色剂

1. 无醛固色剂 HG

固色剂 HG 为无甲醛聚阳离子化合物，淡黄色至黄色黏稠液体。易溶于水，耐酸、碱、电解质及硬水。用于活性染料、直接染料、硫化染料染色物的后处理，可显著提高织物的耐摩擦、耐皂洗、耐汗渍等各项色牢度。固色工作液落色很少，不影响织物原有风格及色光，可有效避免剥浅、色变的产生。使用方法：

（1）稀释方法。先把高浓产品稀释成标准浓度，一般情况下可以常温稀释 3 倍，也可以按客户要求稀释。

（2）在进行固色处理之前，将染色织物充分漂洗，去除残存的染料、盐及碱，以保证后续的固色效果。

（3）固色工艺。

①浸渍法。

稀释后固色剂	1%~6%（owf）
浴比	1：（15~20）
温度	30~50℃
时间	15~20min

②浸轧法。稀释后固色剂用量 20~60g/L。工艺流程：浸轧（室温，一浸一轧，轧液率 60%~70%）→烘干（90~100℃）。

2. 无醛固色剂 CS-7

固色剂 CS-7 为无甲醛聚阳离子化合物，淡黄色黏稠液体。不含游离甲醛，也不会释放

游离甲醛，符合环保要求。易溶于水，分子中具有反应性基团，可以进一步提高固色效果。适用于活性、直接等染料的染色或印花的固色处理，对活性染料固色效果尤佳。

使用方法（浸渍法）：

固色剂 CS-7	0.5%~2%（owf）
浴比	1：（15~20）
pH	6~7
温度	45~60℃
时间	20~30min

3. FC 无醛固色剂 SD101、SD102

该类产品为一种季铵盐型阳离子水溶性高分子物，不含甲醛，浅黄色，黏稠状水溶液。水解稳定性好，对 pH 变化不敏感，抗氯性强。主要用于染料和印花织物的固色，可提高耐摩擦色牢度、耐皂洗色牢度、耐氯色牢度及色泽保护度，耐皂洗色牢度提高更为显著。对直接、酸性和活性染料效果尤佳。

使用方法（浸渍法）：

FC 无醛固色剂	1%~6%（owf）
浴比	1：（15~20）
pH	6.0~7.0
温度	45~60℃
时间	20~30min

4. 无醛固色剂 DRS

固色剂 DRS 为多胺型阳离子缩合物，无甲醛，淡黄色液体。易溶于水，耐酸、碱、电解质及硬水。适用于活性染料、直接染料、酸性染料及硫化染料染色或印花织物的固色处理，能显著提高耐皂洗色牢度及耐干湿摩擦色牢度，不影响织物原有风格、色光及手感。

使用方法：

（1）浸渍法。

固色剂 DRS	1%~6%（owf）
浴比	1：（15~20）
pH	6~7
温度	40~60℃
时间	20~30min

（2）浸轧法。固色剂 DRS 用量 20~80g/L。工艺流程：浸轧（室温，一浸一轧，轧液率 60%~70%）→烘干（90~100℃）。

5. 无醛固色剂 MTB

固色剂 MTB 为多胺型阳离子高分子复合物，无甲醛，棕黄色透明液体，易溶于水。适用于活性染料、直接染料、中性染料及酸性染料染色或印花织物的固色后处理，能显著提高耐皂洗色牢度、耐日晒色牢度，不影响织物原有风格、色光及手感。

使用方法如下：

（1）浸渍法。

固色剂 MTB　　　　1%～3%（owf）

浴比　　　　　　　1：（15～20）

pH　　　　　　　　5～7

温度　　　　　　　40～60℃

时间　　　　　　　20～30min

（2）浸轧法。固色剂 MTB 用量 5～20g/L。工艺流程：浸轧（室温，一浸一轧，轧液率 60%～70%）→烘干（90～100℃）。

二、锦纶织物酸性染料染色常用固色剂

1. 尼龙固色剂 LAF-250

该固色剂为弱阴离子型高分子化合物，暗褐色透明液体。易溶于水。适用于锦纶、羊毛、蚕丝织物酸性染料染色或印花后的固色处理。可以显著提高耐皂洗色牢度和耐汗渍色牢度。固色后很少脱色，几乎不影响织物的色光和手感。使用方法：

（1）浸渍法。

固色剂 LAF-250　　3%～6%（owf）

冰醋酸　　　　　　1%～2%（调节 pH 为 4～5）

比　　　　　　　　1：（15～20）

温度　　　　　　　70℃

时间　　　　　　　20～30min

（2）浸轧法。

固色剂 LAF-250　　10～30g/L

冰醋酸　　　　　　0.5mL/L（调节 pH 为 4～5）

工艺流程：浸轧（室温，一浸一轧，轧液率 60%～70%）→烘干（90～100℃）。

2. 锦纶固色剂 TF-506

该固色剂为阴离子型芳香族磺酸类高分子缩合物，棕褐色透明液体，易溶于水。耐稀酸、耐碱，不耐浓酸、含铜电解质及硬水。可以提高酸性染料对锦纶染色后的湿处理牢度。在锦棉混纺织物染色时，对直接染料在锦纶的上染有防染作用。适用于锦纶与棉、黏胶纤维混纺织物的防染加工及固色处理。使用方法（浸渍法）：

固色剂 TF-506　　　2.5%～5%（owf）

冰醋酸　　　　　　1%～2%（调节 pH 为 4～5）

浴比　　　　　　　1：（15～20）

温度　　　　　　　70～80℃

时间　　　　　　　20～30min

三、耐摩擦色牢度增进剂

1. 耐干湿摩擦色牢度剂 A-12

该助剂为阳离子型半透明乳化液体，无甲醛，易溶于水。适用于活性染料、酸性染料及

硫化染料染色，水洗及印花织物的固色后处理，采用适当方法处理后，耐干摩擦色牢度可达4级，耐湿摩擦色牢度提高1~2级。对染色制品有显著的增深作用及一定的匀染作用，且能增进织物手感柔软性。使用方法（浸渍法）：

耐干湿擦色牢度剂 A-12	13g/L
浴比	1 :（15~20）
温度	40~50℃
时间	3~5min

2. 耐湿摩擦色牢度增进剂 DMC-511

该助剂为多胺型阳离子高分子复合物，无甲醛，棕黄色透明液体，易溶于水。适用于活性染料、直接染料、中性染料及酸性染料染色或印花织物的固色后处理，能显著提高耐皂洗色牢度、耐日晒色牢度，不影响织物原有风格、色光及手感。使用方法如下：

（1）浸渍法。

DMC-511	1%~3%（owf）
浴比	1 :（15~20）
pH	5~7
温度	40~60℃
时间	20~30min

（2）浸轧法。DMC-511 用量 5~20g/L。工艺流程：浸轧（室温，一浸一轧，轧液率60%~70%）→烘干（90~100℃）。

任务五　染色用水

一、水质来源及对印染质量的影响

（一）水质来源

根据水的来源不同，天然水一般分为地面水（河水、湖水）和地下水（泉水、井水）。自来水是经过自来水厂加工后的天然水，质量较高；地面水是指流入江河、湖泊中贮存起来的雨水。雨水流过地面时带走了一些有机和无机物质，当流动减弱后，悬浮杂质发生部分沉淀，但可溶性有机和无机成分仍然残留其中，地面中的有机物可能被细菌转化为硝酸盐，对印染加工过程无大妨碍。一般来说，地面水中无机物含量较地下水要少得多，但有浅泉水流入的地面水中，含矿物质较多，有时还具有一定的色泽。

地下水有浅地下水和深地下水之分。浅地下水主要指深度为 15m 以内的浅泉水和井水，它是由雨水从地面往下在土壤或岩石中流过较短的距离形成的。由于土壤具有过滤作用，浅地下水中含悬浮性杂质极微少，但含有一定量的可溶性有机物和较多的二氧化碳，当与岩石接触时，溶解的二氧化碳可使不溶性碳酸钙转变为碳酸氢钙溶入水中，因此浅地下水的含杂视雨水流过的地面和土壤情况而有较大的差异。

深地下水多指深井水，由于雨水透过土壤和岩石的路程很长，经过过滤和细菌的作用后，一般不含有机物，但却溶解了很多的矿物质。

天然水视来源不同而含有不同的悬浮物和水溶性杂质。悬浮物可通过静置、澄清（澄清剂如明矾、碱式氯化铝）或过滤等方法去除，没有很大困难；水溶性杂质种类较多，其中最多的是钙、镁的硫酸盐、氯化物及酸式碳酸盐等。有时还有铁、锰、锌等离子，对产品的练漂、染色、整理质量及锅炉的影响很大，必须经过软化后使用。

（二）水质对印染质量的影响

水质对印染质量的影响是多方面的，主要表现在以下几个方面：

（1）水质硬度。硬水用于练漂加工，不仅会影响产品质量，而且也会增加各种化学药品的消耗量。如在煮练过程中使用硬水，则煮练后织物的吸水性就比用软水煮练的差；水中的钙、镁盐和肥皂作用后生成钙、镁皂沉淀在织物上，还会对织物的手感、色泽产生不良的影响，如手感发滞、色泽发黄。同时肥皂的消耗量增加，每立方米每硬度（德度）的水，要多消耗165g肥皂（70%的油脂皂）。染色时，若使用硬水，则使染料及某些助剂沉淀而造成色泽鲜艳度和牢度下降，并浪费染化料；严重者会造成织物或纱线染色不匀（如条痕、色花），或导致毛织物呢面模糊不清。虽然有时少量沉淀在小样上不明显，但在批量生产时即会显现出来。

（2）水质中铁、锰的化合物。水中的铁离子、锰离子一方面来自水流过的土壤及岩石，另一方面来自输水管道（我国目前普遍使用的输水管道是铸铁管道）。这些铁离子和锰离子会使丝织物练白、棉纱的煮练及毛织物白坯呢后，织物色泽泛黄，甚至在织物或棉纱局部产生锈斑，影响产品的白度和外观质量。同时，水中若含有较多的铁、锰等离子，在漂白过程中易漂白不匀，影响织物洁白度；还会引起纤维的脆损，使织物强力下降，影响产品的服用性能。在染色时，会使染物色光萎暗；使有些染料发生色淀，影响耐摩擦色牢度，浪费染料。

（3）水质色度及纯净度。印染产品的色泽鲜艳度在很大程度上取决于练白绸的白度。对于白度不高的织物，即使用品质再好的染料加工也得不到漂亮的产品。而练白绸的白度与练漂用水的水质色度和纯净度密切相关，如使用色度较高、杂质含量较高的水质加工，会使练白织物色泽发黄，白度降低，使染色产品的鲜艳度下降。

（4）水质中游离氯。游离氯可来自水中的次氯酸盐、次氯酸或氯气的分解，具有较强的氧化性，会在印染加工过程中吸附到织物上，与织物上的化学物质发生反应，从而对织物的某些性能产生不良影响。当遇到织物上的含氮物质时，如棉布上未煮练去除的天然杂质，树脂整理时含氮类整理剂等，游离氯与其作用生成淡黄色的氯胺，使织物泛黄，白度下降。同时，形成的氯胺在湿、热条件下水解释放出盐酸，导致纤维素纤维水解断键，织物强力下降，影响服用性能。

二、水质分类

1. 硬水

硬水即未经过软化处理的天然水，可分为暂时硬水和永久硬水两种。

（1）暂时硬水。水煮沸时能把重碳酸盐转变成低溶解度的碳酸盐，使水的硬度大部分去除，这种水叫作暂时硬水，其硬度称为暂时硬度或碳酸盐硬度。

（2）永久硬水。含有钙、镁等金属离子的硫酸盐及氯化物等杂质的水，经过煮沸后仍不能去除，这种水叫作永久硬水。

暂时硬度加永久硬度的和称为硬度，水里的固体杂质越多，总硬度也就越高。

2. 软化水

软化水是指经过软化处理把水的硬度降低到一定程度的水。但在水的软化过程中，仅硬度降低，而总盐量不变。

3. 脱盐水

脱盐水是指把水中易去除的强电解质减少到一定程度的水。它一般剩余含盐量在 $1 \sim 5mg/L$ 以下（25℃）。

4. 纯水

纯水又名去离子水，是把水中易去除的强电解质去掉，再把水中难以去除的硅酸及二氧化碳等弱电解质减少至一定程度的水，此水含盐量一般是 $1.0mg/L$ 以下（25℃）。

5. 高纯水

高纯水是指把水中的强电解质几乎完全去除，又把水中不离解的胶体物质、气体及有机物均减少至很低程度的水。这种水剩余含盐量在 $0.1mg/L$ 以下（25℃）。

三、印染用水质量要求

印染厂用水量很大，而且从前面分析可知，水中杂质对印染产品质量可能产生各种不良影响，所以印染厂对水质的要求较高，除了无色、无臭、透明、pH 为 $7.0 \sim 8.5$ 外，还要满足表 1-3-11 所列要求。

表 1-3-11　印染厂对水质的要求

项目	标准
总硬度（以 $CaCO_3$ 计）	<25mg/kg
颜色	<10 度（无混浊悬浮固体）
耗氧量	<10mg/L
铁含量	<0.1mg/L
锰含量	<0.1mg/L
溶解的固体物质	65~150mg/kg
碱度（甲基橙为指示剂，以 $CaCO_3$ 计）	35~64mg/kg
pH	7.0~8.5

从原则上说，印染用水满足以上各项指标，就能保障练、染质量，如练白绸的手感，染色绸的匀染性、鲜艳度等。在实际印染加工中，相同水质对不同工艺及染料染色的影响不同，有些溶解性差的染料要求水质硬度低，如直接染料、还原染料隐色体染色等；溶解性好的染料即使水硬度大一些，也不会引起染色质量问题，如部分企业用活性染料染色时，用水总硬度在 100mg/kg 以下，都不会出现因水质引起的染色质量问题。另外，水的总硬度越低，水中含杂越少；水的色度越低，练、染、整的工艺越容易控制，练、染产品质量越好。所以，目

前有些印染企业为提高产品的竞争力，追求长期经济效益，正在以脱盐水或纯水取代软化水进行染整加工。

思考题

1. 写出染色中常用酸的化学名称、化学式及俗称。

2. 写出染色中常用碱的化学名称、化学式及俗称。

3. 什么是表面活性剂的临界胶束浓度？

4. 如何根据表面活性剂的临界胶束浓度确定染色时的使用浓度？

5. 平平加O在染色中的主要作用是什么？通常用于哪些类型的染料？

6. 固色剂在染色中的作用有哪些？

7. 常用固色剂有哪些类型？

8. 保险粉作为还原染料常用的还原剂，有哪些性能？

9. 水的硬度对染色有哪些影响？

10. 硬水的软化方法有哪些？

复习指导

1. 染色中常用酸为硫酸、醋酸、盐酸。熟悉常用酸的化学性质及物理性质，熟悉在印染中的作用及使用情况，了解常用酸的浓度测定方法。

2. 染色中常用碱有氢氧化钠、碳酸钠、硫化钠、硅酸钠、磷酸钠等。熟悉常用碱的化学性质及物理性质，熟悉常用碱在印染中的作用及使用情况，了解常用碱的浓度测定方法。

3. 染色中常用盐为氯化钠、硫酸钠，熟悉它们在染色中的作用及使用情况。

4. 染色中常用氧化剂为双氧水、重铬酸钾、次氯酸钠等。熟悉它们的性质及储存条件，熟悉它们的使用条件及使用方法，了解它们的浓度测定方法。

5. 染色中常用还原剂为连二亚硫酸钠、二氧化硫脲、防染盐S，熟悉它们在染色中的作用。

6. 染色中常用表面活性剂按类型分为阴离子型、阳离子型、非离子型及两性型，按其在染色中的作用分为净洗剂、匀染剂、乳化剂、分散剂、消泡剂及抗静电剂等。了解常用表面活性剂的性质及使用浓度，能够合理选用。

7. 固色剂是染色常用后处理用剂，能够不同程度地提高染色牢度，主要是耐洗色牢度和耐摩擦色牢度，部分能够提高耐日晒色牢度。固色剂品种繁多，且不断推陈出新。了解常用固色剂的性能，尤其是耐酸碱性及耐硬水性，熟悉常用固色剂的使用条件与方法。

8. 影响印染产品质量的水质因素有很多，包括水的硬度、色度、重金属离子含量、游离氯等。了解水质分类，了解印染用水的处理方法，熟悉水质对印染产品质量的影响，熟悉印染用水指标要求。

参考文献

[1] 庞锡涛.无机化学（下册）[M].北京：高等教育出版社，1987.

[2] 刘正超.染化药剂（上册）[M].3版.北京：纺织工业出版社，1989.

［3］刘正超．染化药剂（下册）［M］.3 版．北京：纺织工业出版社，1989.

［4］罗巨涛．染整助剂及其应用［M］.北京：中国纺织出版社，2007.

［5］中国纺织信息中心．中国纺织染料助剂使用指南（2007—2008 年版）［M］.上海：东华大学出版社，2008.

［6］商成杰．新型染整助剂手册［M］.北京：中国纺织出版社，2002.

项目四　染料性能与染色理论基础

本项目知识点

1. 熟悉常用染料染色性能指标含义及其对染色的意义。
2. 了解染色中的常用术语及在生产中的指导作用。
3. 掌握染色工艺的主要参数及相关计算方法。

任务一　常用染料染色性能指标

一、直接性

1. 定义

染料分子（或离子）舍弃水溶剂，自动向纤维转移的性能。

2. 解读

（1）染料直接性产生的内因是染料分子或离子与纤维之间总是存在分子间作用力（又称为范德瓦耳斯力，简称范氏力）、氢键或库仑引力（离子键）等作用力，而这种作用力又大大超过染料分子或离子与水分子之间的作用力，故而表现为染料直接性。

（2）染料直接性大小主要影响染料在上染过程中与纤维之间的吸附作用，如果把纤维作为吸附剂，染料看成被纤维吸附的吸附质，那么，染料的直接性越大，越容易被纤维吸附。

（3）染料直接性大小主要与染料自身结构、纤维在水中的带电状态有关。一般而言，染料分子结构越复杂，相对分子质量越大，染料的直接性越大；染料分子中的芳香环共平面性越好，染料的直接性越大；染料分子中的极性基团数目越多，染料的直接性越大；染料分子中水溶性基团数目越多，则染料的直接性降低。

（4）染料直接性大小通常用染料平衡上染百分率表示。染料的平衡上染百分率越大，表示染料的直接性越大。

3. 直接性测定

在规定的染色条件下，测定染料的平衡上染百分率（见本项目任务二中三"平衡上染百分率"）。

二、移染性

1. 定义

浸染时，上染到织物某个部位上的染料通过解吸、扩散和染液的流动再转移到另一部位上重新上染的性能。

2. 解读

（1）染料移染性产生的内因是染料在上染过程中，染料与纤维一般不发生共价键结合，上染是可逆的，即同时存在吸附和解吸现象。染色开始阶段，染料的吸附速率大于解吸速率。随着纤维上染料浓度的提高，染液中染料浓度的降低，染料的吸附速率逐渐减小，直到某一时刻，吸附和解吸速率相等。假设其他染色条件不变，达到染色平衡后再延长染色时间，纤维上的染料量不再增加，即所谓染色达到平衡。

（2）染料的移染性主要影响染料在纤维上均匀分布程度。移染性能好的染料，纤维得色均匀。

（3）染料移染性主要与染料自身结构、纤维在水中的带电状态及染色工艺条件有关。一般而言，直接性越大的染料，其移染性越差。

3. 移染性测定

通过在染色空白液中色布对白布的沾色量计算出移染指数，判断染料的移染性能。方法如下：

（1）用待测染料，按规定的染色工艺对相应织物进行染色（不要固色处理），得到该染料的色织物，裁剪成 4cm×2cm 大小。

（2）取一块相同规格的半制品白织物，裁剪成 4cm×2cm 大小。

（3）把裁剪好的白织物与色织物缝合，缝合后的组合体润湿后放在染色空白液（除染料和促染剂之外的染液）中，在规定条件下进行处理（浴比 1∶50，时间 30min，温度根据染料的染色性能确定）。

（4）取出组合体，洗涤，晾干，拆开组合体。

（5）用合适的萃取液将两块织物上的染料萃取剥色，通过测定萃取液的吸光度值，计算织物上染料量。

（6）计算移染指数：

$$移染指数 = \frac{移染至白织物上的染料量}{色织物上残留染料量} \times 100\%$$

三、配伍性

1. 定义

所谓染料的配伍性，是指两只或两只以上染料进行拼混染色时上染速率相一致的性能。

2. 解读

（1）配伍性是染料拼混使用时的重要性能。配伍性好的染料拼色染色，随染色时间延长，在任意染色时刻，纤维上的颜色只有浓淡变化，而颜色的色相（或色调）保持不变（最大反射光波长不变）。

（2）配伍性差的染料拼混染色时存在竞染现象，随染色时间等因素的改变，纤维上的颜色色相、色光等发生改变，纤维得色稳定性，重现性差，难以对色。

（3）发生定位吸附的染料在染色时，拼色染料的配伍性更具有重要意义，染色时必须选用配伍性良好的染料。以保证染色产品颜色的稳定。例如：阳离子染料对腈纶染色、强酸性染料对羊毛染色等。

3. 配伍性测定

染料的配伍性试验是采用两种或两种以上的染料在同一染浴先后染色数块织物或纱线，根据染后织物的颜色深浅和色光变化来测定的。方法如下：

（1）准确称取一定质量的织物（或纱线），并将其均匀分成5份。

（2）将配制好的染液（染液按常规配制）加热至规定温度后，投入第一份染3min后取出，再投入第二份染3min后取出，重复此操作，连续染5份。

（3）染毕进行相应的后处理、晾干并进行编号。然后对比5份试样得色情况，若5份试样色相相同，仅有浓淡的变化，则说明拼色用染料配伍性能好，可以拼色；若5份试样的颜色既发生了浓淡的变化，又发生了色相的变化，说明拼色用染料不配伍，不能拼色。

（4）配伍性试验时，根据染料具体上染速率快慢，可选择不同的染色时间，若染料的上染速率慢，每份试样的染色时间可适当延长。

四、染色亲和力

1. 定义

染液中染料标准化学位和纤维上染料标准化学位之差称为染料对纤维的标准亲和力，简称亲和力。

2. 解读

（1）亲和力是染料从溶液向纤维转移趋势的度量。亲和力越大，染料从溶液转移至纤维上的趋势（即推动力）越大。因此，可从亲和力的大小来定量地衡量染料上染纤维的能力。亲和力的大小用 kJ/mol 表示。

（2）设染料在溶液中及在纤维上的化学位分别为：

$$\mu_s = \mu_s^\ominus + RT\ln a_s ; \quad \mu_f = \mu_f^\ominus + RT\ln a_f \tag{1-4-1}$$

式中：μ_s，μ_f——染料在溶液中和纤维上的化学位；

$\mu_s^\ominus$，$\mu_f^\ominus$——染料在溶液中和纤维上的标准化学位；

a_s，a_f——染料在溶液中和纤维上的活度（有效浓度）。

（3）染料从染液向纤维转移的必要条件是 $\mu_s > \mu_f$，当染色平衡时，$\mu_s = \mu_f$，即得：

$$\mu_s^\ominus + RT\ln a_s = \mu_f^\ominus + RT\ln a_f$$

$$-(\mu_f^\ominus - \mu_s^\ominus) = -\Delta\mu^\ominus = RT\ln (a_f/a_s) \tag{1-4-2}$$

式中：$-\Delta\mu^\ominus$——定义为染料对纤维的染色标准亲和力，简称亲和力。其数值为染料在染液中的标准化学位与其在纤维上的标准化学位的差值。

（4）亲和力具有严格的热力学概念，在指定纤维上，它是温度和压力的函数，是染料的属性，不受其他条件的影响。

3. 亲和力测定

亲和力常用比移值法。比移值是指将纤维素制成的滤纸条垂直浸渍于染液中，30min 内染料上升高度（cm）与水线上升高度（cm）的比值。具体测定方法如下：

（1）将待测染料配成一定浓度（如4g/L等）的染液，取100mL置于烧杯中。

（2）取 2# 慢速定性滤纸裁成3cm×15cm的纸条，并在距离纸条底边1cm左右处用铅笔画一横线，作为浸渍染液时的起始标志，压平纸条待用。

（3）将滤纸条垂直吊入染液，使纸条底边画线处与染液面持平，计时浸渍 30min。

（4）取出纸条后吹干，测量水线和染料线的高度（cm）。

（5）计算比移值 R_f。

$$R_f = \frac{\text{染料上升高度}}{\text{水上升高度}} \tag{1-4-3}$$

R_f 越小，染料对纤维的亲和力越大；R_f 越大，染料对纤维的亲和力越小。

五、染料的泳移

1. 定义

织物在浸轧染液以后的烘干过程中，染料随水分的移动而移动的现象称为染料的泳移。

2. 解读

（1）染料的泳移是轧染生产中影响染色匀染度的主要因素之一，主要与织物中的含水量、烘干工艺有关。

（2）在轧染生产中，为防止泳移现象发生，保证染色匀染度，一方面根据纤维吸湿性控制合适的轧液率（不能过高），另一方面可在染液中加入适量防泳移剂，采取适当的烘干方式。

3. 泳移性能测定

可参见 GB/T 4464—2016《染料　泳移性的测定》。

六、染料的力份

1. 定义

染料生产厂指定染料的某一浓度作为标准（常规定其力份为 100%），其他批次生产的染料浓度与之相比较，所得相对比值的百分数即为染料的力份，又称染料强度。

2. 解读

（1）染料力份百分数不是纯染料的含量。

（2）不同企业生产的染料，因标准染料浓度没有严格规定，因此力份百分数标注相同的同一品种染料，其中纯染料的含量不一定相同；即使同一个企业生产的同品种染料，因生产批次不同，染料的力份和色光也可能不完全一致。

（3）印染企业在实际生产中，对每批购入的每只染料按规定的工艺，分浅、中、深几档浓度进行单色样染色，制成单色样卡后，通过比较染色物颜色情况了解不同批次的染料力份（即打单色样）。

3. 染料力份测定

染料力份的测定方法有两种。一种是利用分光光度计，通过测定标准染料和待测染料溶液的吸光度值，比较计算得到力份百分数，这种方法在染料厂常采用。另一种是对比染制单色样法，是在染色工艺完全相同条件下，通过用标样染料（参照染料）和待测染料以不同浓度对同种纤维制品染色，对比染色物颜色，做出力份判断或计算，这种方法多用于印染厂。利用分光光度计测定染料力份的方法如下：

（1）配制浓度不大于 0.01g/L 的染料稀溶液（符合朗伯—比尔定律要求）。先准确称取

0.25g 标准染料和待测染料各一份，溶解后，转移并定容至 250mL，该染料溶液浓度为 1g/L。分别吸取 1mL，稀释定容至 100mL，得到需要的染料稀溶液。

（2）选择染料的最大吸收波长，以溶剂作参比（如蒸馏水），测定标准染料和待测染料的吸光度，记录为 A_0、A_1。

（3）计算染料的力份：

$$待测染料的力份 = \frac{A_1}{A_0} \times 100\% \qquad (1\text{-}4\text{-}4)$$

（4）注意事项。如果待测染料与标准染料的颜色在色光、鲜艳度甚至色相上不一致，两者不能作比较（无可比性），这可以通过比较染料的吸收光谱曲线得知。水溶性的染料以蒸馏水溶解，非水溶性的染料应选择其他有机溶剂溶解后测定。

七、活性染料染色性能指标

（一）活性染料染色特征值

1. 定义

活性染料浸染时，用于表示染料的直接性、移染性（或匀染性）、固色速率（或反应活性）、最终固色率等染色特性的数值即为活性染料染色特征值，又称活性染料染色特性参数。

2. 解读

（1）活性染料最重要的染色特征值有 S、E、R 和 F 值，它们是通过活性染料浸染两个阶段染色的上染率、固色率曲线求得的。这些特征值大小能综合评价染料的直接性、匀染性、反应性、配伍性、重现性和易洗除性等性能，并为活性染料制定最佳工艺提供较为准确的科学依据。

（2）活性染料特征值的具体含义（图1-4-1）。

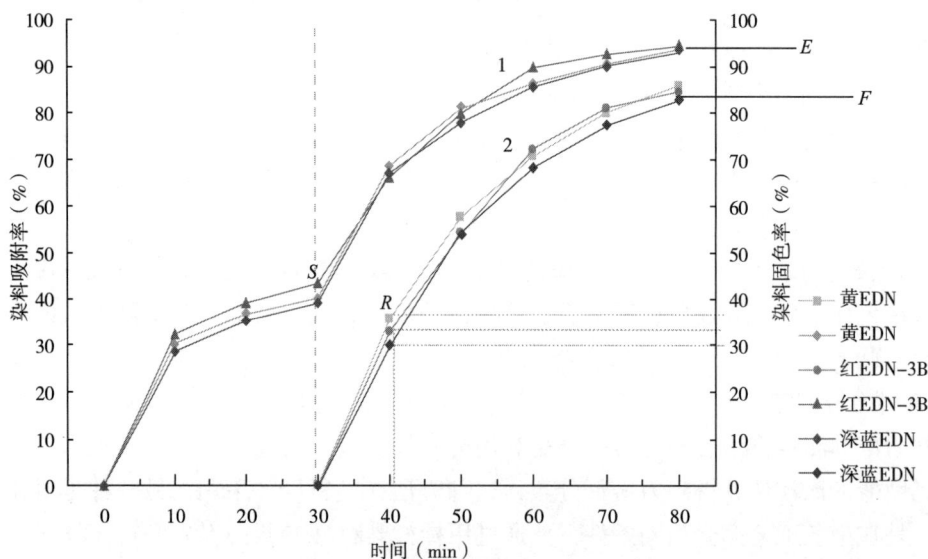

图1-4-1　活性染料浸染吸色率及固色率曲线

1—吸附率曲线　2—固色率曲线

　　S——规定染色工艺下，中性盐存在情况下浸染开始 30min 时（未加碱），测定的染料吸附率值（第一阶段上染率）。数值越大，直接性越大，染料的上染越快，匀染性越差。S 值即染料一次吸附率/直接性一般在 70%～80% 较好。

　　E——规定染色工艺下，加碱后（第二阶段）染色达到平衡时，测定的染料最终吸附率值（染料上染竭染率）。数值越大，染料的上色率越高。

　　F——规定染色工艺下，加碱后染色达到平衡时，经皂煮后测定的染料固色率值（最终固色率）。数值越大，染料的得色量（利用率）越高。

　　R——规定染色工艺下，加碱后固色 10min 时，测定的染料固色率与最终固色率 F 的比率。数值越大，染料反应活性越强，染料固色速率快，匀染性差。R 值一般在 15%～30% 较好。

　　（3）活性染料特征值是在一定染色条件下得到的，染色条件和工艺的变化会引起特征值的变化，但用相同染色工艺染色，若染料的特征值相近，则染料配伍性或配伍因子 RCM（reactive dye compatibility matrix）良好。

（二）活性染料固色率

1. 定义

活性染料染色时，与纤维发生共价键结合的染料量占投入染浴中染料总量的百分比。

2. 解读

（1）因为活性染料水解及浮色等原因，活性染料固色率始终比上染率低。提高活性染料固色率是活性染料染色中追求的终极目标。

（2）提高活性染料固色率的途径有两种。一方面，从染料结构上加以改进提高固色率，如染料分子结构中含有两个或两个以上的活性基团（目前应用较多的一类，中温型活性染料多含有两个相异活性基）。另一方面，在染色工艺上加以控制，如为减少染料水解，固色碱在染色后期加入，加入固色碱的量不能过多（pH≤11）；浴比不宜过大，否则会造成水解染料增多，降低染料的利用率；染色时加入中性电解质促染等；在工艺温度方面可低温染色、高温固着，提高固着率。

3. 固色率测定

可以采用洗涤法和剥色法测定固色率。洗涤法测定固色率易于操作。即纤维经染色后，用分光光度计测定其残液中以及皂洗液中染料含量，与原染液中的染料含量对比，求出固色率。方法如下：

（1）按所制定的处方计算 0.5g 棉织物试样需用的染化料数量，并量取两份完全相同的染料（染料要精确称取或吸取，两份相差不大于 0.0004g），分别配置 A、B 两个相同的染浴，放入同一水浴中。

（2）A 染浴不加试样，但其操作均按 B 染浴规定进行。当 B 染浴中的试样开始皂煮时，也向 A 染浴加入相同质量的皂粉，经 15min 后取出 A 染浴并冷却至室温，然后冲稀至一定体积 V_A，在其最大吸收波长处测其吸光度 A_A。

（3）B 染浴加入试样，按规定条件染色。染毕取出试样水洗、皂煮（皂粉 2g/L，93～95℃，15min，浴比 1：25）、水洗（用少量水多次洗至不掉色为止）。然后将洗液、皂煮液与染色残液合并，冲稀至一定体积 V_B，在其最大吸收波长处测其吸光度 A_B。

（4）按下列公式计算染料的固色率。

固色率 = $1 - X$

$$X = \frac{A_B V_B}{A_A V_A} \times 100\% \qquad (1-4-5)$$

式中：X——染色残液中（包括洗涤液、皂煮液）中的染料量（以占总量的百分率表示）；

V_A——A 染浴冲稀后的体积；

A_A——A 染浴冲稀后的吸光度；

V_B——B 染浴冲稀后的体积；

A_B——B 染浴冲稀后的吸光度。

任务二　染色基本原理术语解读

PPT1：上染
与染色

一、上染与染色

1. 定义

染色是指染料与纤维间通过物理的、化学的或物理化学的作用，或者染料在纤维上形成色淀，从而使纤维制品获得指定色泽，且色泽均匀而坚牢的加工过程。包括吸附、扩散及固着三个阶段。

2. 解读

（1）上染与染色两个概念不完全等同。一般情况下，上染指染料的吸附与扩散阶段，即染浴中的染料向纤维转移，并进入纤维内部将纤维染透的过程。但染色的三个阶段并不是完全独立的，多数情况下是同时进行的，只有活性染料染棉时，固着是在加碱后进行的，有着较为明显的界限。所以两个概念有时混用。

（2）染料舍染液而向纤维表面转移的过程称为吸附。染料吸附的原因是染料对纤维存在直接性。而在染料发生吸附的同时也发生染料的解吸，所以吸附过程是一个可逆平衡过程。

（3）染料由染液浓度高的地方向浓度低的地方运动及染料由纤维表面向纤维内部运动的过程，称为扩散。染料扩散的原因是在染液或纤维中存在染料浓度梯度差。影响染料扩散速率大小的因素主要有：染料的分子结构——结构简单，扩散速率较快；对纤维的直接性——其他染色条件相同时，直接性小，扩散速率快；纤维的种类与结构——纤维无定形区多，结构疏松，染料扩散容易；染色温度——染色温度升高，染料的扩散速率上升，从而缩短上染时间。

（4）根据不同染料染色过程一般有三种情况。染料上染纤维后，染色即完成，如阳离子染料染腈纶、分散染料染涤纶等即属该种情况；染料上染纤维后，要经过一定的化学处理，才能完成染色，如还原染料隐色体染棉后的氧化处理、酸性媒染染料上染羊毛后的媒染剂处理、活性染料上染棉后的加碱固着处理等；染料上染到纤维上后，为提高色牢度，要经过固色剂固色处理后，染色才能完成，如酸性染料染蛋白质纤维、直接染料染棉等。

二、上染百分率（简称上染率）

1. 定义

上染率是指染色至某一时间时，上染到纤维上的染料量占投入染浴中染料总量的百分比。

2. 解读

（1）上染百分率的数学表达式为：

$$E_t = \frac{D_{ft}}{D_T} \times 100\% = \frac{D_T - D_{st}}{D_T} \times 100\% = \left(1 - \frac{D_{st}}{D_T}\right) \times 100\% \qquad (1-4-6)$$

式中：E_t——染色至某一时间时染料上染百分率；

D_{ft}——染色至某一时间时纤维上的染料量；

D_{st}——染色至某一时间时残留在染液中的染料量；

D_T——染色时投入染液中的染料总量。

（2）染料上染百分率与染料上染纤维的亲和力大小及染色工艺有关。亲和力大的染料上染百分率高。

（3）一般而言，染料的上染百分率越高，说明染料的利用率高。染料上染百分率高，既可降低生产成本，又减轻了染色废水的处理负担。

（4）提高染料的上染百分率，是各种染料染色工艺改进的重要目标之一。

3. 上染百分率测定

用 722 型可见分光光度计，无色染浴（除染料外，其他染色助剂按工艺加入的溶液）作参比，在染料的最大吸收波长处分别测定染色前后染浴的吸光度，从而计算出染料的上染百分率。方法如下：

（1）配制合适浓度的待测染料母液。

（2）按照染色工艺处方及浴比要求，吸取需要体积（V）的染料母液置于染杯中，并加入需要的助剂、水等配好染液，搅匀，加热至入染温度。

（3）将被染物投入染液，按照规定的染色工艺进行染色。

（4）染毕后取出染杯，冷却至室温。取出被染物，挤出纤维上的染液，并入染杯残液中。用少量蒸馏水冲洗被染物，冲洗液也并入染色残液中，并将其移入 100mL 容量瓶中，用蒸馏水稀释至刻度，摇匀，待测色用。

（5）从已经配制好的染料母液中，吸取 V（与染色用量相同）染液，并加入其他助剂等，移至另一 100mL 容量瓶中，用蒸馏水稀释至刻度，摇匀。在分光光度计上首先测定该染液的最大吸收波长，然后在其波长下测定其吸光度 A_1（即为染色前染液吸光度）。必须注意，为使测得的吸光度值和染液浓度之间有良好的线性关系，应尽可能使吸光度值落在 0.1~0.8。这可以通过初步试验，找到染液的合适冲稀倍数 N_1 达到。

（6）对染色后残液按同样办法，首先找出合适的冲稀倍数 N_2 后，测出其吸光度值 A_2（即为染色后染液吸光度）。

（7）将测得的染色前及染色后残液的吸光度值 A_1、A_2 代入下列公式计算出上染百分率：

$$上染百分率 = \left(1 - \frac{A_2 N_2}{A_1 N_1}\right) \times 100\% \qquad (1-4-7)$$

式中：A_2——染色后染液稀释一定倍数后的吸光度；

$\quad\quad N_2$——染色后染液稀释倍数；

$\quad\quad A_1$——染色前染液稀释一定倍数后的吸光度；

$\quad\quad N_1$——染色前染液稀释倍数。

三、平衡上染百分率

1. 定义

染色达到平衡时，纤维上的染料量占投入染浴中染料总量的百分比。即染色达平衡时染料的上染百分率。

2. 解读

（1）平衡上染百分率是在一定染色条件下，染料可以达到的最高上染百分率。染色达到平衡后，染料的上染率不再随时间延长而变化。

（2）染色工艺条件相同时，具有较高亲和力的染料，其平衡上染百分率也较高。

（3）上染是放热过程，提高上染温度，会使染色亲和力降低，平衡上染百分率下降。

3. 平衡上染百分率测定

平衡上染百分率测定同上染百分率一样，可以通过测定染色后残液吸光度的方法，计算出平衡上染百分率。以活性染料对棉织物染色为例，方法如下：

（1）按制定的工艺处方要求配制染液，并按规定的染色工艺对裁剪好的棉布小样（如2g/块）进行染色。

（2）染色过程中染杯加塞（避免水分蒸发），染色至一定时间，在震荡中吸取染液2mL置于25mL容量瓶，同时染杯中补加2mL水，测定取出染液的吸光度（稀释一定倍数）。

（3）随着染色时间的延长，吸附达到平衡，染液的吸光度值不再发生变化。

（4）此时计算得出上染百分率，既表示该染料平衡上染百分率，同时也可表示染料直接性的大小。

四、上染速率曲线

1. 定义

在恒定温度条件下染色，通过测定不同染色时间下染料的上染百分率，以上染百分率为纵坐标，染色时间为横坐标作图，所得到的关系曲线称为上染速率曲线。

2. 解读

（1）上染速率曲线反映了染色趋向平衡的速率和平衡上染百分率大小。它是在固定染色温度条件下染料上染过程的特征曲线，也称为恒温上染速率曲线。

（2）上染速率通常用半染时间（$t_{1/2}$）来表示。半染时间就是指染色达到平衡上染百分率一半时所需要的时间。$t_{1/2}$值越小，表示染色趋向平衡的时间越短，染色速率越快。

（3）在实际生产中，测定染料上染速率即半染时间的重要意义是：几只染料拼混染色时，应选择上染速率接近的染料，即半染时间（$t_{1/2}$）相同或相近的染料，以获得所需色泽。

3. 上染速率曲线测定

在实际染色时，整个染色过程中温度常随染色时间而变化，但在测定上染速率曲线时，

PPT3：平衡上染百分率

温度应保持不变。即保持染色温度恒定不变的条件下，通过测定不同时间的染料上染百分率，作出上染百分率和时间的关系曲线。以测定活性染料染棉的上染速率曲线为例，方法如下：

（1）按染色处方和浴比要求配制染液，并把配好染液的染杯置于水浴锅加热至规定温度（保持恒温）。

（2）将准备好的棉织物投入染液开始计时，染至 5min，10min，20min，40min 时取染液体 2mL 至 25mL 容量瓶中，每次取完后，向染液里补加 2mL 相同温度的水（保持染液体积不变）。

（3）从加碱固色起，同样再染至 5min，10min，20min，40min 时各取染液 2mL 至 25mL 容量瓶中，在每次取完后向染液里补加 2mL 同样温度的水。

（4）将容量瓶定容，按时间顺序编号并测其吸光度值，并计算出对应的上染百分率。

（5）建立坐标系，以上染百分率为纵坐标，时间为横坐标作图，得到规定温度下的染料上染速率曲线。图 1-4-2 为 A、B 两种染料的上染速率曲线示意。

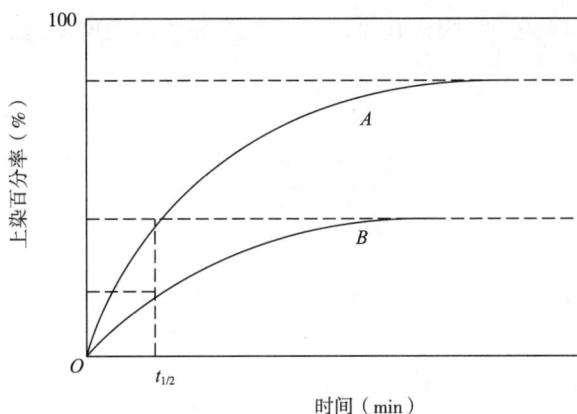

图 1-4-2　染料上染速率曲线

注意：该方法操作容易，但不够严格，是一种近似方法。同一结构的染料所得上染速率曲线会由于染料商品化条件的不同而有差异。

五、吸附等温线

1. 定义

吸附等温线是指在温度恒定条件下，染色达到平衡时，纤维上的染料浓度 $[D]_f$ 与染液中的染料浓度 $[D]_s$ 的分配关系曲线。

PPT4：吸附等温线

2. 解读

（1）不同类型的染料在上染纤维时，对纤维的吸附性质有显著区别。吸附等温线可以直观地表示出随着染料用量的改变，纤维上和染液中的染料量（浓度）的分配规律。从吸附等温线的形状上可推断出染料上染纤维的基本原理，从而可判断合理的染料用量范围。

（2）染料吸附等温线有三种类型：分配型吸附等温线、弗莱因德利胥（Freundlich）型吸附等温线、朗格缪尔（Langmuir）型吸附等温线。

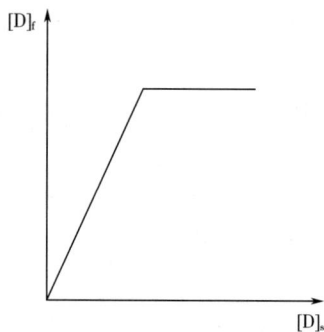

图1-4-3 分配型吸附等温线

（3）分配型吸附等温线又称能斯特型（Nernst）或亨利（Henry）型吸附等温线，如图1-4-3所示。染料的吸附性质表现为：染料的上染可看成是染料在纤维中的溶解，上染机理又称固溶体机理。分散染料上染涤纶、腈纶、锦纶符合分配型等温线。

（4）弗莱因德利胥型吸附等温线如图1-4-4所示。染料的吸附性质表现为：染料的上染属于多分子层物理吸附，该上染机理又称多分子层吸附机理。例如，色酚钠盐、活性染料、还原染料隐色体、直接染料等离子型染料染棉，以氢键和范德瓦耳斯力吸附、固着，符合此类型等温线。

（5）朗格缪尔型吸附等温线如图1-4-5所示。染料的吸附性质表现为：染料上染属于化学定位吸附，该上染机理又称为成盐机理。如：阳离子染料染腈纶、强酸性染料染羊毛等，染料以单分子（离子）以离子键吸附在染座上，当单分子占完染座时，染料对纤维染色达到饱和。

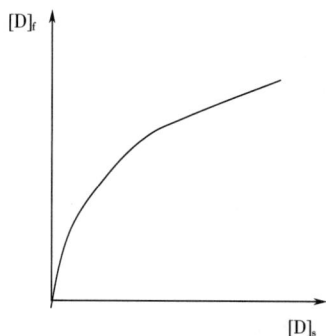

图1-4-4 弗莱因德利胥型吸附等温线

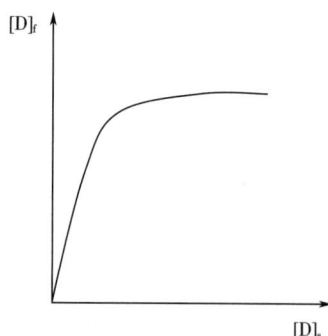

图1-4-5 朗格缪尔型吸附等温线

任务三 染色质量指标解读

一、染色牢度

1. 定义

染色制品在使用或后加工过程中，由于各种外界因素的影响，能保持原有色泽的能力。

2. 解读

（1）染色牢度是染色制品内在质量的重要评价指标。因染色制品在使用或后加工过程中经受的外界因素很多，因此染色牢度具体项目种类很多。例如，体现使用过程中的牢度有耐晒色牢度、耐洗（皂洗、干洗）色牢度、耐摩擦色牢度、耐气候色牢度、耐汗渍色牢度、耐唾液色牢度等；体现后加工过程中的牢度有耐升华牢度、耐熨烫牢度、耐漂牢度、耐酸牢度、耐碱牢度等。最重要的牢度检测项目有耐水洗色牢度、耐摩擦色牢度、耐日晒色牢度。

（2）色牢度项目检测必须按照一定的标准方法进行，方法标准有很多，如：国家标准（GB）、国际标准（ISO）、美国纺织化学家与染色家协会（AATCC）标准等。

（3）色牢度指标的结果评价是按照标准方法试验后，根据试样颜色变化（褪色）和贴衬织物（白布）沾色程度，对比褪色灰色样卡和沾色灰色样卡进行色牢度等级评定，除耐日晒色牢度外，其他色牢度皆分为1~5级，耐日晒牢度分为1~8级，级数越大色牢度越好。

（4）影响色牢度的因素主要有以下几方面：染料的化学结构和组成、染料在纤维上的物理状态（如染料的分散和聚集程度、染料在纤维上的结晶状态等）、染料在纤维上的浓度、染料与纤维的结合情况、染色方法和工艺条件等。另外，纤维的性质与染色牢度的关系很大，同一种染料在不同的纤维上往往具有不同的染色牢度。

（5）染色牢度既是染料的重要质量指标，也是染色产品内在质量的重要指标。

二、染色匀染度

1. 定义

染色匀染度即染色制品各部位得色均匀一致的程度。

2. 解读

（1）染色匀染度广义而言是指染色制品内外、表面各处得色均匀一致的程度。狭义而言主要指染色制品表面各部位得色均匀一致的程度，它是染色产品外观质量的重要指标。

（2）染色制品得色是否均匀一致，主要与染料本身的匀染性、被染物半制品质量和染色工艺制定的合理性有关。一般的，染料分子结构简单，相对分子质量小，水溶性基团比例大，则染料自身的匀染性就好；被染纤维自身的超分子结构表现为结晶完整，非结晶区分布均匀，且织物经前处理后，如退浆、精练、涤纶碱减量等均匀一致，水洗干净，则有利于匀染；工艺控制合理性是指按照染料自身匀染性情况，通过合理制定并控制工艺（如始染温度低、升温速度慢、选择使用匀染剂等）有利于得到匀染效果。

三、色差

1. 定义

在同一光源条件下观察，染色样与对比色样在色相、色光或色泽浓淡程度上存在着差异，称为色差。

2. 解读

（1）实际染色生产中，色差包括原样色差、前后色差、左中右色差、正反面色差等方面。

（2）原样色差指染色织物与客户来样或标准色样，在色相、色光或色泽深度（即色浓淡）上存在的差异。

（3）前后色差指先后染出的同一色泽的染色织物在色相、色光或色泽深度上所存在的差异。

（4）左中右色差指染色织物在左中右部分的色相、色光或色泽深度所存在的差异。

（5）正反面色差主要是指染色后织物正反两面的色相、色光或色泽深度所存在的差异。

任务四　染色工艺术语解读

一、浴比

浴比又称液比，指单位质量的纤维与加工溶液的体积比。是浸染染色的工艺条件参数之一。

例如，浸染打样时，若规定浴比为1：50，其含义为纤维质量为1g时，染液体积为50mL。

实际大生产时，染色浴比的大小与染色设备种类有关，如卷染机浴比一般为1：（3~5）、普通喷射溢流染色机浴比1：（10~15）、高速喷射溢流染色机浴比1：（5~7）、立信超低浴比ALLWIN高温筒子纱染色机浴比1：4等。

值得说明的是，随着印染行业转型升级的需要，新型染色生产设备发展的方向就是开发小浴比、高保温、自动化且能精确控制的设备，以适应印染企业节能减排的要求。

PPT5：常用染色
浓度的表示

二、常用染色浓度的表示方法

（一）owf浓度（或omf浓度）

1. 定义

owf浓度指染液中投加的染料（或助剂）质量对被加工纤维质量的百分数。通常用来表示浸染时染料或助剂需用浓度，所以又称为染色浓度或染料浓度。

2. 解读

owf浓度适合用于织物浸染加工方法，该加工方法属于间歇式生产，被加工织物（或其他纤维形式）按一定质量进行配缸染色，故相对纤维质量，规定染料或其他助剂的投料量，更科学、方便和直观。

例如，浸染时，某染料的染色处方用量为2%（owf），含义为每100g纤维用2g染料进行染色。

再如，已知被染棉纱为50kg，染色浴比为1：20，称取1kg活性染料染色，则染料浓度owf为：（1÷50）×100%＝2%。

（二）质量体积浓度

1. 定义

质量体积浓度指1L溶液中含有染料（或助剂）的质量（g），单位为g/L。

2. 解读

质量体积浓度主要适合用于轧染加工方法中，表示染液处方浓度；在浸染法的染色处方中，助剂用量也常用质量体积浓度表示。

例如，还原染料悬浮体轧染时，还原绿 FFB 染色处方用量为 5g/L，它表示配制 1L 染液需要投入 5g 还原绿 FFB 还原染料进行化料，按照此处方，配制 100mL 该染液，即需称量 0.5g 染料进行化料。

再如，分散染料热溶染色时，浸轧染液的组成处方为：

分散染料	10g/L
JFC	1g/L
防泳移剂	10g/L

（三）体积比浓度

1. 定义

体积比浓度指 1L 溶液中含有助剂的体积（mL），单位为 mL/L。

2. 解读

体积比浓度适用于当商品助剂为液体剂型时，用来表示加入助剂的处方浓度。例如，分散染料高温高压染色时，为控制染液 pH，冰醋酸处方浓度为 0.5mL/L。

（四）质量分数

1. 定义

质量分数是指以溶质的质量占全部溶液的质量的百分比来表示的浓度：

$$质量分数 = \frac{溶质的质量}{溶液总质量} \times 100\% \tag{1-4-8}$$

2. 解读

质量分数主要用于液体剂型的商品试剂中。如 98% 的硫酸试剂，即表示 100g 该溶液中含 98g H_2SO_4 溶质，水等 2g。若知该溶液的密度为 1.84g/mL，则可以换算出该溶液的质量体积浓度为 1803.4g/L，也可以换算成物质的量浓度为 18.4mol/L。在染色处方中一般不用该浓度表示，但因染整加工时，经常用醋酸、硫酸、盐酸、液碱等助剂，在制定工艺处方时，需要相关浓度的换算。

三、轧液率

1. 定义

轧液率是指织物浸轧加工液后，织物上所含加工液的质量与织物浸轧前质量的百分比，俗称轧余率。

计算式为：

$$轧液率 = \frac{织物轧液后质量(g) - 织物轧液前质量(g)}{织物轧液前质量(g)} \times 100\% \tag{1-4-9}$$

2. 解读

（1）织物纤维种类不同，轧液率要求不同，一般棉织物的轧液率在 70% 左右，合成纤维的轧液率在 40% 左右。

（2）轧液率大，带液量高。一方面，织物烘干时水分蒸发的负荷重；另一方面，对于亲和力小的染料，尤其是采用悬浮体轧染时，染料易发生泳移。轧液率小，带液量低，织物经过压辊的压力大，产品内应力增加，成品尺寸稳定性及手感差。

（3）根据纤维的吸湿性及织物的组织规格特点，轧液率的确定应以不产生染料泳移为前提，就高不就低。企业在实际生产中，通常根据经验确定常见织物的轧液率参数，但需要经常检测压辊左、中、右轧液率参数的一致性，确保轧染的匀染度。

四、染色工艺曲线

染色工艺曲线用折线形式直观表示，用于描述浸染工艺中包括染色温度、时间、升温速度及主要加料顺序，又称染色升温曲线（或操作曲线）。

（1）分散染料染涤工艺曲线。

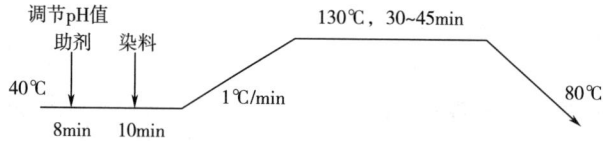

调节pH值
助剂　染料　　　　　　130℃，30~45min
40℃　　　　　　　1℃/min　　　　　　　80℃
　　8min　10min

（2）中温活性染料染棉工艺曲线。

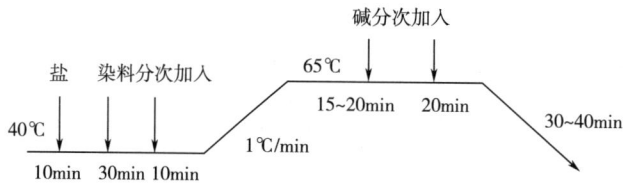

碱分次加入
盐　染料分次加入　　65℃
40℃　　　　　　　1℃/min　15~20min　20min　　30~40min
　10min　30min　10min

五、染色临界温度范围

在染料上染过程中，当染色温度达到某一范围时（$T_1 \sim T_2$），若染料的上染百分率和上染速率呈现急剧增大现象，则称该温度范围为染色临界温度范围。

在该温度范围内，应严格控制染色的升温速度，才能保证染色质量；拼色时，选择临界温度范围相近的染料拼混。该现象在合纤染色中有更为重要的指导意义。例如，涤纶的快速染色方法的实现，其重要的理论依据就是利用了分散染料浸染时存在临界染色温度范围的客观规律。

思考题

1. 阐述常用染料染色性能指标。
2. 直接性对染料上染速率如何影响？
3. 直接性对染料上染百分率如何影响？
4. 控制染料上染速率的措施有哪些？
5. 染色工艺的主要参数有哪些？

复习指导

1. 反映染料染色性能的指标包括直接性、移染性、配伍性、亲和力、力份等。染料性能指标对于染色时选用染料有着重要的指导作用，充分了解所用染料的染色性能指标，是配色的基础。

2. 活性染料对于纤维素纤维染色时，有其特殊的染色性能指标，包括染色开始加碱时的上染率、加碱 10min 时的固色率、平衡上染百分率及固色率。考察活性染料的配伍性时，这四项指标要综合考虑。

3. 染料的上染百分率既取决于染料本身对染色纤维的亲和力，也与染色工艺设计有关，合理的染色工艺应尽可能达到所用染料的最高上染百分率。

4. 染色质量指标包括染色牢度、染色匀染度及色差。染色质量指标与染料的染色性能指标有关，也与染料工艺设计有关。在配色时，应根据所用染料的染色性能指标，设计合理的染色工艺，以确保染色质量达到规定要求。

5. 染色工艺参数主要包括浸染染色的浴比、轧染染色的轧液率、染色浓度、温度等。

6. 染色中基本计算包括两个方面：染色打样中的相关计算和染色生产中的相关计算。在熟悉染色相关术语和浓度表示方法的基础上，熟练掌握相关计算。

参考文献

［1］蔡苏英．染整技术实验［M］．北京：中国纺织出版社，2005.

［2］朱世林．纤维素纤维制品的染整［M］．北京：中国纺织出版社，2002.

［3］陆艳华，张峰．染料化学［M］．北京：中国纺织出版社，2005.

［4］罗巨涛．合成纤维及混纺纤维制品的染整［M］．北京：中国纺织出版社，2002.

项目五　纺织纤维制品常识

本项目知识点

1. 熟悉纺织纤维概念及分类。

2. 熟悉纱线分类及规格。

3. 熟悉织物组织类型与风格特征。

任务一　纺织纤维分类及特点

一、纤维的概念

通常把细度为几微米到上百微米且长度（L）远大于细度（D）（$L/D \geqslant 10^3$）的柔软细长体，称为纤维。根据长度不同，可将纤维分为短纤维（如棉、麻等）、中长纤维和长纤维（或长丝，如蚕丝）。

纤维的长度一般用毫米（mm）、厘米（cm）、米（m）度量，而直径一般用微米（μm）度量。短纤维的长度较短，如棉的长度在30~40mm，亚麻的长度在11~38mm，山羊绒的长度在30~40mm，羊毛的长度在50~70mm。除蚕丝外，其他长纤维都是通过人工纺丝制成的，所以其长度可以根据需要自由调节，如仿棉型纤维的长度在30~40mm、仿毛型纤维的长度在75mm左右。长度在51~75mm的纤维称为中长纤维，蚕丝的长度一般在几十米以上。

二、纺织纤维的分类

纺织工业目前使用的纤维种类很多，但纺织纤维按其来源来分只有两大类，即天然纤维和化学纤维（又称人造纤维）。另外，纤维还可根据其长短等形态结构、色泽、性能特征等进行分类。

1. 按来源和化学组成分类（图1-5-1）

2. 按形态结构分类

（1）短纤维。长度为几十毫米到几百毫米的纤维。

（2）长丝。长度为几百米到几千米的纤维。

（3）薄膜纤维。高聚物薄膜经纵向拉伸、撕裂、原纤化或切割后拉伸而制成的化学纤维。

（4）异形纤维。通过非圆形的喷丝孔加工、具有非圆形截面形状的化学纤维。

（5）中空纤维。通过特殊喷丝孔加工、在纤维轴向中心具有连续管状空腔的化学纤维。

（6）复合纤维。由两种及两种以上的聚合物或具有不同性质的同一类聚合物经复合纺丝

种子纤维：棉、木棉、彩棉等

果实纤维：椰壳纤维等

韧皮纤维：苎麻、亚麻、大麻、罗布麻等

毛发纤维：羊毛、羊绒、马海毛、兔毛、牦牛绒、羊驼毛等

丝（腺分泌物）纤维：桑蚕丝、柞蚕丝等

矿物纤维——玻璃纤维、石棉等

再生纤维素纤维：黏胶纤维、铜氨纤维、丽赛纤维、莫代尔纤维、醋酯纤维、竹浆纤维等

再生蛋白质纤维：牛奶纤维、大豆纤维、花生纤维、仿蜘蛛丝纤维等

合成纤维——聚酯纤维（涤纶）、聚酰胺纤维（锦纶）、聚丙烯腈纤维（腈纶）、聚乙烯缩甲醛纤维（维纶）、聚丙烯纤维（丙纶）、聚氨酯纤维（氨纶、莱卡）等

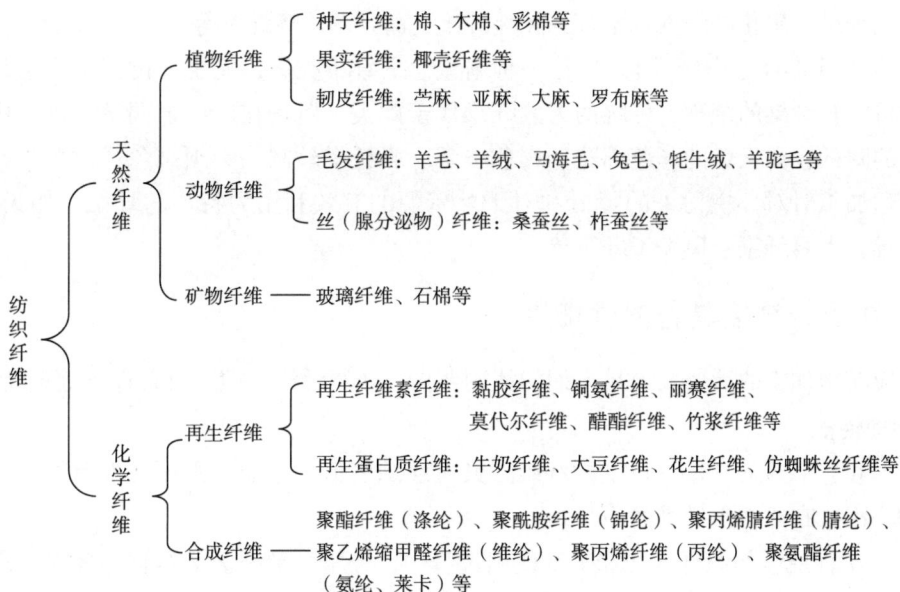

图 1-5-1　纺织纤维按来源和化学组成分类

法制成的化学纤维。

（7）超细纤维。比常规纤维细度细得多（0.4dtex）的化学纤维。

3. 按照色泽分类

（1）本白纤维。自然形成或工业加工的颜色呈白色系的纤维。

（2）有色纤维。自然形成或工业加工时因为加入各种色料而形成的具有很强色牢度的各色纤维。

（3）有光纤维。生产时经增光处理而制成的光泽较强的天然纤维或化学纤维。

（4）消光纤维。生产时经过消光处理制成的光泽暗淡的化学纤维。

（5）半光纤维。生产时经过部分消光处理制成的光泽中等的化学纤维。

4. 按性能特征分类

（1）普通纤维。应用历史悠久的天然纤维和常用的化学纤维的统称，在性能表现、用途范围上为大众所熟知，且价格便宜。

（2）差别化纤维。属于化学纤维，在性能和形态上区别于其他纤维，在原有的基础上通过物理或化学的改性处理，使其性能得以增强或改善的纤维，主要表现在对织物手感、服用性能、外观保持性、舒适性及化纤仿真等方面的改善。如阳离子可染涤纶；超细、异形、异收缩纤维；高吸湿、抗静电纤维；抗起球纤维等。

（3）功能性纤维。在某一或某些性能上表现突出，包括对热、光、电的阻隔与传导能力，过滤、渗透、离子交换、吸附性能，以及在安全、卫生、舒适等方面具有特殊功能和特殊应用的纤维。随着生产技术和商品需求的不断发展，差别化纤维和功能性纤维出现了复合与交叠的现象，划分界限逐渐模糊。

（4）高性能纤维（特种功能纤维）。用特殊工艺加工的具有特殊或特别优异性能的纤维。如超高强度、模量，耐高温、耐腐蚀、高阻燃。如对位、间位的芳纶，碳纤维，聚四氟乙烯

纤维，陶瓷纤维，碳化硅纤维，聚苯并咪唑纤维，高强聚乙烯纤维等。

（5）环保纤维（生态纤维）。这是一种新概念的纤维类属，笼统地讲就是天然纤维、再生纤维和可降解纤维的统称。传统的天然纤维属于此类，但是在此更强调纺织加工中对化学处理要求的降低，如天然的彩色棉花、彩色羊毛、彩色蚕丝制品无须染色；对再生纤维则主要指以纺丝加工时对环境污染的降低和对天然资源的有效利用为特征的纤维，如天丝纤维、莫代尔纤维、大豆纤维、甲壳素纤维等。

三、纺织纤维应具备的性能

为适应纺织加工的需要及满足人们的使用要求，纺织纤维一般应具备以下性能特点。

1. 物理性能

（1）长度。长度在 10mm 以上的纤维才具有纺织价值。过短，则可纺性差，只能用作造纸、制作非织造布或再生纤维的原料。

（2）力学性能。纺织纤维在加工及使用过程中，经常受到外力的拉伸、揉搓、摩擦等作用。因此，纺织纤维必须具备一定的强度、延伸性、弹性等力学性能。

（3）热稳定性。纺织纤维对热应具有一定的稳定性，以保证纤维在使用及加工过程中遇高温不分解，遇低温不僵硬。

2. 化学性能

纤维经纺织加工后形成的产品绝大多数不能直接使用，其制品一般要经过染整加工才能成为具有使用价值的纺织产品。而在染整加工中，纤维或坯布要经受许多化学加工过程，经常接触水、化学品（如酸、碱、氧化剂、还原剂等）、染料和助剂等。所以，纺织纤维必须具备一定的耐水性、化学稳定性和可染性，以保证能够正常加工。

3. 其他性能

为保证纺织品服用过程中的舒适性，纺织纤维还应具有一定的光泽、吸湿性、柔软性等性能。另外，纤维还应具有耐日晒、耐紫外线、耐气候等性能，从而满足人们的使用要求。

四、常见纺织纤维的性能特点

1. 棉纤维

（1）耐水性。棉纤维不溶于水，仅能有限度地膨化，吸湿性能良好，原棉的公定回潮率为 11%。

（2）耐酸、碱性。棉纤维耐碱不耐酸。无机酸对棉有腐蚀作用，在热稀酸和冷浓酸中纤维溶解，有机酸对棉纤维作用较弱。稀碱溶液可对棉布进行丝光处理而得到丝光棉。

（3）耐溶剂性与染色性。一般的有机溶剂不溶解棉纤维，但可溶解棉纤维中的伴生物；适用活性、还原、硫化、直接、偶氮染料染色，色谱齐全，色泽鲜艳。

（4）耐热性。热对棉纤维的作用有适度加热和高温处理两种情况。绝对干态下，棉纤维在 120℃逐渐发黄，150℃开始分解。

（5）耐光性。光对棉纤维的长期照射能引起棉纤维损伤。

（6）耐生物性。在潮湿情况下，微生物极易在纤维中生长繁殖。

2. 羊毛与蚕丝

（1）耐水性。毛和丝不溶于冷水，但水可使纤维膨化。当水温达到110℃以上时，羊毛会遭到破坏，200℃时羊毛几乎全部溶解。热水对蚕丝无明显作用。羊毛的公定回潮率为16%，桑蚕丝的公定回潮率为11%。

（2）耐酸性。弱酸或低浓度的强酸对羊毛不会构成破坏，短时间在硫酸作用下也不会损坏，但作用时间长会遭到破坏。酸对蚕丝有特殊的酸缩与丝鸣作用，用浓无机酸处理蚕丝很短时间，蚕丝发生显著收缩；用弱酸（醋酸、酒石酸等）处理蚕丝，可改善蚕丝光泽、手感，产生特殊声响——丝鸣。

（3）耐碱性。碱可催化羊毛和蚕丝纤维中肽键水解，使蛋白质溶解。强碱如苛性碱对纤维作用强烈，其他弱碱不对纤维造成明显损伤。浓碱对蛋白质的损伤较大，在高温下损伤更大，时间越长，损伤越严重。碱液中电解质总浓度越高，水解越剧烈；在碱液中添加中性盐也会增加纤维的损伤，煮沸的NaOH溶液（3%以上浓度）可使羊毛全部溶解，表现出不耐碱性。

（4）耐氧化剂。蚕丝和羊毛都不耐氧化，控制氧化剂的浓度可用来漂白羊毛。

（5）耐生物性。耐霉菌，但不耐虫蛀。

（6）耐溶剂性。耐一般的有机溶剂。

3. 黏胶纤维

（1）黏胶纤维由湿法纺丝生产，其截面为锯齿形，并有皮芯结构，纵向平直有沟槽。

（2）黏胶纤维基本组成是纤维素，与棉纤维相同。黏胶纤维的耐碱性较好，但是不耐酸。其耐酸碱性均较棉纤维差。

（3）黏胶纤维结构松散，其吸湿能力优于棉，是常见化学纤维中吸湿能力最强的纤维，其公定回潮率为13%。

（4）黏胶纤维的染色性很好，染色色谱齐全，可以染成各种鲜艳的颜色。

（5）黏胶纤维的耐热性和热稳定性较好。

（6）黏胶纤维的吸湿能力强，比电阻较低，抗静电性能很好。

（7）黏胶纤维的耐光性与棉纤维相近。

4. 涤纶

（1）涤纶的密度小于棉纤维，而高于毛纤维。

（2）涤纶分子吸湿基团较少，故吸湿能力很差，公定回潮率仅为0.4%。

（3）涤纶的染色性较差，染料分子难以进入纤维内部，一般染料在常温下很难上染，因此多采用分散染料进行高温高压染色、热熔法染色或载体染色，也可以进行纺丝流体染色，生产有色涤纶。

（4）涤纶的耐碱性较差，仅对于弱碱有一定的耐久性，在强碱溶液中容易发生剥落，也就是常用的涤纶仿真丝的"减碱量"工艺，但是对于酸的稳定性较好，特别是对有机酸有一定的耐久性。

（5）涤纶有很好的耐热性和热稳定性。在150℃处理1000h，其色泽稍有变化，强力损失不超过50%，但涤纶遇火易产生熔孔。

（6）涤纶因吸湿能力很差，比电阻较高，导电能力极差，易产生静电，给纺织工艺的加工带来不利的影响，同时由于静电电荷积累，易吸附灰尘。

（7）涤纶有较好的耐光性，其耐光性仅次于腈纶。

5. 锦纶

（1）纺织上常用的锦纶是锦纶6和锦纶66，锦纶的外观形态与涤纶相似，截面是圆形，纵向为圆棒状。

（2）锦纶的化学组成为聚酰胺类高聚物，耐碱性较好，但是耐酸性较差，特别是对无机酸的抵抗力很差。

（3）锦纶中含有酰胺键，故吸湿性是合成纤维中较好的，公定回潮率在4.5%左右。

（4）锦纶的染色性较好，色谱较全。

（5）锦纶的耐热性较差，随温度的升高其强力下降，该纤维遇火易产生熔孔。

（6）锦纶的比电阻较高，但因具有一定的吸湿能力，其静电现象并不十分突出。

（7）锦纶耐光性差，在长期的光照下强度降低，色泽发黄。

6. 腈纶

（1）腈纶采用湿法纺丝制备，因此纤维的截面形状多为圆形或哑铃形，纵向平直有沟槽。

（2）腈纶强度较低，弹性较差，尺寸稳定性较差，它的耐磨性也是化学纤维中较差的一种。

（3）腈纶的吸湿能力较涤纶好，但较锦纶差，公定回潮率在2%左右。

（4）腈纶由于空穴结构和第二、第三单体的引入，纤维染色性能较好，并且色泽鲜艳。

（5）腈纶有较好的化学稳定性，但溶于浓硫酸、浓硝酸、浓磷酸等，在冷浓碱、热稀碱中会变黄，热浓碱能立即破坏其结构。

（6）腈纶耐热性仅次于涤纶，比锦纶要好，具有良好的热弹性，可以加工成膨体纱。

（7）腈纶比电阻较高，易产生静电。

（8）腈纶大分子中含有氰基（—CN），使其耐光性与耐气候性特别好，是常见纤维中耐光性最好的。适用阳离子、分散染料染色。

任务二　纱线分类与规格

一、常用纺织材料的名称与代号

1. 部分常用纺织材料的中英文名称

棉 cotton	蚕丝（丝绸）silk
腈纶 acrylic	氯纶 polyvinyl chloride
麻 linen	黏胶（人造棉）rayon
黄麻 jute	铜氨纤维 cuprammonuium（cupro）
亚麻 flax yarn	涤纶 terylene
大麻 hemp	聚酯纤维 polyester
苎麻 ramie	锦纶 polyamide

氨纶 polyurethanes　　　　尼龙 nylon

羊毛 wool　　　　　　　　醋酯纤维 acetate

羊绒 cashmere　　　　　　弹性纤维 polythane（elastan）

马海毛 mohair　　　　　　维纶 vinal

兔毛 rabbit hair　　　　　聚乙烯醇 polyvinyl alcohol

丙纶 polypropylene　　　　人造丝 nitrocellulose silk

2. 常用纺织材料的代号（表1-5-1）

表1-5-1　常用纺织材料的代号

材料	代号	材料	代号
棉	C	腈纶	A
亚麻（大麻）	L（H）	维纶	PVAL
羊毛	W	氨纶	PU
羊绒	WS	莱卡	LY
马海毛	M	精梳纱	J
兔毛	RH	涤棉混纺	T/C
蚕丝	S	涤黏混纺	T/R
普通黏胶纤维	R	毛涤混纺	W/T
涤纶	T	棉麻混纺	C/Ra
锦纶	P	棉维混纺	C/V

二、纱线分类

由纤维纺制成的纱线种类很多，常见的分类方法及纱线的主要性能与用途见表1-5-2。

表1-5-2　纱线种类与用途

分类依据与种类		性能与用途
线密度	粗特纱	≥32tex（≤18英支）；适于粗厚织物，如粗花呢、粗平布等
	中特纱	21~31tex（19~28英支）；适于中厚织物，如中平布、华达呢、卡其等
	细特纱	11~20tex（29~54英支）；适于细薄织物，如细布、府绸等
	超细特纱	≤10tex（58英支）；适于高档精细面料，如高支衬衫、精纺贴身羊毛衫等
纤维长度	长丝纱	由一根或多根长丝并合、加捻或变形加工而成
	短纤维纱	包括棉型纱、中长纤维型纱、毛型纱
	长丝短纤维组合纱	由短纤维和长丝通过特殊方法编制而成，如包芯纱、包缠纱等
纤维种类	纯纺纱	只含一种纤维，如棉纱、毛纱、麻纱和绢纺纱
	混纺纱	由2种及以上纤维混合纺成，如T/C混纺纱、T/R混纺纱等；依比例不同命名，如65/35涤/棉混纺纱、50/50毛/腈混纺纱、50/50涤/黏混纺纱等。
	交捻纱	由2种及以上纤维或色彩的单纱捻合而成

分类依据与种类			性能与用途
纺纱工艺	粗梳纱（普梳纱）		经过一般纺纱系统（粗梳系统）进行梳理纺得。短纤维含量较多，纤维平行伸直度差，结构松散，毛茸多，纱支较低，品质较差。多用作一般织物和针织品的原料，如粗纺毛织物、中特以上棉织物等
	精梳纱（用 J 表示）		经过精梳纺纱系统纺得。强度高、条干好、表面光洁，品质优良。主要用作高级织物及针织品的原料，如细纺、华达呢、花呢、羊毛衫等
	废纺纱		用纺织下脚料（废棉）或混入低级原料经粗梳加工纺得。纱线松软、条干不匀、含杂多、色泽差、品质差。一般只用来织造粗棉毯、厚绒布和包装布等低级的织品
纱线用途	机织纱		经纱：用作织物纵向纱线，捻度较大、强力较高、耐磨较好 纬纱：用作织物横向纱线，捻度较小、强力较低但柔软
	针织纱		纱线质量要求较高，捻度较小，强度适中
	其他用纱		包括缝纫线、绣花线、编结线、杂用线等。根据用途不同，对这些纱的要求也不同
纱线结构	单纱		只有一股纤维束捻合而成，可以是纯纺纱也可以是混纺纱
	股线		由两根及两根以上的单纱捻合而成
	单丝		由一根纤维长丝构成
	复丝		由两根及两根以上的单丝并合而成的丝束
	捻丝		由复丝加捻而成
	复合捻丝		由捻丝经过一次或多次并合、加捻而成
	变形纱（变形丝）		由化纤原丝经过变形加工，具有卷曲、螺旋、环圈等外观特性。包括高弹丝、低弹丝、膨体纱和网络丝等
	花式线		由特殊工艺制成，具有特殊的外观形态与色彩的纱线。分为花色线、花式线和特殊花式线。花色线多用于女装和男夹克衫；花式线可用于轻薄的夏装、厚重的冬装、其他衣着面料、装饰材料等；特殊花式线主要是指金银丝、雪尼尔线等。可用于织物、装饰缝纫线等
	包芯纱		通常以长丝为纱芯，外包短纤维纺制而成。常用的纱芯长丝有涤纶丝、锦纶丝、氨纶丝，外包短纤维常用棉、涤/棉、腈纶、羊毛等。目前主要用作弹力织物、衬衫面料、烂花织物、缝纫线等
纺纱方法	环锭纱		在环锭细纱机上，用传统的纺纱方法加捻制成。纱中纤维内外缠绕联结，纱线结构紧密，强力高，生产效率受限。用途广泛，可用于各类织物、编结物、绳带等
	自由端纱		在高速回转的纺杯流场内或在静电场内使纤维凝聚并加捻成纱。由于纱线的加捻与卷绕作用分别由不同的部件完成，因而效率高，成本较低，如气流纱、静电纱、涡流纱、尘笼纱等
	非自由端纱	自捻纱	捻度不匀，在一根纱线上有无捻区段存在，因而纱强较低。适于生产羊毛纱和化纤纱，用在花色织物和绒面织物上较合适
		喷气纱	纱芯几乎无捻，外包纤维随机包缠，纱较疏松，手感粗糙，且强力较低。可用于机织物和针织物，做男女上衣、衬衣、运动服和工作服等
		包芯纱	用于针织物或牛仔裤料等，穿着伸缩自如，舒适合体

分类依据与种类		性能与用途
染整工艺	原色纱	未经染整加工并具纤维原来颜色的纱线
	漂白纱	经过漂白加工，颜色较白的纱线
	染色纱	经过染色加工，并带有颜色的纱线
	色纺纱	用色纤维纺成的纱线
	烧毛纱	经过烧毛加工，表面较为光洁的纱线
	丝光纱	经过丝光加工的纱线。包括碱液处理的丝光棉纱和纤维鳞片去除的丝光毛纱

补充说明：

（1）高弹丝。高弹丝或高弹变形丝具有很高的伸缩性，而蓬松性一般。主要用于弹力织物，以锦纶高弹丝为主。

（2）低弹丝。低弹丝或变形弹力丝具有适度的伸缩性和蓬松性，多用于针织物，以涤纶低弹丝为多。

（3）膨体纱。膨体纱具有较低的伸缩性和很高的蓬松性，主要用来作绒线、内衣或外衣等要求蓬松性好的织物，其典型代表是腈纶膨体纱，也叫作开司米。

（4）网络丝。网络丝又名交络丝，是普通的涤纶低弹丝通过一种网络喷嘴时，经喷射气流作用，使相互平行的单丝之间互相缠结而形成了周期性"网络点"的一种略带弹性和蓬松性的涤纶加工丝，网络丝做经线可以减少上浆工序。

（5）花色线。指按一定比例将彩色纤维混入基纱的纤维中，使纱上呈现鲜明的长短、大小不一的彩段、彩点的纱线，如彩点线、彩虹线等。

（6）花式线。利用超喂原理得到的具有各种外观特征的纱线，如圈圈线、竹节线、螺旋线、结子线等。此类纱线织成的织物手感蓬松、柔软、保暖性好，且外观风格别致，立体感强。雪尼尔线是一种特制的花式纱线，即将纤维握持于合股的芯纱上，状如毛刷。其手感柔软，广泛用于植绒织物和穗饰织物。

（7）金银丝。主要是指将铝片或夹在涤纶薄膜片之间或蒸着在涤纶薄膜上得到的金银线。

（8）气流纱。也称转杯纺纱，是利用气流将纤维在高速回转的纺纱杯内凝聚加捻输出成纱。纱线结构比环锭纱蓬松、耐磨、条干均匀、染色较鲜艳，但强力较低。主要用于机织物中蓬松厚实的平布、手感良好的绒布及针织品类。

（9）静电纱。利用静电场对纤维进行凝聚并加捻制得的纱。纱线结构同气流纱，用途也与气流纱相似。

（10）涡流纱。用固定不动的涡流纺纱管，代替高速回转的纺纱杯所纺制的纱。纱上弯曲纤维较多、强力低、条干均匀度较差，但染色、耐磨性能较好。此类纱多用于起绒织物，如绒衣、运动衣等。

（11）尘笼纱。也称摩擦纺纱，是利用一对尘笼对纤维进行凝聚和加捻纺制的纱。纱线呈分层结构，纱芯捻度大、手感硬，外层捻度小、手感较柔软。此类纱主要用于工业纺织品、装饰织物，也可用在外衣（如工作服、防护服）上。

（12）自捻纱。通过往复运动的罗拉给两根纱条施以假捻，当纱条平行贴紧时，靠其退捻回转的力，互相扭缠成纱。

（13）喷气纱。利用压缩空气所产生的高速喷射涡流，对纱条施以假捻，经过包缠和扭结而纺制的纱线，成纱结构独特。

三、纱线的结构特征

通常所谓的纱线是指"纱"和"线"的统称。纱是由短纤维沿轴向排列并经过加捻而成，或用长丝组成的一定线密度的产品；线是由两股或两股以上的单纱并合加捻而成的产品。根据其合股数可分为双股线、三股线、四股线等。简言之，纱线是用各种纺织纤维加工成一定细度的产品，用于织布、制绳、制线、针织、刺绣、缝纫等。

纱线的细度和捻度、捻向是纱线重要的结构特征。

1. 纱线的细度

细度指的是纤维、纱线的粗细程度，是一个非常重要的结构指标。广义的细度指标有直接指标和间接指标两种。直径、截面积等属于直接指标，线密度、旦数、公制支数、英制支数属于间接指标，是通过纤维纱线的长度和重量关系来表示其细度。我国细度的法定计量单位是线密度。习惯上棉型纱线的细度用英制支数、毛纱和麻用公制支数、蚕丝和化纤长丝用旦尼尔分别表示。

天然纤维的平均细度差异很大，如棉纤维中段最粗，梢部最细，根部居中。化学纤维的细度可以控制，化学短纤维常用规格的长度与细度见表1-5-3。

表1-5-3　化学短纤维常用规格的长度与细度

规格	棉型化学短纤维	中长型化学短纤维	毛型化学短纤维
长度（mm）	30~40	51~65	51~150
线密度（dtex）	1.6左右	2.78~3.33	3.36以上

（1）直径（D）。纤维直径常用微米（μm）表示，纱线直径常用毫米（mm）表示。只有纤维或纱线截面接近圆形时用直径表示较为合适。

（2）线密度（Tt）。线密度是指1000m长的纤维或纱线在公定回潮率时的质量（g），俗称为号数，单位为特克斯，简称特，符号为tex。计算公式为：

$$Tt = \frac{公定回潮率时的试样重量(g)}{试样长度(m)} \times 1000 \qquad (1-5-1)$$

目前常用的有特（tex）、分特（dtex）、毫特（mtex），相互关系为1tex = 10dtex = 1000mtex。棉纤维线密度的常用单位是分特。

例如，某单纱线密度为18tex，表示纱线1000m长时，其公定重量为18g。股线的特数等于单纱特数乘以股数，例如18tex×2就表示两根18tex的单纱组成的股线，相当于36tex的单纱线粗细。当组成股线的单纱特数不同时，则股线特数为各单纱特数之和，例如18tex + 15tex，该股线相当于33tex的单纱线粗细。

（3）纤度（N_d）。指9000m长的纤维或纱线在公定回潮率时的质量（g），单位为旦尼尔，简称旦，符号为D，俗称旦数。计算公式为：

$$N_d = \frac{公定回潮率时的试样重量（g）}{试样长度（m）} \times 9000 \qquad (1-5-2)$$

纤度一般多用于天然丝或化纤长丝的粗细表示。若在公定回潮率时，4500m 长丝的重量是 10g，则其纤度为 20 旦。

蚕丝的生丝是由多根茧丝并合而成的，各根茧丝的粗细不尽相同，因此并合后的生丝粗细有差异，其旦数常用两个限度的数字来表示，如生丝 23.33dtex（20/22 旦），即表示其生丝的细度在 22.22dtex 和 24.44dtex 之间（即 20~22 旦）。合成纤维的纤度是可控的，如涤纶高弹丝规格有 75 旦、100 旦、150 旦、300 旦等。

线密度和纤度为定长制指标，其数值越大，表示纤维或纱线越粗。

（4）公制支数（N_m）。公制支数是指每克纤维在公定回潮率时的长度（m），单位为公支，符号为 N_m。计算公式为：

$$N_m = \frac{试样长度（m）}{公定回潮率的试样重量（g）} \qquad (1-5-3)$$

如常用的苎麻线为 105.3tex×6（9.5 公支/6），意为以 6 股 105.3tex（9.5 公支）单纱一次捻成的线。又如全毛纱规格有 20 公支/2、24 公支/2、32 公支/2、48 公支/2 等。

（5）英制支数（N_e）。英制支数是指在英制公定回潮率条件下，1 磅重的棉纱线长度为 840 码的倍数。单位为英支，符号为 S。1 磅≈453.6g，1 码＝0.9144m。计算公式为：

$$N_e = \frac{试样长度（码）}{英制公定回潮率的试样重量（磅）\times 840} \qquad (1-5-4)$$

例如，1 磅重的棉花纺成的纱线长度是 8400 码，那么支数就是 10 英支；16800 码就是 20 英支。

英制支数和公制支数都是定重制单位，支数越高，纱线越细，纺成的布料越薄。高支数的棉纱需要优质的原材料和高档设备才能纺成，一般 40 英支以上的纱线才能称为高支纱。

Tt 与 N_e 的换算关系为：

化纤纱为：

$$Tt = \frac{590.5}{N_e} \qquad (1-5-5)$$

纯棉纱：

$$Tt = \frac{583.1}{N_e} \qquad (1-5-6)$$

2. 纱线的捻度和捻向

纱线的性质是由组成纱线的纤维性质和成纱结构所决定的。加捻是使零散状的纤维相互挤压抱合在一起，形成纱线的必要手段，也是影响纱线结构最主要的因素。纺纱的过程就是将短纤维梳理平行并且加捻的过程。加捻的目的是增加纱线的强度、弹性和光洁度。短纤维必须经过加捻成纱线，才能在受到拉伸等机械作用时不易产生滑脱，从而保持纱线的形态，并具有一定的强度。因此纱线加捻的程度直接影响纱线的品质和使用价值。

（1）捻度。纱条绕其轴心旋转 360°即为一个捻回。由纱条走向与纱线轴向构成的夹角叫捻回角，用符号 β 表示。

捻度是指纱线单位长度所具有的捻回数，是表示纱线加捻程度的指标。该单位长度往往随纱条的种类、线密度而取值不同：

棉及棉型化纤纱线，采用特克斯制，以10cm为单位，表示为"捻/10cm"；

精纺毛纱及化纤长丝纱，采用公制支数，以1m为单位，表示为"捻/m"；

英制支数以1英寸为单位，表示为"捻/英寸"。

几种常用低支纱的捻度见表1-5-4。

表1-5-4 几种常用低支纱的捻度

纱支	捻度	纱支	捻度
58tex（10S）	50捻/10cm	28tex×2（21S/2）强捻	56捻/10cm
49tex（12S）	56捻/10cm	28tex×2（21S/2）强捻	26捻/10cm
36tex（16S）	59捻/10cm	18tex×2（32S/2）	56捻/10cm
28tex（21S）	69捻/10cm	18tex×2（32S/2）	36捻/10cm
58tex×2（10S/2）	35捻/10cm	15tex×2（40S/2）	60捻/10cm
49tex×2（12S/2）	50捻/10cm	15tex×2（40S/2）	40捻/10cm

捻度影响纱线的强力、伸长、弹性、刚柔性、光泽、缩率等性质。一般地，捻度过大，纱线的手感变硬，易打结，织物光泽下降，弹性和柔软性变差，强力也会下降。反之，纱线和织物表面绒毛较多，手感柔软，光泽柔和。对于蚕丝来说，适当的捻度还会提高织物的抗皱性和悬垂感。因此，不同用途的纱线或长丝对捻度会有不同的要求。

一般说来，在满足强力要求的前提下，纱线捻度越小越好。这便是长丝一般不加捻或少加捻的缘故。

相同线密度的纱线捻度越大，加捻程度就越大，外界对它做的功就越大，纱条越紧密。相同的捻度，线密度小的纱线，外界对它做的功小，加捻程度小。所以引入另一个与纱线捻度和线密度都有关系的加捻指标——捻系数。

捻系数是纱线加捻程度的量度，与捻回角呈正比，是表征不同线密度纱线的捻紧程度。纱线捻系数一般用符号 α_t 表示。捻系数与捻度、线密度之间的关系为：

$$T_{tex} = \frac{\alpha_t}{\sqrt{Tt}} \tag{1-5-7}$$

式中：T_{tex}——纱线捻度（捻/10cm）；

α_t——纱线捻系数；

Tt——纱线线密度（tex）。

（2）捻向。纱条的捻向是指纱条加捻后表面纤维倾斜的方向，有Z捻和S捻之分。

Z捻：纱线表面纤维自左下方向右上方倾斜，形同字母Z中部，为左手方向或逆时针方向，也称左手捻。

S捻：纱线表面纤维自右下方向左上方倾斜，形同字母S中部，为右手方向或顺时针方向，也称右手捻。

为方便挡车工操作，棉纺粗纱机和细纱机一般采用Z捻。股线捻向与单纱捻向相同时，则结构紧密，手感硬，光泽差。因此，股线一般与单纱捻向相反，以S捻居多。

捻向的表示方法是有规定的，例如单纱为 Z 捻，初捻为 S 捻，复捻为 Z 捻的股线，其捻向表示为 ZSZ 捻。

在实际应用中，利用捻度不同、捻向不同的纱线，可织造出具有独特外观风格的织物。如平纹组织，经纬纱捻向不同，则织物表面反光一致，光泽较好，织物松厚柔软。斜纹组织如华达呢，当经纱采用 S 捻，纬纱采用 Z 捻时，由于经纬纱的捻向与织物斜纹方向垂直，则反光方向与斜纹纹路一致，因而纹路清晰。而当若干根 S 捻、Z 捻纱线相间排列时，织物可产生隐条隐格效应，如某些花呢衣料。而捻度大小不等的纱线捻合在一起构成织物时，会产生波纹效应。如绉组织是用高捻纱，且捻向相反，来获得粗细皱纹效应的织物；起绒组织则用低捻纱，织物易起绒，手感柔软、光泽柔和。

四、纱线的规格

下面是部分常见纱线规格，逐一解读之。

（1）全棉纱 C18.2tex（32S）：18.2tex 即 32 英支的纯棉单纱。

（2）人棉纱 R13 S：13 英支的人造棉（黏胶）单纱。

（3）全棉纱 JC50S：50 英支的纯棉精梳单纱，"J"指由精梳纺纱系统纺成的纱。

（4）全棉纱 C40S/2（高配）：由 2 根 40 英支高配单纱并捻成的双股棉线，高配棉纱是比精纱质量较差一点的棉纱，相当于 20 英支单纱的粗细。

（5）全棉纱 OE10S：气流纺的 10 英支纯棉纱。

（6）棉线 18tex×2：单纱为 18tex 的双股线，相当于 36tex 的单纱线粗细。

（7）棉线 18tex+15tex：股线由 18tex 和 15tex 的棉单纱加捻而成，如该股线相当于 33tex 的单纱线粗细。

（8）人造棉线 32 公支/2：单纱为 32 公支的黏胶双股线。

（9）人棉包芯纱 R16S（PU70D）：芯为 70 旦的氨纶丝，外包 16 英支的黏胶纱；类似的有 R20S（PU40D）、R40S（PU40D），通常用于针织和机织。

（10）涤纶全牵伸丝 FDY100D×36F：纤度为 100 旦的涤纶长丝，单纤根数为 36 根。

（11）涤纶低弹丝 DTY150D×96：纤度为 150 旦的涤纶低弹丝，单纤根数为 96 根。

（12）混纺纱规格。涤黏混纺：T/R30S，棉黏混纺：R/C30S，涤棉比例 80/20 混纺：T/C80/20 32S，精梳涤棉混纺：JT/C32S，涤亚麻混纺纱：T/L80/20 16S。

注① 在表示多股纱时，法定单位是用"×"表示股数，而习惯单位则用"/"后面的数字表示。如全棉纱 13.8tex×2（42/2 英支）、全毛纱 16.7tex×2（48/2 公支）、桑蚕丝 31.08/33.30dtex×2（2/28/30 旦）。

注② 在表示涤棉混纺比例时，除了 T/C 65/35 不需将 65/35 表示外，其余比例都要写出来，并且要将比例大的写在上面，比例小的写在下面。

任务三　织物分类与规格

一、织物分类

织物是由线条状物通过交叉、绕结或黏结关系构成的片状物。按织造加工方法不同，织物分为四大类：机织物、针织物、非织造布和编织织物。目前，应用最广泛的是机织物和针织物。

1. 机织物分类

机织物是指由相互垂直的两组纱线，按一定的规律交织而成的织物。机织物的特点是结构坚实，形态稳定，强度高，耐磨性好，但柔软性、弹性和透气性差。

（1）按原料分类。机织物可分为纯纺织物、混纺织物、交织物和混并织物。

经纬均用同一种纤维的纱线织造而成的织物为纯纺织物。

经纬均用混纺纱线织造而成的织物为混纺织物。混纺织物品种繁多，大多用于裁制服装，如棉/麻、涤/棉、涤/黏、维/棉、丙/棉、毛/腈、毛/黏，以及涤/腈/黏三合一混纺的中长华达呢、平纹呢等。

经纬用两种不同纤维的纱线交织而成的织物为交织物。常见的交织产品有棉经与涤/棉纬，棉经与维纶纬交织的闪光府绸，涤/棉经与涤纶长丝纬交织的织物，涤/棉经与棉纬交织的牛津布等。交织物一般用于服装、装饰用布等。

用不同种类纤维单纱并捻成的线（并捻纱）织造而成的织物为混并织物，该类织物可利用各种纤维不同的染色性能，通过染整形成仿色织效应。如涤黏/涤纶混并哔叽，经纬均用19.7tex（30英支）涤黏中长纱与16.7tex（150旦）涤纶长丝并捻线织造，采用2/2斜纹组织，经密为238根/10cm（72根/英寸），纬密为220根/10cm（56根/英寸）。类似的还有涤黏/涤棉纱混并马裤呢，经纬均用18.5tex（32英支）涤黏纱与16.8 tex（35英支）涤棉纱混并线织成，采用变化急斜纹组织，经密为417根/10cm（106根/英寸），纬密为251.5根/10cm（64根/英寸）。混并织物主要用于服装。

（2）按纤维的长度和细度分类。机织物可分为棉型织物、中长型织物、毛型织物和长丝织物，分别是棉型纱线、中长化纤、毛型纱线和长丝织成。

（3）按纱线的结构和外形分类。机织物可分为纱织物、线织物和半线织物，经纬向均由单纱织成的是纱织物，均由股线织物成的是线织物，经向为股线、纬向为单纱织成的是半线织物。

（4）按染整加工方法分类。织物可分为本色织物、煮练织物、漂白织物、染色织物、印花织物、色织织物和色纺织物。纱线、织物均未经染整加工的是本色织物，也称本色坯布、本白布、白布或白坯布；经过煮练去除部分杂质的本色织物是煮练织物；经过煮练、漂白加工的是漂白织物；经过染色加工的是染色织物，也称色布、染色布；经过印花加工的是印花织物，也称印花布、花布；由经过练漂、染色加工的纱线织成的织物是色织织物；先将染色与未染色纤维或纱条按一定比例混纺或混并制成并捻纱，再由并捻纱织成的织物叫色纺织物。

（5）按用途分类。织物可分为服装用织物、家用装饰织物、产业用织物和特种用途织物。

外衣、衬衣、内衣、袜子、鞋帽等织物属于服装用织物，简称服用织物；床上用品、室内装饰用布、卫生盥洗等用布属于家用装饰织物，也称家纺织物；传送带、窗子布、包装布、过滤布等织物属于产业用织物；在特殊环境中使用的织物为特种用途织物。

（6）按织物组织结构分类。织物可分为原组织、小花纹组织、复杂组织、大提花组织织物。

①原组织。是最简单的织物组织，又称基本组织。包括平纹组织、斜纹组织和缎纹组织三种。

②小花纹组织。由三种基本组织变化、联合而形成的，如山形斜纹、急斜纹等。

③复杂组织。包括二重组织（如多织成厚绒布、棉绒毯等）、起毛组织（如灯芯绒布）、毛巾组织（毛巾织物）、双层组织（毛巾织物）和纱罗组织。

④大花纹组织。也称提长花组织，可织出花鸟鱼虫、飞禽走兽等美丽图案。

2. 针织物分类

针织物是指由一组或几组纱线以线圈相互串套连接形成的织物。针织物具有良好的延伸性和弹性，手感柔软，透气散湿，但尺寸不稳定，易脱散、卷边、勾丝、起毛起球。

（1）按加工方法分类。可分为针织坯布和成形产品，前者主要用于制作内衣、外衣和围巾，后者主要有袜子、手套、羊毛衫等。

（2）按加工工艺分类。可分为纬编针织物和经编针织物。纱线沿纬向编织成圈而成的是纬编织物，大多为服用织物，如内衣、袜子、手套等；纱线沿经向编织成圈而成的是经编针织物，少量用于服装，大多用于装饰或工业。

3. 非织造布分类

非织造布是指由纤维、纱线或长丝用机械、化学或物理的方法结合成的片状物、纤网或絮垫。其特点是生产工艺流程短、效率高、原料加工适应性强、产品用途广泛。

（1）按厚薄分类。可以分为厚型非织造布和薄型非织造布。

（2）按使用强度分类。可以分为耐久型非织造布和用即弃非织造布（一次性用布）。

（3）按应用领域分类。可以分为医用卫生保健用非织造布、服装用非织造布、装饰用非织造布、工业用非织造布等。

（4）按加工方法分类。主要有干法非织造布、湿法非织造布和聚合物直接成网非织造布。

干法非织造布是先将短纤维在干燥状态下经过梳理设备或气流成网设备，制成单向的、双向的或三维的纤维网，然后经过化学黏合或热黏合等方法制成非织造布。

湿法非织造布是先将天然或化学纤维均匀地悬浮于水中，开松成单纤维，同时使不同纤维原料混合，制成纤维悬浮浆，再将悬浮浆输送到成网机构（移动的滤网），将水滤掉，使纤维均匀地铺在滤网上形成纤维网，经过压轧、黏结、烘燥成卷制成非织造布。因是在湿态下成网再加固成布而得名。

聚合物直接成网非织造布是利用化学纤维纺丝原理，在聚合物纺丝成形过程中使纤维直接铺置成网，纤网再经机械、化学或热方法加固制成非织造布。或利用薄膜生产原理直接使薄膜分裂成纤维状制品。

4. 编织织物

编织织物是指由一组或多组纱线相互之间用钩编串套或打结的方法编织而成的织物，如网罩、花边、手提包、渔网等。

二、织物规格

（一）机织物的规格

机织物的规格主要包括经纬纱的线密度、织物密度、织物紧度、织物组织、单位面积重量以及织物的长度、宽度和厚度等内容。其中，经纬纱线密度、经纬纱密度和织物组织是决定织物结构的三大要素，该三大要素决定着织物的紧密程度、厚度重量、经纬纱的屈曲状态、织物的表面状态与花纹，从而决定织物的性能与外观。

1. 经纬纱线密度

织物中经纬纱的线密度表示方法为：经纱的线密度×纬纱的线密度。

例如，13.1×13.1 表示经纬纱都采用线密度 13.1tex 的单纱；14.6×2×14.6×2 表示经纬纱都采用由两根 14.6tex 的单纱并捻的股线；14.6×2×29.2 表示经纱采用由两根 14.6tex 的单纱并捻的股线，纬纱采用 29.2tex 的单纱。

棉型织物在必要时可附注英制支数，如 14.6tex×14.6tex（40 英支×40 英支）。毛型织物以前采用公制支数，现在法定计量单位为线密度，故附注时应为公制支数。如精梳羊毛纱线线密度为 52.63tex×2～15.63tex×2（19 公支/2～64 公支/2）；粗梳型羊毛纱的纱线线密度为83.33tex～71.43tex（12～14 公支）或 83.33tex×2～38.46tex×2（12 公支/2～26 公支/2）。

2. 经纬纱密度

织物密度是指织物中经向或纬向单位长度内的纱线根数，用 M 表示，单位为根/10cm。

织物密度有经密和纬密之分，经密又称经纱密度，是织物中沿纬向单位长度内的经纱根数，用 M_j 表示；纬密又称纬纱密度，是织物中沿经向单位长度内的纬纱根数，用 M_w 表示。

习惯上，织物密度表示为：$M_j×M_w$。如 236×220 表示织物的经密是 236 根/10cm，纬密是 220 根/10cm。

表示织物经纬纱线密度和织物密度的方法是，将其线密度和织物密度自左向右进行联写：$Tt_j×Tt_w×M_j×M_w$。

大多数织物采用经密≥纬密的配置。当纱线直径相同时，密度越大，织物就越紧密、厚实、坚牢、硬挺；密度越小，织物越稀薄、柔软、透气、下垂。

对于化纤长丝织物，如塔夫绸、尼丝纺等，当经纬纱为相同线密度时，习惯上以 T 为单位表示织物经纬密度，T 为单位英寸经纬密度和，如 210T 尼丝纺就是指经纬密度和是每 1 寸 210 根〔（48.2+34）×2.54≈210〕。

3. 织物的组织

织物组织是指织物中经纬纱相互沉浮交错的规律。最简单的织物组织叫原组织，又称为基本组织。它包括平纹组织、斜纹组织和缎纹组织三种。

平纹组织是最简单的原组织，由两根经纱和两根纬纱一上一下构成一个组织循环，经纬纱交织最频繁，屈曲最多，织物挺括、布面平坦，质地坚牢，手感较硬，弹性较小，不耐折皱。通常需要平幅染整加工。

斜纹组织是指织物表面呈现出经纱或纬纱的浮点组成的斜向织纹的织物组织。在其他条件相同的情况下，与平纹织物相比，斜纹织物较柔软厚实，光泽好，较耐折皱，但坚牢度不及平纹织物。对于质地较疏松的斜纹织物在染整加工中可以采用绳状加工方式。

缎纹组织是指相邻两根经纱和纬纱上单独组织点均匀分布，但不相连续的织物组织，是原组织中最复杂的一种。缎纹组织包括经面缎纹和纬面缎纹两种。缎纹组织织物布面光滑匀整，光泽好，质地柔软，没有清晰的纹路，有明显的正反面之分。不耐折皱，必须采用平幅印染加工方式。

4. 单位面积质量

织物单位面积质量用每平方米织物所具有的质量（g）来表示，称为平方米克重。平方米克重取决于纱线的线密度和织物密度，是织物的一项重要规格指标，也是织物计算成本的重要依据。

棉织物的平方米克重常以每平方米的退浆干重来表示，范围一般在 $70\sim250g/m^2$；毛织物的平方米克重用每平方米的公定质量来表示，精梳毛织物的平方米公定重量范围一般为 $130\sim350g/m^2$，粗梳毛织物的平方米克重范围一般为 $300\sim600g/m^2$。而牛仔面料的单位面积质量一般用"盎司（OZ）"来表达，即每平方码面料重量的盎司数，如 7 盎司、12 盎司牛仔布等。丝织物在外贸中常用姆米为单位表示，姆米是日本蚕丝织物质量单位的译音缩写，是质量的习惯计算方法。如 18 姆米双绉、16 姆米素绉缎等，姆米与平方米克重的换算关系为：1 姆米 $=4.3056g/m^2$。

5. 织物的外形尺寸规格

（1）长度。织物的长度即匹长，以 m 为计量单位。匹长大小根据织物的用途、厚度、重量及卷装容量来确定。棉织物匹长一般在 $25\sim40m$；毛织物的大匹长一般为 $60\sim70m$，小匹长一般为 $30\sim40m$。

生产中常将几匹织物联成一段，称为"联匹"。一般厚织物采用 2 联匹，中厚织物采用 $3\sim4$ 联匹，薄型织物采用 $4\sim5$ 联匹。

（2）宽度。织物的宽度是指织物横向的最大尺寸，称为幅宽，单位为 cm。织物的幅宽通常根据织物的用途来确定，同时考虑织缩率和染整加工后的收缩程度。

棉织物有梭织机产品的幅宽有中幅和宽幅两类，中幅一般为 $81.5\sim106.5cm$，宽幅一般为 $127\sim167.5cm$；无梭机织产品的幅宽最大可以达到 $3\sim5m$。粗纺呢绒的幅宽一般为 143cm、145cm、150cm，精纺呢绒的幅宽为 144cm 或 149cm。

（3）厚度。织物厚度是指织物在一定压力下正反面间的垂直距离，以 mm 为计量单位。根据织物厚度不同可将织物分为薄型、中厚型和厚型织物三类。

影响织物厚度的主要因素有纱线的线密度、织物组织、纱线在织物中的弯曲程度等。织物厚度对其服用性能影响也很大，如厚度大的织物，保暖性、防风性好，透气性、悬垂性差。

6. 机织物规格的表示方法

织物规格一般有两种表示方法，即公制和英制。

（1）公制表示法。从左至右依次为：原料经丝（纱）线密度×纬丝（纱）线密度×经丝（纱）密度（根/10cm）×纬丝（纱）密度（根/10cm）×幅宽（cm）织物组织。

如：T150（tex）×300（tex）×523×283×147（cm）平纹。

（2）英制表示法。从左至右依次为：原料经纱支数（英支）×纬纱支数（英支）×经纱密度（根/英寸）×纬纱密度（根/英寸）×幅宽（英寸）织物组织。

如：JC40（英支）×40（英支）×133×72×58（英寸）平纹。

（二）针织物的规格

针织物的规格主要包括线圈长度、密度、未充满系数、厚度和平方米克重等内容。

1. 线圈长度

针织物的基本结构单元为线圈，它是一条三度空间弯曲的曲线。线圈长度是指组成一个线圈的纱线长度，单位为 mm。可用线圈拆散的方法进行测量，一般是测量 100 个线圈的纱线长度，然后取平均值。线圈长度决定了针织物的密度，并对织物的脱散性、延伸性、耐磨性、弹性、强力及抗起毛起球和勾丝性等产生影响。因此，线圈长度是针织物的一项重要指标。

2. 密度

针织物的密度是指针织物在单位长度内的线圈数，通常采用横向密度和纵向密度来表示。横向密度（简称横密）是指沿线圈横列方向在规定长度（50mm）内的线圈纵向行数，用 P_A 表示；纵向密度（简称纵密）是指沿线圈纵行方向在规定长度（50mm）内的线圈横列数，用 P_B 表示。

3. 厚度

针织物的厚度取决于它的组织结构、线圈长度和纱线线密度等因素，一般以厚度方向上有几根纱线直径来表示，也可以用织物厚度仪在试样处于自然状态下进行测量。

4. 平方米克重

针织物的平方米克重通常用每平方米的干燥质量（g）来表示，单位为 g/m^2。它是影响针织物质量的重要指标。

思考题

1. 按照化学组成及来源分类，常用纺织纤维有哪些？

2. 常用纺织纤维的耐酸、耐碱性如何？

3. 常用纺织纤维染色的适宜 pH 范围是多少？

4. 纺织纤维粗细程度的表示方法有哪些？

5. 各种纤维粗细程度的表示方法之间的转换关系是什么？

6. 织物组织结构有哪几种？

7. 不同组织结构的织物风格特征是什么？

复习指导

1. 熟记纺织纤维的概念、分类及来源，熟悉纺织纤维应具备的性能要求。

2. 掌握有关高分子化合物基本概念、结构特点、运动状态及力学性质。

3. 理解纤维结构与性能之间的基本关系，了解常见纤维结构与基本性能，了解新型纺织纤维发展现状。

4. 熟悉常用纤维标识代码。

5. 熟悉织物组织与规格分类。

参考文献

[1]《纺织品大全》（第二版）编辑委员会. 纺织品大全 [M]. 2 版. 北京：中国纺织出版社，2005.

[2] 魏雪梅. 纺织概论 [M]. 北京：化学工业出版社，2008.

项目六 染色基础样卡制作

本项目知识点

1. 熟练掌握染色打样用母液的配制方法。
2. 熟练掌握染色打样中的有关计算。
3. 熟练掌握染色打样的基本步骤。
4. 掌握常用染料小样浸染及轧染单色样的制作方法。
5. 掌握常用染料小样浸染及轧染三原色拼色样卡的制作方法。

染色打样是印染企业化验室的主要工作之一，也是染整生产过程的首要环节。具体来讲，染色打样工作的内容包括三个方面：单色打样、拼色打样及来样仿色打样（也称配色打样）。通常把前两种打样称为基础染色打样，打样后整理的样卡称为基础样卡。因此，基础样卡制作包括单色样卡和拼色样卡制作两种。实际工作中，以上两种样卡作为配色打样的基础资料，可为配色打样工作者提供染料选择、用量确定及打样工艺条件制定等方面的支持，从而使配色打样得以快速顺利进行。而来样仿色打样即配色打样，则是在前两种样卡参照指导下，对客户送来的染色（或印花）产品，按照客户提出的色泽及质量要求，通过小样染色（或印制色标）试验，获得符合色泽等要求的染色小样结果。配色打样的目的是为工艺员合理制定染色大生产工艺提供依据。关于配色打样的具体工作程序见本教材第二篇。

任务一 样卡制作基础

PPT6：染料母液
配制的相关计算

一、常用染料（或助剂）母液的配制

在染色打样时，由于纤维小样质量小，因而需要的染料或助剂用量也相对较少，常常出现直接称量或吸量很难达到准确度要求的问题。这样，根据工作实际需要，常常把染料或助剂先配制成一定浓度的母液，再根据染色打样工艺处方，计算出吸量母液的体积，配制打样染液。而母液配制的方法根据染料或助剂的物理状态不同，可采取以下两种方法配制。

（一）由固体染料或助剂配制母液

1. 步骤

计算染料或助剂质量→称量→烧杯中溶解→转移置于容量瓶→洗涤烧杯至彻底（染料或助剂全部转移至容量瓶）→摇匀→定容→摇匀→润洗试剂瓶→母液转移至试剂瓶→贴标签。

2. 计算公式

$$m = C \times V \times 10^{-3} \qquad (1-6-1)$$

式中：m——所要固体染料（或助剂）的质量（g）；

　　　C——配制母液的浓度（g/L）；

　　　V——配制母液的体积（mL）。

3. 举例

配制体积为 250mL，浓度为 2g/L 的活性红 B-2BF 染料母液。

（1）计算染料质量：

$$m = 2 \times 250 \times 10^{-3} = 0.5 \text{（g）}$$

（2）将洗净干燥的玻璃表面皿（或小烧杯）置于电子天平上，清零。

（3）用药匙取固体染料，靠近表面皿，轻轻敲击药匙柄，倾倒染料于表面皿，至天平显示需要的质量要求。

（4）将表面皿中染料轻轻置于烧杯（若用小烧杯称量，则省掉该步骤），并用洗瓶冲洗表面皿，使其中的染料全部转移至烧杯中。

（5）烧杯中加少量软化水（或纯净水）将染料调成浆状，继续加水，玻璃棒搅拌至染料溶解。

（6）将溶解的染料溶液，用玻璃棒引流转移至 250mL 容量瓶中，并洗涤烧杯内壁及玻璃棒，至染料彻底转移至容量瓶为止（洗涤液无色为止）；加水大约至容量瓶的 3/4 处，平摇，将染液混合均匀。

（7）加水定容至容量瓶刻度，盖塞后充分摇匀（上下倒置混合均匀）。

（8）用少许配制的染料母液，润洗事先洗涤干净的试剂瓶 2~3 次，并将染料母液转移至试剂瓶中，贴好标签，备用。

4. 注意事项

目前化验室多用自动配液系统配制染料母液，更加快捷准确。自动配液系统配液操作详见第二篇项目五"计算机测配色"。

（二）由染料或助剂原液配制母液

1. 步骤

计算染料或助剂取量体积→润洗吸量管→吸取助剂→置于容量瓶→稀释至体积达容量瓶约 3/4 处，平摇混匀，并定容→加水定容至刻度→上下倒置约 10 次，摇匀→润洗试剂瓶→母液转移至试剂瓶→贴标签。

2. 计算公式

$$V_0 = C \times V \times 10^{-3} \qquad (1-6-2)$$

式中：V_0——所要原液的体积（mL）；

　　　C——配制母液的浓度（mL/L）；

　　　V——配制母液的体积（mL）。

3. 举例

配制体积为 250mL，浓度为 10mL/L 的冰醋酸母液。

（1）计算冰醋酸体积：

$$V = 10 \times 250 \times 10^{-3} = 2.5 \text{（mL）}$$

（2）取 5mL 规格的吸量管（事先洗涤干净），吸取少许冰醋酸润洗 2 次。

（3）用润洗过的吸量管吸取冰醋酸，并调整至计算量刻度。

（4）将吸取的冰醋酸直接置于 250mL 容量瓶中。

（5）加软化水（或纯净水）定容至容量瓶刻度，充分摇匀。

（6）用少许配制的冰醋酸母液，润洗事先洗涤干净的试剂瓶 2~3 次，并将冰醋酸母液转移至试剂瓶中，贴好标签，备用。

4. 注意事项

如果液体在稀释过程中有放热等现象，则吸取的助剂液体不能直接置于容量瓶稀释和定容；应先在烧杯中稀释冷却后，再转移至容量瓶。基本步骤如下：

计算染料或助剂取量体积→润洗吸量管→吸取染料或助剂→烧杯中搅拌稀释→转移至容量瓶→洗涤烧杯（染料或助剂全部转移至容量瓶）—至体积达容量瓶约 3/4 处，平摇混匀→加水定容至刻度→上下倒置约 10 次，摇匀→润洗试剂瓶→母液转移至试剂瓶→贴标签。

（三）由高浓度母液配制低浓度母液

1. 步骤

计算染料或助剂母液取量体积→润洗吸量管→吸取染料或助剂母液→置于容量瓶→稀释至体积达容量瓶约 3/4 处，平摇混匀，并定容→加水定容至刻度，上下倒置约 10 次，摇匀→润洗试剂瓶→母液转移至试剂瓶→贴标签。

2. 计算公式

$$C_1 \times V_1 = C_2 \times V_2 \tag{1-6-3}$$

式中：V_1——所要高浓度母液的体积（mL）；

C_1——高浓度母液的浓度（mL/L）或（g/L）；

V_2——配制母液的体积（mL）；

C_2——配制母液的浓度（mL/L）或（g/L）。

3. 举例

使用浓度为 20g/L 的染料母液，配制体积为 250mL，浓度为 2g/L 的染料母液。

（1）计算需要染料母液的体积：

$20 \times V_1 = 2 \times 250$，得出 $V_1 = 25$mL。

（2）取 25mL 规格的吸量管（事先洗涤干净），吸取少许母液润洗 2 次。

（3）用润洗过的吸量管吸取母液，并调整至计算量刻度。

（4）将吸取的母液直接置于 250mL 容量瓶中。

（5）加软化水（或纯净水）定容至容量瓶刻度，充分摇匀。

（6）用少许配制的母液，润洗事先洗涤干净的试剂瓶 2~3 次，并将染料母液转移至试剂瓶中，贴好标签，备用。

二、染色打样中的基本计算

（一）染色打样处方相关计算

1. 计算公式

（1）浸染染色时，染液体积需要量计算：

$$V = m \times f \qquad (1-6-4)$$

式中：V——染色所需染液体积（mL）或（L）；

m——染色小样质量（g）或（kg）；

f——染色浴比值。

（2）染料母液体积需要量计算：

$$V = \frac{m \times C}{C_0} \times 10^{-3} \qquad (1-6-5)$$

式中：V——所需染料母液体积（mL）；

m——染色小样质量（g）；

C——染色浓度（%）（owf）；

C_0——染料母液浓度（g/L）。

（3）助剂需要量计算：

$$m = C \times V \times 10^{-3} \qquad (1-6-6)$$

式中：m——所需助剂的质量（或体积）（g）或（mL）；

C——助剂浓度（g/L）；

V——染液体积（mL）。

2. 举例

例1 织物2g，浴比为1∶50，染料浓度为0.5%（owf），促染盐硫酸钠浓度为5g/L。问：（1）吸取2g/L的染料母液多少毫升？（2）称取硫酸钠质量多少克？（3）加水多少毫升？

解：根据浴比可知，配制染色液总体积为：50×2=100mL

（1）设吸取染料母液体积为V（mL），则有

$$织物质量（g）\times 0.5\% = 染料母液浓度（g/L）\times V（mL）\times 10^{-3}$$

$$V（mL）= \frac{2 \times 0.5\%}{2} = 5（mL）$$

（2）称取硫酸钠质量为：5g/L（促染盐浓度）×100mL（染液总体积）×10^{-3}=0.5（g）

（3）配制染液需加水的体积为：100-5=95（mL）

例2 吸取2g/L染料母液10mL，染2g织物，浴比为1∶50，此时染料的浓度为多少？

解：染料浓度 $= \dfrac{染料母液浓度（g/L）\times V（mL）\times 10^{-3}}{织物重（g）} \times 100\%$

$$= \frac{2 \times 10 \times 10^{-3}}{2} \times 100\% = 1\%$$

例3 活性染料同浴轧染工艺中，棉小样重5g，浸轧染液后称重为8.5g；若配制轧染液100mL，染液处方为：染料5g/L，碳酸氢钠10g/L，JFC2g/L；计算轧液率及各染化料用量为多少？

解：轧液率＝（8.5-5.0）÷5×100%＝70%

染料用量为：5×100×10⁻³＝0.5（g）

$$轧液率＝（8.5-5.0）÷5×100\%＝70\%$$

染料用量为：$5×100×10^{-3}＝0.5$（g）

碳酸氢钠用量为：$10×100×10^{-3}＝1$（g）

JFC用量为：$2×100×10^{-3}＝0.2$（g）

例4 若染料母液浓度为5g/L，织物质量为2g，打样时，染料处方浓度为5%（owf），助剂为20g/L，浴比1∶100，计算表1-6-1中问题。

表1-6-1　染色打样计算表

染料	实际用量（g）＝___?___（答案0.1）	吸取母液体积（mL）＝___?___（答案20）
助剂	实际用量（g）＝___?___（答案4）	
染液总体积（mL）	___?___（答案200）	
补加水体积（mL）	___?___（答案180）	

（二）调色中的加成与减成计算

加成与减成是印染生产中的调色术语。染色打样或生产中，将染色样与原样相比，反映二者色泽浓淡差异程度时，通常用"深几成"或"浅几成"表示。调色时，针对比原样深的染色样，需要通过降低染料浓度来调色；反之，若染色样比原样浅，就要提高染料浓度，增加染料用量。如染色样较原样深两成，调色就要减两成；反之，需要增加相应成数。一成为0.1，两成为0.2，依此类推。

1. 计算公式

（1）若需要增加浓度，加深后浓度＝原处方浓度×（1+成数）。

（2）若需要降低浓度，降低后浓度＝原处方浓度×（1-成数）。

2. 举例

例1 浸染时，一染色样使用活性艳红3BS浓度为1.2%，染色样与原样比较发现，较原样深了三成，计算调整后活性艳红3BS的浓度应是多少？

调整后活性艳红3BS浓度＝1.2%×（1-0.3）＝0.84%

例2 浸染时，一染色样使用活性金黄3RS浓度为1.2%，染色样与原样比较发现，较原样浅了四成，计算调整后活性金黄3RS的浓度应是多少？

调整后活性金黄3RS浓度＝1.2%×（1+0.4）＝1.68%

（三）染色生产中的基本计算

例1 织物长为1000m，每米质量为80g，浴比1∶20，染料1浓度为1%，染料2浓度为0.2%，食盐浓度为30g/L。问：织物总量、染液量、称取染料和食盐量、加水量各是多少？

解：织物总重为：$80×1000×10^{-3}＝80$（kg），染液总体积为：$20×80＝1600$（L）

称取染料1为：$80×1\%＝0.8$（kg）

PPT7：调色中的加成与减成计算

视频10：染色生产中的基本计算

PPT8：染色生产中的基本计算

称取染料 2 为：$80 \times 0.2\% = 0.16$（kg）

称取食盐为：$30 \times 1600 \times 10^{-3} = 48$（kg）

加水：1600L

例 2 某印染厂在 Q113 绳状染色机上用活性染料染棉织物，已知织物质量为 200kg，加入的染料重为 10kg，浴比 1：20，染色结束时，测得残液中的染液浓度为 1g/L，求该活性染料的上染百分率（染液密度视为 1g/mL，假设染色后染液量不变）。

解：染液总体积为：$20 \times 200 = 4000$（L）

染色后残余染料量为：$1 \times 4000 \times 10^{-3} = 4$（kg）

上染到纤维上的染料量为：$10 - 4 = 6$（kg）

该活性染料上染率为：$6 \div 10 \times 100\% = 60\%$

例 3 某织物在卷染时，配缸每卷布长 800m，幅宽为 1.15m，已知该织物的单位面积质量为 130g/m^2，从小样得知，染料用量是织物质量的 2.54%。问：（1）每卷布染色时，实际需染料多少？（2）若已知浴比为 1：4，需配制染液多少升？

解：（1）每卷布重量为：$130 \times 800 \times 1.15 \times 10^{-3} = 119.6$（kg）

称取染料重量为：$119.6 \times 2.54\% \approx 3.04$（kg）

（2）配制染液的体积为：$4 \times 119.6 = 478.4$（L）≈ 480（L）

任务二 染色打样的准备工作

一、贴样材料的准备

（一）贴样基本材料

笔、卡纸、直尺（或三角尺）、文具刀、塑料套装活页本、剪刀、固体胶或双面胶带、白纸等。

为了使基础样卡统一装订，便于资料保存，实际工作中，常把贴样用卡纸按设计好的贴样格式印制成品，成为专用贴样卡纸。

（二）卡纸样式准备

（1）单色样贴样卡纸尺寸：21cm×26.5cm，正面绘制表格，参考样式见表 1-6-2。

（2）二拼色样贴样卡纸尺寸：21cm×26.5cm，正面绘制表格，参考样式见表 1-6-3。

（3）三原拼色贴样卡纸尺寸：21cm×26.5cm，正面绘制等边三角形，边长 22cm，均分为 11 份。参考样式如图 1-6-1 所示。

表 1-6-2 ××染料单色样卡

染料（%, owf）	0.1	0.5	1	2	4
染色样					

续表

工艺				
固色样				
工艺				
备注				

表 1-6-3　××染料二拼色样卡

染料 1（%，owf）				
染料 2（%，owf）				
染色样				
工艺				
固色样				
工艺				
备注				

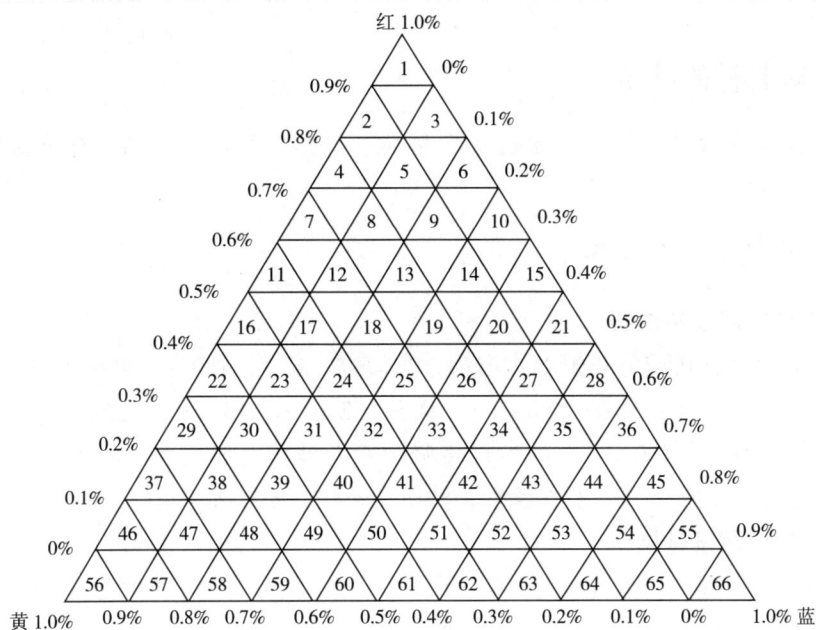

图 1-6-1　三原色拼色样卡

二、打样方案的制定

根据单色样或拼色样具体打样任务，打样者针对不同染料、染色工艺方法（浸染或轧染）及被染纤维种类等，将染料用量按浅、中、深色分成若干档浓度［浸染常用%（owf）表示，轧染常用 g/L 表示］，制定出打样基本工艺（染色处方、小样重量、染色浴比、温度、pH、时间等工艺条件）后，计算出打样时染料、助剂的取用量，即形成了染色打样的基本方案。方案的合理准确制定是保障染色打样质量的重要环节。

例如：直接染料单色样染色方案见表1-6-4。

表1-6-4　直接染料单色样染色方案示例

染色基本条件	（1）染色浴比1∶30，棉织物重4g/块，染料母液4g/L，平平加O母液5g/L （2）入染45~50℃，15min内升温至95~98℃，加促染剂，保温染30min			
染料浓度（%，owf）	0.2	1.0	2.0	3.0
染料母液体积（mL）	2	10	20	30
NaCl（g/L）	不加	4~7	8~15	18~20
称取NaCl（g）	0	0.48~0.84	0.96~1.8	2.16~2.4
平平加O（g/L）	0.3	0.5	0.5	0.5
平平加O体积（mL）	7.2	12	12	12
染液总体积（mL）	120	120	120	120
补加水的体积（mL）	111	98	88	78

三、打样器材的准备

在打样方案制定完成后，接下来的工作是准备打样实验用的仪器、纤维材料、染料助剂等。

（一）打样设备仪器准备

1. 浸染打样常用设备仪器

常温常压染色小样机或电热恒温水浴锅、高温高压染色小样机、电子天平（千分之一）或托盘药物天平、电熨斗；染杯（250mL）、烧杯（250mL、100mL）、容量瓶（常用250mL、100mL）、量筒（10mL、100mL）、各种规格吸量管、玻棒、表面皿、温度计（100℃）；电炉、搪瓷量杯、剪刀、吸耳球、胶头滴管、洗瓶、药匙、滤纸等。

2. 轧染打样常用设备仪器

连续轧染小样机（或小轧车）、烘箱、电子天平（千分之一）、量筒（10mL、100mL）、烧杯（500mL或250mL）、玻璃棒、电炉、搪瓷量杯（500mL或250mL）、小搪瓷茶盘或不锈钢茶盘、剪刀、药匙、聚氯乙烯薄膜等。

根据需要，将打样所需设备仪器检查并调试待用，把打样需要的玻璃仪器洗涤干净待用。

（二）纤维材料准备

1. 纤维材料品质要求

一般染色基础打样所用的纤维制品，主要包括纱线和织物（机织物或针织物）两种形式，各种纱线和织物种类主要有：棉、涤/棉、真丝、黏胶纤维、纯涤纶、羊毛、锦纶、腈纶等。为了保证染色色泽及染料上染率等，所用纤维制品需要用漂练半制品，如果为本色产品

（未经练漂前处理）需先经过洗涤去杂后再行染色打样。

2. 织物和纱线的取样量要求

（1）浸染备样。将织物裁剪成质量近似为2g/块或4g/块小样后精确称量，一般织物用4g/块，对于特别轻薄的织物可用2g/块。

（2）轧染备样。一般将织物裁剪成100mm×200mm，称重，记录质量。

（3）纱线备样。绕取纱线，精确称取质量为1g/份（或2g/份）。

当然，小样的质量也可根据织物厚薄或纱线粗细作适当调整，但其质量必须准确称量并记录。

（三）染料及其他染化药剂准备

1. 染料母液

为减小染料取用量误差，根据小样质量和吸量管的规格，一般将染料配成一定浓度的母液量取使用，染料母液的浓度常定为2g/L或4g/L。染料母液使用量取体积在1~10mL为宜。在溶解染料时，根据染料的性质不同，溶解的方法不同。

（1）直接染料、酸性染料、阳离子染料。这些染料的耐热稳定性相对较好，化料时先用温水将染料调成浆状，再冲沸水搅拌溶解。必要时，对溶解性差的直接染料可加入纯碱助溶。

（2）活性染料。该类染料不耐热，高温易水解，宜采用冷水调成浆状，再根据不同染料的水解稳定性采用合适温度的水溶解。

（3）还原染料。还原染料的溶解过程是还原反应过程。溶解时，要根据所用还原剂的还原条件来确定溶解的温度。如还原染料常用的还原剂是保险粉，在溶液中的最佳使用温度为60℃，温度过高会导致保险粉大量分解。

（4）分散染料。温度过高分散染料易结晶析出。化料时宜先用冷水调浆，再用60℃温水化料。

2. 表面活性剂母液

表面活性剂在染色中常用作缓染剂、分散剂及净洗剂。配制母液的浓度一般为5g/L或10g/L。

3. 其他染化药剂母液

染色中常用酸、碱类物质调节染色pH，用中性盐作促染或缓染药剂。当这些物质用量按工艺处方计算结果后，若取用量体积小于1mL或质量小于0.01g，则仍需配制母液后再取用，从而减小取用误差，方便操作。一般酸、碱、盐母液配制浓度为10mL/L、10g/L或20g/L。

4. 特别说明

常用各种染料为染料标准品；化料用水一般采用<25mg/kg（以$CaCO_3$计）硬度以下的软化水或纯净水；化工原料除注明等级外，一般采用工业品。

任务三　染色打样的基本步骤

纤维制品的染色生产方法，根据加工方式不同分为两大类，即浸染法和轧染法。两种方法各有其特点。例如，浸染法适合小批量，多品种产品的染色加工，设备占地小，单台机价格相对低，使用灵活性强。轧染法则突出体现为染色生产具有连续高效的优点，而且对某些染料如还原染料等更适合应用。相对应两种染色方法，染色打样也有浸染和轧染两种方式。

一、打样的基本常识

打小样的最终目的是制定合适的生产工艺，务必做到以下几点：

（1）打小样用水应与大样生产用水一致，避免水质问题造成大样与小样产生色光差异。

（2）打小样所用染料、助剂必须是同一批号、同一力份、同一牌号的。

（3）打小样时移取染料母液应合理选用吸管，尽可能不要用大吸管吸取小体积的染液。

（4）对于溶液不稳定的染料及助剂必须现配现用。

（5）对色应严格准确。

二、浸染打样的操作步骤

浸染法打样的基本步骤可表示为：被染物润湿→热源准备→配制染液→染色操作→整理贴样。

1. 织物（或纱线）润湿

将事先准备好的织物（或纱线）小样，放入温水（40℃左右）或冷水（对于低温染色的染料如 X 型活性染料等）中润湿浸透，挤干待用。

2. 热源准备

打开水浴锅加热，没有水浴锅者可用电炉间接水浴加热。

3. 配制染液

根据染料浓度、助剂用量及浴比配制染液。一般缓染剂在配制染液时加入，促染剂在染色一定时间（一般为 15min）后开始加入。

4. 染色操作

将配制好的染液放入水浴锅中加热至入染温度，放入准备好的织物开始染色，在规定时间内升至染色的最高温度，加入所用促染剂（对用量较大的可分 2~3 次加入）；加入时，先将织物提出液面，搅拌溶解后再将织物放入，染至规定时间，取出染样，水洗，皂煮（需要固色的要进行固色），水洗，最后熨干。

5. 整理贴样

将染色或固色后已经干燥的织物裁剪成适合样式表格大小的整齐方形或花边方形，在裁好的方形反面边沿处涂抹固体胶，对应粘贴在样卡上。注意，粘贴时各浓度样织物纹路方向要一致。

染色后的纱线可整理成小束后扭成"8"字形等，用胶带粘贴在样卡对应处。

6. 注意事项

（1）在染色开始的 5min 内和刚加入促染剂后 5min 内，染料上染较快，此时，需加强搅拌，以防染色不匀。

（2）在染色的整个过程中，要尽量防止织物暴露在液面外。

（3）染色时，织物要处于松弛状态，避免玻璃棒压住织物影响染液渗透。

（4）如果染色结束时染液的颜色较浓，说明染料的上染率低，此时应检查染色处方是否合理；若与染料的实际上染能力不相符（如活性染料一般较低，直接染料及酸性染料一般较高），则应调整助剂的用量重新染色。

（5）若出现染色不匀现象，必须重新染色。

7. 特别说明

分散染料的高温高压染色时，因染色小样机的特殊性，染杯是严格密封的。打样时，将染液按处方要求配好后，加入被染涤纶织物，盖好染杯盖，把染杯置于样机，按工艺要求设置升温曲线后运行，样机自动完成染色过程。

三、轧染打样的操作步骤

轧染法打样基本步骤可表示为：计算染料和助剂用量→配制轧染工作液→织物浸轧染液→烘干→固色操作→染后处理→整理贴样。

1. 计算染料和助剂用量

按准备好的染色方案，计算配制 100mL 染液染料和助剂用量。

2. 配制轧染工作液

用电子天平称取染料和必要的助剂，按一定方式化料，并按一定顺序加料于 100mL 烧杯中，搅拌均匀并加水至规定液量（100mL）待用。

3. 织物浸轧染液

将配好的染液倒入事先准备好的方形搪瓷（或不锈钢）小茶盘，把准备好的干织物平放入染液，使染液浸渍润透织物约 10s，取出织物紧贴小轧车压辊并开车均匀挤压（按轧液率要求事先调好压力）。一般浸轧方式采取室温下二浸二轧。

4. 烘干

浸染后的织物悬挂在烘箱内烘干，或连续轧染小样机（如 PT-J 型连续式压吸热固机）上直接进行红外线和热风烘干。

5. 固色操作

用于轧染的常见染料有活性染料、还原染料和分散染料热溶染色。由于上染原理不完全相同，结合化验室仪器设备情况，可以采用的固色方式不尽相同。固色操作方法有以下几种：

（1）将烘干的小样直接置于蒸箱内，按规定温度和时间汽蒸固色。

（2）将烘干后的小样置于烘箱内，按规定温度和时间焙烘固色；或连续轧染小样机（如 PT-J 型连续式压吸热固机）直接将经红外线和热风烘干的织物，导入焙烘室焙烘固色。

（3）将烘干后的小样浸渍固色液后置于蒸箱内，按规定温度和时间汽蒸固色，如活性染料二浴法轧染、还原染料悬浮体轧染。

（4）将烘干后的小样浸轧固色液后，再用聚氯乙烯薄膜将小样上下包盖，赶尽气泡后，置于烘箱内，按规定温度和时间固色（模拟汽蒸）。

6. 染后处理

活性、还原和分散染料的染后处理有一定区别。

（1）活性染料。将固色后的织物经冷水洗、皂洗、水洗、烘干（熨干）。

（2）还原染料。将固色后的织物经水洗、氧化、水洗、皂煮、水洗、干燥（熨干）。

（3）分散染料。将固色后的织物经水洗、还原清洗（浅色皂洗即可）、水洗、干燥（熨干）。

7. 整理贴样

同浸染法步骤5。

任务四　常用染料浸染法单色样卡制作

所谓单色样卡，是印染实验室对使用的每只染料，选择确定一系列不同档浓度后，采用相同的染色工艺，对同种纤维制品进行染色，将所得色样整理后，对应粘贴在卡纸上制作成的样卡。通常在生产上，印染企业通过单色样卡直观地了解染料力份。同时，制作单色样卡的过程中，对该染料的染色性能如匀染性、上染速率、上染率等也做了解和记录，为车间生产使用该染料应该注意的问题提供依据。所以，印染化验室的工作之一就是对购入的每一只染料，首先进行单色样卡制作即打单色样。

为了便于保存各染料对不同织物的染色单色样，贴样后统一装订，贴样格式参见任务二"表1-6-2　××染料单色样卡"。

一、直接染料染棉单色样卡制作

1. 染色处方 （表1-6-5）

表1-6-5　直接染料单色样染色处方及工艺

染料浓度（%，owf）		0.1	0.5	1.0	2.0
食盐（g/L）		0	2~3	4~7	8~15
平平加O（g/L）		0.3	0.3	0.5	0.5
固色工艺	固色剂（%，owf）	无醛固色剂HG：1~6			
	温度（℃）	30~50			
	时间（min）	15~20			
	浴比	1：（20~30）			

2. 染液配制方案 （表1-6-6）

表1-6-6　直接染料染液配制方案

染色基本条件	浴比1：30，棉织物小样4g/块，染料母液4g/L，平平加O母液5g/L			
染料浓度（%，owf）	0.1	0.5	1.0	2.0
染料母液体积（mL）	1	5	10	20
食盐（g/L）	0	2~3	4~7	8~15
称取食盐（g）	0	0.24~0.26	0.48~0.84	0.96~1.8

续表

平平加 O（g/L）	0.3	0.3	0.5	0.5
平平加 O 母液体积（mL）	7.2	7.2	12	12
染液总体积（mL）	120	120	120	120
补加水的体积（mL）	112	108	98	98

3. 染色操作

润湿并挤干的小样织物于 50℃左右入染，在 15min 内升温至 95~98℃，取出织物，加入食盐（若用量较高，必须分 2 次加入，第 2 次在第 1 次加入 15min 后进行）搅拌溶解后重新放入织物染色 30min，取出织物，冷水充分洗涤，剪取部分试样，熨干后贴于单色样卡的"染色样"一栏中。剩余试样进行固色（40~50℃，15min），40~50℃温水洗涤后熨干，剪样并将固色样贴于"固色样"一栏中。

4. 工艺曲线

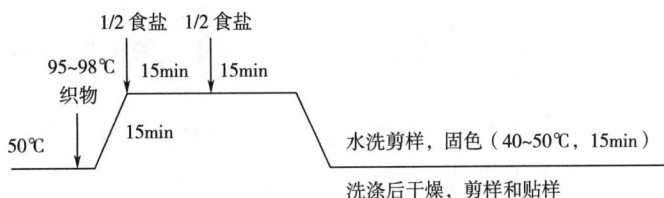

说明：对于黏胶纤维织物，为提高匀染性，入染温度降为 40℃，并适当延长染色时间 10~15min。

二、活性染料染棉单色样卡制作

1. 染色处方及工艺条件（表 1-6-7）

表 1-6-7　活性染料染色处方及工艺（一浴两步法）

染料浓度（%，owf）	0.1	0.5	1.0	2.0
食盐（g/L）	5	10	15	20~40
纯碱（g/L）	X 型：8 其他：10	X 型：12 其他：12	X 型：15 其他：15	X 型：15 其他：15
染色温度（℃）	X 型：20~30；KN 型、B 型、雷玛唑型：40~60；K 型：40~70；M 型：60~90			
染色时间（min）	20~40（视色泽浓淡和染料性能）			
固色温度（℃）	X 型：20~30；KN 型、B 型、雷玛唑型：60~75；K 型：85~95；M 型：60~95			
固色时间（min）	30~40（视色泽浓淡和染料性能）			
皂洗工艺	中性皂（合成洗涤剂）（g/L）		2~3	
	温度（℃）		95~98	
	时间（min）		5~10	

2. 染液配制方案 （表1-6-8）

表1-6-8　活性染料染液配制方案 （一浴两步法）

染色基本条件	浴比1：30，棉织物小样4g/块，染料母液4g/L			
染料浓度 （%，owf）	0.1	0.5	1.0	2.0
染料母液体积 （mL）	1	5	10	20
食盐 （g/L）	5	10	15	20~40
称取食盐 （g）	0.6	1.2	1.8	2.4~4.8
纯碱 （g/L）	X型：8 其他：10	X型：12 其他：12	X型：15 其他：15	X型：15 其他：15
称取纯碱 （g）	X型：0.96 其他：1.2	X型：1.44 其他：1.44	X型：1.8 其他：1.8	X型：1.8 其他：1.8
染液总体积 （mL）	120	120	120	120
补加水的体积 （mL）	119	115	110	100

3. 染色操作

（1）织物放入温水（40℃左右）或冷水（对于低温染色的染料如X型活性染料等）中润湿，挤干待用。

（2）吸取染料母液，补加水至规定染液液量，加入食盐促染剂，搅匀。

（3）将配制好的染液放入水浴锅中加热至入染温度，放入准备好的织物开始染色，在规定时间内升至染色的最高温度，续染至规定时间。

（4）取出织物，染液中加碱，溶解均匀后，重新放入织物，在规定温度下固色至规定时间，水洗，皂煮，水洗，最后熨干、剪样和贴样。

4. 工艺曲线

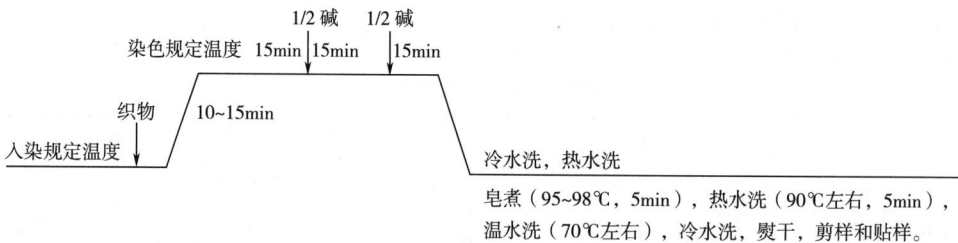

皂煮（95~98℃，5min），热水洗（90℃左右，5min），温水洗（70℃左右），冷水洗，熨干，剪样和贴样。

5. 特别说明

（1）对于匀染性较差的活性染料，为保证染色均匀，可适量加入匀染剂。

（2）染色处方中染色和固色温度给定了一个范围，对于不同染色性能的染料要选择适当的染色和固色温度进行染色。

（3）活性染料的促染剂一般可在染色开始时加入，对于匀染性较差的染料则必须在染色10~15min后加入。

（4）若是对纱线染色，染色总时间可缩短为15~30 min，相应的，促染剂及固色碱剂的加入时间提前。

（5）活性染料的溶解化料方法：先用少量水（X型用冷水，其他类型可用40~60℃温水）调成浆状，再加入适当温度的水溶解，各种类型的活性染料溶解温度见表1-6-9。

表1-6-9　各类活性染料的溶解温度

染料类型	溶解温度（℃）	染料类型	溶解温度（℃）
X型	30~40	M型	60~70
K型	70~80	B型	<80
KN型	60~70		

例如：活性翠蓝G的溶解度较低，较好的溶解方法是先用冷水将染料搅成浆状，再用60℃左右的温水搅拌溶解。如果染料用量较多，可加入3~5倍尿素助溶。活性翠蓝G不可用沸水直接溶解，沸水会使染料黏结，很难化开。

（6）活性染料的染色工艺也可以采用恒温染色法，如中温型活性染料恒温染色工艺曲线：

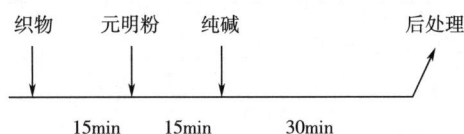

三、酸性染料染蛋白质纤维单色样卡制作

1. 强酸性染料对羊毛的染色

（1）染液处方及染液配制方案（表1-6-10）。

表1-6-10　强酸性染料染色处方及染液配制方案

染色基本条件	浴比1：50，羊毛小样2g/份，染料母液2g/L，H_2SO_4母液10g/L，元明粉母液20g/L			
染料浓度（%，owf）	0.1	0.5	1.0	2.0
染料母液体积（mL）	1	5	10	20
98%硫酸（%，owf）	2	2	3	4
硫酸母液体积（mL）	4	4	6	8
元明粉（%，owf）	5	5	10	10
元明粉母液体积（mL）	5	5	10	10
染液总体积（mL）	100	100	100	100
补加水的体积（mL）	90	86	74	62

（2）染色操作。吸取染料母液、元明粉母液，补加规定量的水于染杯中，混匀；染杯置于水浴加热至30℃左右，将湿润并挤干的小样入染，在30min内升温至95~98℃，取出小样，加入硫酸母液（若用量较高，可分2次加入，第2次在第1次加入15min后进行），搅拌均匀

后重新放入小样染色30min，取出小样，冷水充分洗涤，干燥后，整理贴于单色样卡的"染色样"一栏中。

（3）工艺曲线。

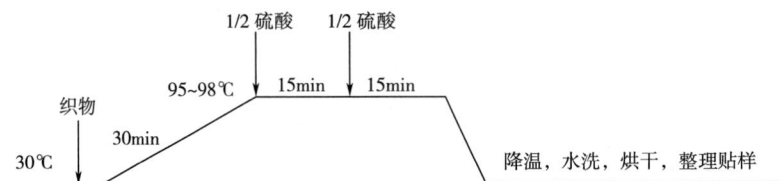

2. 弱酸性染料染真丝

（1）染液处方及配制方案（表1-6-11）。

表1-6-11 弱酸性染料染液处方及配制方案

染色基本条件	浴比1：30，真丝织物小样4g/块，染料母液4g/L，平平加O母液，10g/L冰醋酸母液10mL/L，pH＝4～4.5			
染料浓度（%，owf）	0.1	0.5	1.0	2.0
染料母液体积（mL）	1	5	10	20
冰醋酸（mL/L）	0.5	0.5	0.5	0.5
冰醋酸母液体积（mL）	6	6	6	6
食盐（g/L）	0	0	2.0	5.0
称量食盐（g）	0	0	0.24	0.6
平平加O（g/L）	0.5	0.5	0.33	0.25
平平加O母液（mL）	6	6	4	3
染液总体积（mL）	120	120	120	120
补加水的体积（mL）	107	103	100	91

注 若染色真丝织物轻薄，则小样可定为2g/块，浴比为1：50。染色处方中食盐和醋酸的用量要根据染料的上染能力及匀染能力及时调整。若需固色时，采用与直接染料相同的固色工艺进行固色处理。

（2）染色操作。称量食盐，吸取冰醋酸母液、染料母液于染杯中，补加规定量的水，混匀；染液在水浴中加热至50～60℃左右时，把润湿并挤干的真丝小样入染，在15min内升温至95～98℃，继续染色45min，取出小样，冷水充分洗涤，干燥后，整理剪样，贴于单色样卡的"染色样"一栏中。

（3）工艺曲线。

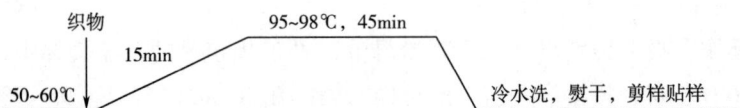

四、还原染料隐色体染棉单色样卡制作

1. 染色处方及工艺（表1-6-12）

表1-6-12 还原染料隐色体染色处方及工艺

染色基本条件	棉织物小样4g/块，浴比1∶50											
染料浓度（%，owf）	0.5			1.0			2.0			4		
染色方法	甲	乙	丙	甲	乙	丙	甲	乙	丙	甲	乙	丙
32.5%烧碱（mL/L）	25	10	10	25	10	10	30	15	15	30	16	16
保险粉（g/L）	5	5	5	7	7	7	10	8	8	10	9	9
食盐（g/L）	8	10	—	10	15	—	15	20	—	—	—	—
染色基本条件	棉织物小样4g/块，浴比1∶50											
太古油	数滴（以染料调成浆状为标准）											
还原温度（℃）	甲法：60，乙法：50，丙法：50											
染色温度（℃）	甲法：60，乙法：50，丙法：50											
氧化方法	一般：空气或水浴氧化 难氧化的：过硼酸钠3g/L，30~50℃，10min；重铬酸钠1~2g/L，50~70℃，10min；次氯酸钠1.5~3g/L，室温，15~30min											
皂煮	肥皂4g/L，纯碱3g/L，浴比1∶30，90~95℃，10min											

注 还原染料隐色体特殊法染色应用较少，因此未列入染色处方中。

2. 染色操作

（1）染液配制。还原染料还原成隐色体而溶解，还原方法有以下两种。常见染料的还原方法选择见表1-6-13。

表1-6-13 常用染料的还原方法

染料名称	还原方法	染料名称	还原方法
还原黄GCN	干缸还原	还原蓝RSN	全浴还原
还原黄6GK	干缸还原	还原蓝BC	全浴还原
还原艳橙RK	干缸还原	还原艳绿FFB	干缸还原
还原艳桃红R	干缸还原	还原橄榄绿B	干缸还原
还原大红R	全浴还原	还原卡其2G	干缸还原
还原黄C	干缸还原	还原橄榄R	干缸还原

干缸还原法：称取染料放入小烧杯中，加太古油数滴调成浆状，用热水（约50mL）调匀，然后加入2/3的烧碱，并使染浴量约为全浴量的1/3，升至规定还原温度后，加入2/3的保险粉，保温还原10~15min，直至染液澄清（或将染液滴于滤纸上，无浮渣出现）；

另外，预先在染杯内加入剩余的烧碱和保险粉及水。然后将上述干缸还原液加入，即组成染液。

全浴还原法：在染杯内加入称好的染料，滴加太古油调成浆状，用少量热水调匀，然后加入烧碱，加入水至全浴量，升至规定还原温度后加入保险粉，保温还原10~15min至染液澄清。

（2）染色工艺曲线。

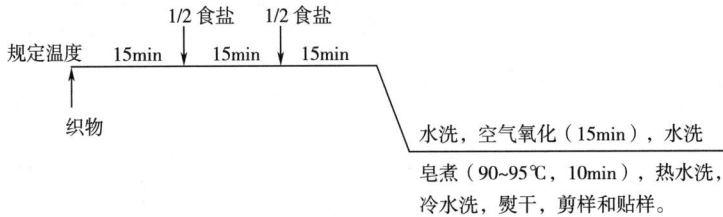

（3）染色操作。置染杯于水浴锅中，将温度升至规定染色温度，把经充分润湿并挤干的试样放入染液中，染色15min加入1/2食盐（甲法不加），再过15min加入另外的1/2食盐，继续染色15min，取出试样，均匀挤干，摊开放在空气中氧化15min，水洗（剪取部分试样，贴样，以做对比），皂煮（90~95℃，10min），热水洗，冷水洗，熨干，剪样和贴样。

3. 注意事项

在染色过程中要防止织物暴露在液面外；要每隔10~15min检查一次氢氧化钠和保险粉是否足量（检验NaOH的方法：用pH试纸检验，染色液pH保持在13左右。检验保险粉的方法：还原黄G试纸在3s内由黄变蓝，若变蓝较慢，说明保险粉的量已不足），若不足量，会使隐色体过早氧化从而影响上染，此时，需适量补加。

五、分散染料高温高压染涤纶单色样卡制作

1. 染色处方及皂洗或还原清洗处方（表1-6-14和表1-6-15）

表1-6-14　分散染料高温高压染色处方

染色基本条件	涤纶织物2g/块，浴比1∶50，pH=4.5~5.5，染料母液2g/L，冰醋酸母液10mL/L			
染料浓度（%，owf）	0.1	0.5	1.0	2.0
染料母液体积（mL）	1	5	10	20
冰醋酸（mL/L）	0.4	0.4	0.4	0.4
冰醋酸母液体积（mL）	4	4	4	4
扩散剂（g/L）	2	1.5	1	0.5
称量扩散剂（g）	0.2	0.15	0.1	0.05
染液总体积（mL）	100	100	100	100
补加水的体积（mL）	95	91	86	76

表 1-6-15　皂洗或还原清洗处方

用剂	肥皂（g/L）	纯碱（g/L）	保险粉（g/L）	平平加 O（g/L）	温度（℃）	时间（min）
皂煮清洗	2	2	—	—	98~100	10
还原清洗	—	1~2	1~2	1	75~85	10~15

2. 工艺曲线

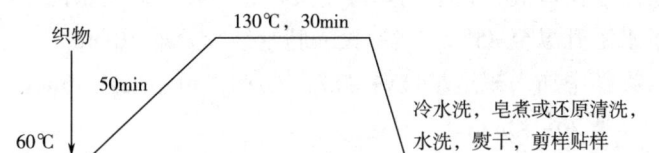

3. 染色操作

（1）吸取扩散剂、冰醋酸、染料母液于不锈钢染杯，并补加水至总染液液量，混匀。

（2）将染杯置于水浴加热至 60℃时，把充分润湿挤干的织物放入染杯中，盖好染杯盖并拧紧。

（3）将染杯置于红外线高温高压样机中，关好样机门，设定好工艺参数后，开机运行，直至染色机按程序完成染色。

（4）取出染杯和织物，进行水洗和皂煮或还原清洗，最后经水洗，熨干，剪样和贴样。

六、阳离子染料染腈纶单色样卡制作

1. 染色处方及染液配制方案（表 1-6-16）

表 1-6-16　阳离子染料染色处方及染液配制方案

染色基本条件	腈纶纱线质量为 2g/份，浴比 1∶50，染料母液 2g/L，冰醋酸母液 10g/L（近似为 10mL/L），醋酸钠母液 10g/L，匀染剂 5g/L			
染料浓度（%，owf）	0.1	0.5	1.0	2.0
染料母液体积（mL）	1	5	10	20
冰醋酸（%，owf）	3.0	3.0	2.0	2.0
冰醋酸母液体积（mL）	6	6	4	4
醋酸钠（%，owf）	1.0	1.0	1.0	1.0
醋酸钠母液体积（mL）	2	2	2	2
匀染剂 1227（%，owf）	0.5	0.5	0.5	0.5
匀染剂母液体积（mL）	2	2	2	2
染液总体积（mL）	100	100	100	100
补加水体积（mL）	89	85	82	72
pH	3.0~4.5	3.0~4.5	4.0~5.0	4.0~5.0

2. 工艺曲线

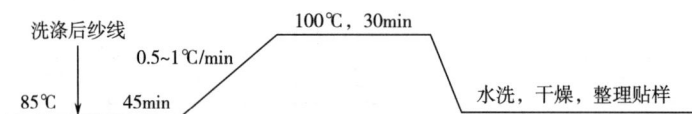

3. 染色操作

（1）吸取规定量醋酸钠母液、匀染剂母液于染杯，并补加规定量的水配成溶液，混匀。

（2）将染杯置于水浴升温至85℃，然后投入腈纶纱线处理10min。

（3）取出纱线，染杯中加入规定量染料母液，在85℃恒温染色45min，并不断翻动试样。

（4）升温至沸，续染20~30min。

（5）取出染杯，让其自然降温至50℃，取出试样，水洗，熨干，整理贴样。

七、弱酸性染料染锦纶单色样卡制作

1. 染色处方及染液配制方案（表1-6-17）

表1-6-17　弱酸性染料染色处方及染液配制方案

染色基本条件	浴比1:50；锦纶织物小样2g/块；染料母液2g/L，净洗剂LS母液10g/L，冰醋酸母液10g/L（近似为10mL/L），pH＝3~6			
染料浓度（%，owf）	0.1	0.5	1.0	2.0
染料母液体积（mL）	1	5	10	20
冰醋酸（%，owf）	0.5	1.0	2.0	3.0
冰醋酸母液体积（mL）	1	2	4	6
净洗剂LS（%，owf）	3.0	3.0	2.0	2.0
净洗剂母液体积（mL）	6	6	4	4
染液总体积（mL）	100	100	100	100
补加水的体积（mL）	92	87	82	70

2. 工艺曲线

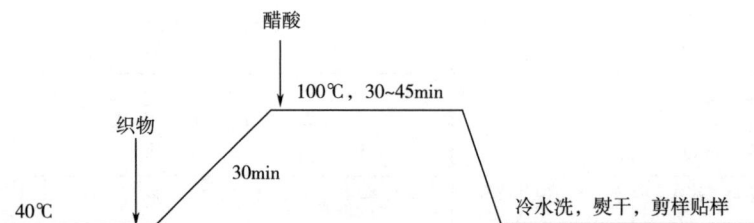

3. 染色操作

（1）吸取规定量的染料母液、净洗剂LS母液于染杯中，补加规定量的水，混匀。

（2）将染液在水浴中加热至40℃左右时，把已润湿并挤干的锦纶小样入染，在30min内升温至95~100℃，取出小样，加入醋酸（若用量较高，可分两次加入，第二次在第一次加入15min后进行）搅拌均匀后重新放入小样染色30~45min，取出小样。

（3）水洗，熨干，整理剪样，贴于单色样卡的"染色样"一栏中。

任务五　常用染料（涂料）轧染法单色样卡制作

一、活性染料轧染单色样卡制作

活性染料轧染工艺方法可分为两种：染料碱剂一浴法、染料碱剂二浴法，另外，活性染料还可以用冷轧堆法实施染色，各方法单色打样工艺如下。

（一）染料碱剂一浴法

1. 工艺流程

小样浸轧染液（二浸二轧，轧液率70%）→烘干（80~90℃）→汽蒸或焙烘→水洗（先冷水后热水）→皂洗（皂粉3g/L，浴比1∶30，温度95℃以上，3~5min）→水洗（先热水后冷水）→熨干→整理贴样。

2. 染液组成及工艺条件（表1-6-18、表1-6-19）

表1-6-18　X型、KN型活性染料一浴法轧染工艺方案

染料（g/L）	0.5	1.0	2.0	5.0	10	20
NaHCO$_3$（g/L）	3	5	8	10	15	20
润湿剂（g/L）	2	2	2	2	2	2
防泳移剂（g/L）	10	10	10	10	10	10
汽蒸固色工艺	100~103℃，0.5~2min					
焙烘固色工艺	120~140℃，2~4min					
备注	纯棉布小样尺寸：100mm×200mm					

表1-6-19　M型活性染料一浴法轧染液处方

染料（g/L）	0.5	1.0	2.0	5.0	10	20
NaHCO$_3$（g/L）	4	6	10	15	20	25
润湿剂（g/L）	2	2	2	2	2	2
防泳移剂（g/L）	10	10	10	10	10	10
汽蒸固色工艺	100~103℃，1~2min					
焙烘固色工艺	120~160℃，2~4min					
备注	K型活性染料的碱剂用纯碱或磷酸钠，用量与以上处方相同；汽蒸固色时时间为3~6min；焙烘固色时温度为150~160℃					

3. 染色操作

（1）计算染料和助剂用量。按处方方案，计算配制100mL染液染料和助剂用量。

（2）配制轧染工作液。电子天平称取染料置于250mL烧杯中，滴加渗透剂调成浆状，用少量纯净水溶解，再加入已经溶解好的防泳移剂、碳酸氢钠溶液，搅拌均匀，并加水至规定液量待用。

（3）织物浸轧染液。将准备好的干织物投入染液，室温下二浸二轧，每次浸渍时间约10s。

（4）烘干。浸染后的织物悬挂在烘箱内在80~90℃下烘干。

（5）固色。烘干的小样置于蒸箱内，按规定温度和时间汽蒸固色；或烘干后的小样置于烘箱内，按规定温度和时间焙烘固色。

（6）染后处理。将固色后的织物经冷水洗、皂洗、水洗、烘干。

（7）整理贴样。

4. 注意事项

（1）织物浸轧液应均匀，浸轧前后防止织物碰到水滴。

（2）KN型活性染料，若采用焙烘法固色，除酞菁结构外，一般不加尿素，防止碱性高温条件下尿素与KN型染料的活性基反应。

（3）一浴法更适合反应性较强的活性染料（如X型），二浴法较适合反应性较弱的活性染料（如K型）。

（二）染料碱剂二浴法

1. 工艺流程

浸轧染液（二浸二轧，轧液率70%）→烘干（80~90℃）→浸渍固色液（室温，5~10s）→汽蒸（100~103℃，1min）→后处理（同染料碱剂一浴法）。

2. 染液及固色液参考处方（表1-6-20、表1-6-21）

表1-6-20 X型、KN型活性染料二浴法轧染染液、固色液处方

轧染液	染料（g/L）	0.5	1.0	2.0	5.0	10	20
	润湿剂（g/L）	2	2	2	2	2	2
	防泳移剂（g/L）	10	10	10	10	10	10
固色液	纯碱（g/L）	3	5	8	10	15	20
	元明粉（g/L）	50	50	50	60	60	60

表1-6-21 B型、K型、M型活性染料二浴法轧染染液、固色液处方

轧染液	染料（g/L）	0.5	1.0	2.0	5.0	10	20
	润湿剂（g/L）	2	2	2	2	2	2
	防泳移剂（g/L）	10	10	10	10	10	10
固色液	烧碱（g/L）	3	5	8	10	15	20
	食盐（g/L）	50	50	50	60	600	60

3. 染色操作

（1）计算染料和助剂用量。按处方方案，计算配制 100mL 染液染料和助剂用量。

（2）配制轧染工作液。用电子天平称取染料置于 250mL 烧杯中，滴加渗透剂调成浆状，加少量水溶解，再加入已经溶解好的防泳移剂搅拌均匀，并加水至规定液量待用。

（3）织物浸轧染液。将准备好的干织物投入染液，室温下浸轧染液。二浸二轧，每次浸渍时间约 10s。

（4）烘干。浸染后的织物悬挂在烘箱内烘干。

（5）配制碱固色液。按处方方案，计算配制 100mL 固色液碱剂和食盐用量，电子天平称取固色碱、食盐钠置于 250mL 烧杯中，加水溶解并稀释至规定液量，搅拌均匀待用。

（6）浸渍固色液。烘干后的织物浸渍固色液后立即取出，平放在一片聚氯乙烯塑料薄膜上，并迅速盖上另一片薄膜，压平至无气泡。

（7）汽蒸固色。将盖有薄膜的小样置于烘箱内，按规定温度和时间汽蒸固色。

（8）染后处理。将固色后的织物经冷水洗、皂洗、水洗、烘干。

（9）整理贴样。

（三）冷轧堆法

1. 工艺流程

小样浸轧染液（室温，二浸二轧，轧液率60%）→塑料薄膜包封→室温堆置→染后处理（同染料碱剂一浴法）。

2. 轧染液参考处方（表 1-6-22~表 1-6-24）

表 1-6-22　X 型活性染料冷轧堆染液配制处方

染料（g/L）	0.5	1.0	2.0	5.0	10	20
尿素（g/L）	—	—	—	—	20	30
纯碱（g/L）	2	3	5	8	10	20
备注	轧染后室温堆置时间为 3~5h					

表 1-6-23　B 型、M 型、KN 型活性染料冷轧堆染液配制处方

染料（g/L）	0.5	1.0	2.0	5.0	10	20
尿素（g/L）	—	—	—	—	20	30
30%烧碱（g/L）	5	5	6	6	10	10
35%水玻璃（g/L）	60	60	70	70	70	70
备注	轧染后室温堆置时间为 8~10h					

表 1-6-24　KE 型、K 型活性染料冷轧堆染液配制处方

染料（g/L）	0.5	1.0	2.0	5.0	10	20
尿素（g/L）	—	—	—	—	20	30
30%烧碱（g/L）	10	12	15	20	25	30

35%水玻璃（g/L）	60	60	60	70	70	70
备注	轧染后室温堆置时间：KE 型 15~18h，K 型 16~24h					

3. 染色操作

（1）计算染料和助剂用量。按处方方案，计算配制 100mL 染液染料和助剂用量。

（2）配制轧染工作液。用电子天平称取染料置于 250mL 烧杯中，少量水调匀，再加入已经溶解好的其他助剂（如尿素、碱剂、水玻璃）溶液，搅拌均匀并加水至规定液量。

（3）织物浸轧染液。将准备好的干织物投入染液，室温下浸轧染液。二浸二轧，每次浸渍时间约 10s。

（4）堆置固色。浸染后的织物用塑料薄膜包好，室温下放置规定时间。

（5）染后处理。将固色后的织物经冷水洗、皂洗、水洗、烘干（熨干）。

（6）整理贴样。

4. 注意事项

（1）织物浸轧液应均匀，浸轧前后织物防止碰到水滴。

（2）浸轧染液严格控制轧液率，并保证均匀浸轧。

（3）塑料薄膜包封时应平整、密封、无气泡

二、还原染料悬浮体轧染单色样卡制作

1. 工艺流程

浸轧染料悬浮液（室温，二浸二轧，轧液率 65~70%）→烘干（80~90℃）→浸轧还原液（室温，一浸一轧）→汽蒸（100~102℃，1min 左右）→水洗→氧化→皂洗（肥皂 5g/L，纯碱 3g/L，浴比 1∶30，95℃以上，3~5min）→水洗→烘干。

2. 染色工艺参考处方（表 1-6-25）

表 1-6-25　还原染料悬浮体轧染连续汽蒸还原法染色工艺

项目		浅色	中色	深色
悬浮染液	染料（g/L）	≤10	11~24	≥25
	扩散剂 NNO（g/L）	0.5~1.0	1.0~1.5	1.5
	渗透剂 JFC（g/L）	1	1.5	2
	防泳移剂（g/L）	10	10	10
还原液	烧碱（g/L）	15~20	20~25	≥25
	保险粉（g/L）	15~20	20~25	≥25
氧化	30%双氧水（g/L）	0.5~1.5		
	工艺条件	40~50℃，10~15min		
皂煮	肥皂（g/L）	5		
	纯碱（g/L）	3		
	工艺条件	浴比 1∶30，95℃以上，3~5min		

3. 染色操作

（1）计算相关染化药剂用量。按染料悬浮液处方方案，计算配制 100mL 染液染料和助剂用量；按还原液处方方案，计算配制 100mL 还原液保险粉、氢氧化钠的用量。

（2）配制染料悬浮液。用电子天平称取染料置于 250mL 烧杯中，滴加扩散剂和渗透剂 JFC 溶液调成浆状，加入少量水搅拌均匀，加水稀释至规定液量待用。

（3）织物浸轧染液。将准备好的干织物小样投入染液，室温下二浸二轧，每次浸渍时间约 10s。

（4）烘干。浸染后的织物悬挂在烘箱内烘干。

（5）配制还原液。用电子天平称取保险粉置于 250mL 烧杯中，加水溶解后加入氢氧化钠，加水稀释至规定液量搅拌均匀，待用。

（6）浸渍还原液。烘干织物浸渍还原液后立即取出，平放在一片聚氯乙烯塑料薄膜上，并迅速盖上另一片薄膜，压平至无气泡。

（7）汽蒸还原固色。将盖有薄膜的小样置于烘箱内，按规定温度和时间汽蒸还原。

（8）染后处理。将固色后的织物经水洗、氧化、水洗、皂煮、水洗、干燥。

（9）剪样和贴样。

4. 注意事项

（1）还原染料颗粒要细而匀（<2μm），以确保染料悬浮液稳定及还原速率。染色前应对染料的颗粒度进行检验。常用的简便方法是：取待检染料分散在含平平加 0.01g/L 的溶液中，配成 5g/L 的染料悬浮液，然后滴在滤纸上，染料向四周扩散形成圆形。若圆形的直径在 3~5cm，圆周内无水印，圆心无色点色圈，染料扩散均匀，干后外圈有一圈深色，则染料颗粒度符合要求。该方法称为滤纸渗圈测定法。

（2）织物保持平整且浸还原液时间要短，防止染料脱落。

（3）轧液应均匀，浸轧前后织物防止碰到水滴。

（4）调节小轧车压辊压力，保证需要的轧液率。

（5）烘干时防止染料产生泳移现象，因此温度一般控制在 80~90℃为宜；也可以先用电炉烘至半干，再置于烘箱内烘干。

（6）烘干后的织物冷却后，再浸渍还原液。

（7）塑料薄膜内空气应排尽，防止影响染料还原。

三、分散染料热熔法染色单色样卡制作

1. 工艺流程

浸轧染液（室温，二浸二轧，轧液率 45%）→烘干（80~90℃）→高温热熔（190~220℃，1~1.5min）→皂洗或还原清洗→热水洗→冷水洗→烘干→整理贴样。

2. 染色参考工艺（表 1-6-26）

3. 染色操作

（1）计算染料和助剂用量。按处方计算配制 100mL 染液染料和助剂用量。

（2）配制轧染工作液。电子天平称取染料置于 250mL 烧杯中，滴加渗透剂和少量水调成浆状，搅拌均匀并加水至规定液量待用。

表 1-6-26　分散染料热溶染色工艺方案

轧染液	染料（g/L）	0.5	1.0	2.0	5.0	10	20
	分散剂 JFC（g/L）	1	1	1	1	1	1
皂洗（适于浅色）	肥皂（g/L）	2	2	2	2	—	
	纯碱（g/L）	2	2	2	2	—	
	工艺条件	98~100℃，10min					
还原清洗（适于中深色）	保险粉（g/L）	—				2	2
	纯碱（g/L）	—				2	2
	平平加 O（g/L）	—				1	1
	工艺条件	—				75~85℃，10~15min	

（3）织物浸轧染液。将准备好的干涤纶织物投入染液，室温下浸轧染液。二浸二轧，每次浸渍时间约 10s。

（4）烘干。浸染后的织物悬挂在烘箱内烘干。

（5）固色。烘干的小样置于烘箱内，按规定温度和时间焙烘固色。

（6）染后处理。将固色后的织物经水洗、皂洗或还原清洗、水洗、干燥。

（7）整理贴样。

4. 注意事项

（1）织物浸轧液应均匀，浸轧前后织物防止碰到水滴。

（2）热溶染色需选用中、高温型分散染料，否则易升华。

（3）为防止染料泳移，小样浸轧染液后可先用电炉烘至半干，再置于烘箱内烘干。

四、冰染染料轧染单色样卡制作

1. 工艺流程

浸轧色酚打底液→色基重氮化→显色→后处理。

2. 轧染常用色酚打底液处方（表 1-6-27）

表 1-6-27　轧染常用色酚打底液处方

颜色	淡色	中色	浓色
色酚用量（g/L）	6 以下	6~12	12~18
氢氧化钠	色酚溶解需要量+游离氢氧化钠（3~5g/L）＝［色酚用量（g/L）/色酚相对分子质量］×氢氧化钠相对分子质量+游离氢氧化钠（3~5g/L）		
太古油（g/L）	3		

3. 根据色酚的用量计算色基及其他助剂用量

（1）色基的用量。因色基重氮化合物易分解损失，且多余的重氮盐较色酚直接性低而易从织物上洗净，在实际生产中，色基用量较色酚稍过量，物质的量比为 1：（1.05~1.1）（此比例是指色基含有一个氨基，色基与色酚以 1：1 的比例偶合）。即色基用量为：

色基用量（g/L）＝［色酚用量（g/L）/色酚相对分子质量］×色基相对分子质量＝［色酚的轧液率/色基的轧液率］×过量系数（1.01~1.1）。

常见色酚及色基的相对分子质量见表1-6-28、表1-6-29。注意：某些色基、色酚由于存在毒性目前已禁用。

表1-6-28　常见色酚的相对分子质量

色酚名称	相对分子质量	色酚名称	相对分子质量	色酚名称	相对分子质量
色酚 AS	263	色酚 AS-LB	336.5	色酚 AS-BO	313
色酚 AS-RL	293	色酚 AS-GR	298	色酚 AS-SW	313
色酚 AS-TR	311.5	色酚 AS-KN	334	色酚 AS-LG	589
色酚 AS-E	297.5	色酚 AS-S	383	色酚 AS-G	380
色酚 AS-BS	308	色酚 AS-SR	396	色酚 AS-L4G	278
色酚 AS-VL	307	色酚 AS-SG	382	色酚 AS-L3G	557
色酚 AS-BR	594	色酚 AS-BG	323		
色酚 AS-BT	363	色酚 AS-HR	357.5		

表1-6-29　常见色基的相对分子质量及使用条件

色基名称	相对分子质量	重氮化方法	适宜的偶合 pH	色基名称	相对分子质量	重氮化方法	适宜的偶合 pH
黄 GG	164	顺法	4~5	蓝 BB	216.5	顺法	6~7
橙 GC	164	顺法	4~5	蓝 B	300	顺法	6~7
大红 GGS	162	顺法	4~5	棕 V	244	顺法	4~5
大红 G	152	顺法	4~5	黑 B	320.5	顺法	7~8
大红 RC	240.5	顺法	4~5	橙 GR	248	逆法	4~5
红 KB	177.5	顺法	4~5	红 SGL	138	逆法	4~5
红 ITR	258	顺法	5.5~6.5	红 B	172.5	逆法	4~5
红 TR	140.5	顺法	5.5~6.5	紫酱 GP	168	逆法	4~5
青莲 B	257	顺或逆法	6~7	蓝 RT	168	顺法	7~8
红 RL	152	逆法	4~5				

（2）盐酸的用量。色基与盐酸的实际用量比为1：（2.5~3.0）（摩尔比）。

盐酸的用量（g/L）＝［色基用量（g/L）/色基相对分子质量］×盐酸相对分子量×过量系数（2.5~3.0），再换算成常用浓度19°Bé。

（3）亚硝酸钠的用量。色基与亚硝酸钠的用量比为1：（1.05~1.1）（摩尔比）。

亚硝酸钠用量（g/L）＝［色基用量（g/L）/色基相对分子质量］×亚硝酸钠相对分子质量×过量系数（1.05~1.1）。

（4）醋酸、醋酸钠或其他缓冲剂用量的确定。加入醋酸、醋酸钠或其他缓冲剂的目的是使显色液形成缓冲体系，其pH维持在一定范围内，使色基重氮化合物处于活泼状态，以利于偶合反应的顺利进行。这些助剂的用量可以根据缓冲液的pH分别计算，但此法较复杂，常用的各助剂的用量与pH的关系在《印染手册》中可以查到，在此不再赘述。一般根据经验，用pH试纸或酸度计测定显色液的pH。

4. 染色操作

（1）色酚打底。

①打底液的配制。称取一定量色酚置于染杯中，加入太古油调成浆后加热水（用水总量的1/10，80℃以上），加入2/3的氢氧化钠，在水浴中加热直到色酚全部溶解（溶液澄清）为止。然后加入剩余的热水及氢氧化钠搅拌均匀即得澄清溶液（若不完全澄清，可继续加热），保温于80℃待打底用。

②打底操作。取织物（棉布，不必润湿），投入打底液中，浸渍5min左右（以浸透为限），在轧车上经二浸二轧（温度为80℃左右）；烘干，用白纸包好（避免接触酸性物质），冷却待用。

（2）色基重氮化。色基重氮化，根据色基的性质不同，采用不同的重氮化方法。

①顺法重氮化操作。称取色基置于烧杯中，先用约1/10的沸水调成浆状，加入盐酸搅匀后再加入约1/10的沸水，使色基充分溶解（如不溶解可适当加热），然后加入冰水冷却至5℃以下（此时部分会有结晶析出），在不断搅拌下较快加入已用冷水溶解好的亚硝酸钠溶液，充分搅匀放置10min，如溶液清澈，则重氮化已完全。稀释至规定体积。

②逆法重氮化操作。称取色基置烧杯中，用冷水（约总用量的1/20）调匀，然后将已溶好的亚硝酸钠溶液（1g亚硝酸钠用水4mL）加入，搅拌成薄浆状并用冰冷却至10~15℃，在不断搅拌下将色基和亚硝酸钠的混合薄浆逐渐加入盐酸溶液中，边加边搅拌，然后放置30min至溶液清澈，最后，加水至规定体积。

（3）显色操作。

①显色液pH调节。在显色前加入醋酸钠或其他缓冲剂将重氮盐溶液的pH调节至偶合所需的规定值。

②显色操作。将打过底的布样置于显色液中浸渍5~10min，取出后透风5min。

（4）后处理。对充分显色的布样进行皂煮，以去除浮色。其工艺为：冷水洗→皂煮（肥皂5g/L，纯碱3g/L，90~95℃，5min）→热水洗（90~95℃，3min）→温水洗（70℃，3min）→冷水洗→熨干，剪样和贴样。

5. 注意事项

（1）打底后烘干时，应注意不宜加热过剧，且两面要加热均匀，否则将产生泳移。

（2）打底后的织物在放置时切勿溅上水滴，同时勿使其接触酸性气体。

（3）色基重氮化时应严格遵守操作规定，重氮化结束后始终将显色液冷却在5℃以下。

（4）显色液配置完毕后应在临用前调整pH。

6. 特别说明

（1）由于冰染染料是由色酚和色基在纤维上合成的染料，所以，染色的浓淡主要取决于色酚和色基的用量，而色基的用量是根据偶合反应时色酚的用量确定的，也就是说，打底时色酚的用量决定了被染物的色泽。冰染染料染色较多采用轧染染色，对于不能浸轧的（如纱线）则采用浸染染色，且宜选用直接性较大的色酚打底。

（2）色基及其他助剂的用量计算方法，若是浸染染色，在确定了色酚的用量后，色基及其他助剂的计算方法与轧染时完全相同。

（3）传统的计算方法是根据色酚与色基的偶合当量计算色基及其他助剂的用量，详细计算方法参阅《印染手册》。

五、涂料轧染单色样卡制作

用于纺织品染色和印花的涂料，一般由颜料和一定比例的甘油、匀染剂、乳化剂及水配成浆状，然后配以一定量的增稠剂、消泡剂和交联剂，使用时利用黏合剂的作用将颜料机械地黏着在纤维的表面，达到染色或印花的目的。

颜料是对纤维无亲和力，且不溶于水的有色物质。涂料轧染是通过压辊挤轧作用，将涂料及黏合剂均匀浸轧在织物上，然后经过高温焙烘，黏合剂在织物表面形成一层薄膜而将涂料机械地黏着在纤维上。涂料染色的特点表现为：对纤维无亲和力，无选择性，所以适合各种纤维织物；工艺流程短，不需水洗，节约水资源；但染色产品的手感一般不理想。

1. 工艺流程

小样浸轧涂料液（室温，二浸二轧，一定轧液率）→烘干（80~90℃）→焙烘（160℃，2min）。

2. 涂料轧染液组成处方（表1-6-30）

表1-6-30　涂料轧染液处方

涂料（g/L）	0.05	0.1	0.5	1.0	2.0	5.0
黏合剂（g/L）	0	10	15	20	20	30

注　打小样可以不加黏合剂。

3. 染色操作

（1）计算涂料和助剂用量。按处方计算配制100mL涂料轧染液需要的涂料和助剂用量。

（2）配制轧染工作液。用电子天平称取一定量涂料置于250mL烧杯中，加少量水调成浆状，不断搅拌下加入黏合剂，加水至规定液量，搅拌均匀待用。

（3）织物浸轧涂料液。将配好的涂料液倒入小搪瓷盘，把准备好的小样织物平放入涂料液，室温下二浸二轧，每次浸渍时间约10s。

（4）烘干。浸染后的织物悬挂在烘箱内，在规定温度下烘干。

（5）固色。烘干的小样置于烘箱内，按规定温度和时间焙烘固色。

（6）整理贴样。

4. 注意事项

（1）选用的涂料粒径要小于0.5μm，否则易出现色点疵病。

（2）配制涂料轧染液时搅拌要充分均匀，浸轧染液要均匀，确保得色均匀。

任务六　三原色拼色样卡制作

一、三原色拼色打样基本方案

染料的拼色属于减法混色，染料的三原色是品红、黄、蓝，理论上讲各种颜色都可以用这三种颜色的染料以不同的比例混合拼成。为了能直观地观察三原色拼色时颜色的变化规律，增强对颜色变化量的把握能力，制作三原色拼色样卡对从事配色打样工作而言十分必要。

三原色拼色工作步骤包括：三原色染料选择→确定染色总浓度→规定三原色浓度递变梯度→确定三原色拼混处方→分批染色打样→整理贴样。

（1）三原色染料的选择。最好选择使用染料生产供应商提供的配套三原色进行拼色实验。

（2）确定染色总浓度。染料拼色时的染色总浓度的确定一般按照浅色、中色、深色分为几个档次系列。例如，将三原色的总浓度的档次系列定为：

浅色	≤0.5%
中浅色	0.5%~1.5%
中深色	1.5%~2.0%
深色	≥2.0%

（3）规定三原色浓度递变梯度。三原色染料浓度的递变梯度是根据实际情况人为规定的。为了更直观地观察拼色颜色变化规律，并且能更加快速地得到拼混处方，每只染料按原浓度的1/10（或1/5、1/20等）相同梯度进行规律性递变，这样便可以形成红、黄、蓝三种染料相对浓度不断变化的、一定数目的三原色拼混处方（图1-6-2）。

（4）染色打样，整理贴样。根据处方方案分批完成染色打样，及时整理小样，对应贴在三原色拼色样卡纸上（参考样式如图1-6-1所示），即得到一套有重要参考价值的三原色拼色样卡。

二、三原色染料浓度递变原理图

1. 染料浓度递变原理图绘制

（1）设拼色染料总浓度为1.0%（owf），规定浓度递变梯度为总浓度的1/10（即染料按0.1%用量减少或增加）。

（2）绘制一个等边三角形，三角形的三个顶点分别表示红（R）1.0%、黄（Y）1.0%、蓝（B）1.0%。

（3）把三角形的三个边10等分，标出刻度点，连线各边刻度点，得到如图1-6-2所示的浓度递变原理图。

2. 递变原理图中的交点信息

（1）递变原理图中的每个交点对应一个染料拼色组成处方，即打样染料处方，该图中的交点总数（N），由等差数列求和公式可求出$N=66$，即打样总数为66个。（不同递变梯度，有不同数目的交点即打样处方数不同，可根据情况人为规定）。

（2）66个颜色包括三种情况：三角形的三个顶点分别为红、黄、蓝给出浓度的纯色；三角形的三条边上的交点，分别为两种颜色的拼色，"红—黄"边上的各交点为红黄拼色，"红—蓝"边上的各交点为红蓝拼色，"黄—蓝"边上的各交点为黄蓝拼色。三角形内部各交点为红、黄、蓝三种颜色的拼色。

例如：图1-6-2中A交点代表红蓝拼色的一个处方，且根据递变梯度可知，拼色时红、蓝染料的浓度为：红0.7%，蓝0.3%。

图1-6-2中B交点代表红、黄、蓝拼色的一个处方，且拼色时各颜色浓度为：红0.4%，黄0.4%，蓝0.2%。

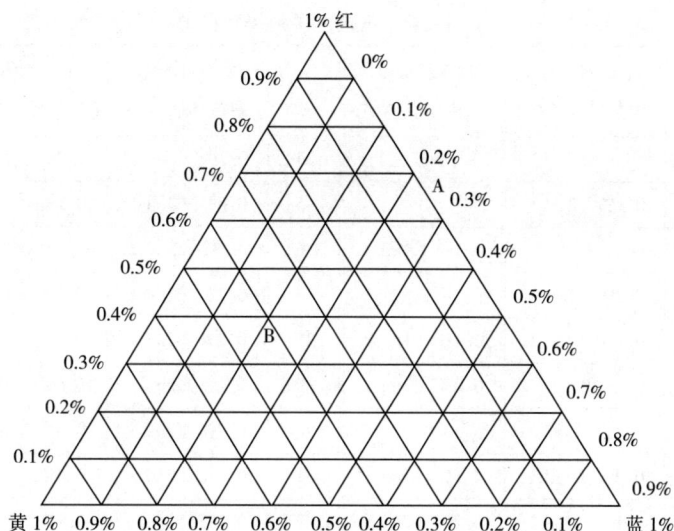

图 1-6-2 三原色拼色染料浓度递变原理图

（3）对应各交点打出的小样，整理裁剪成小三角形后，对应粘贴在图中交点下的小三角形中，即制成了三原色拼色样卡。形成的样卡也称为三原色拼色宝塔图或三原色拼色金字塔图等，如图 1-6-3 所示。

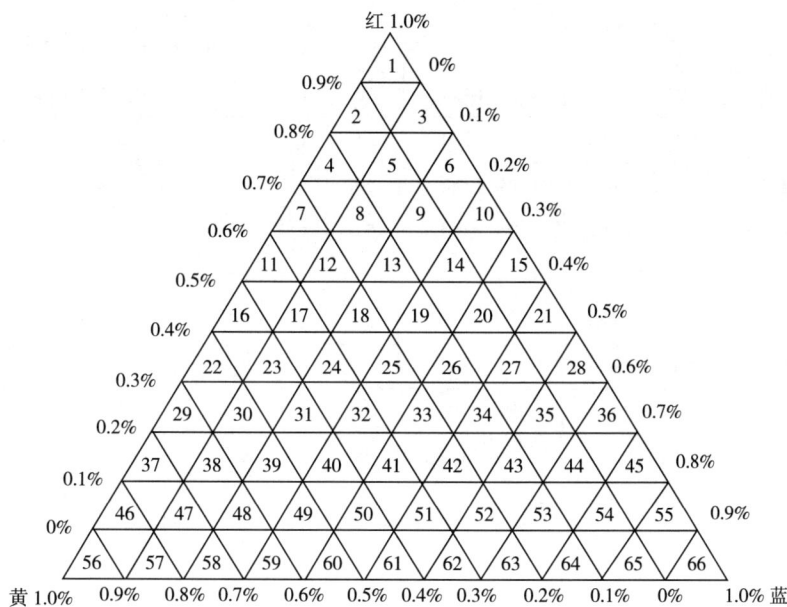

图 1-6-3 三原色拼色样卡图

3. 拼色染料组成方案确定

（1）把 66 个交点从 1~66 依次编号并标注，例如按照从上到下、从左到右编号。

（2）根据三角形各边的刻度值确定 1~66 号对应染料浓度组成（打样染料处方组成），并填入表 1-6-31 中。

表 1-6-31　三原色拼色染料处方

序号	R染料浓度（染料母液体积）	Y染料浓度（染料母液体积）	B染料浓度（染料母液体积）	序号	R染料浓度（染料母液体积）	Y染料浓度（染料母液体积）	B染料浓度（染料母液体积）
1	1%（10mL）	0	0	34	0.3%（3mL）	0.2%（2mL）	0.5%（5mL）
2	0.9%（9mL）	0.1%（1mL）	0	35	0.3%（3mL）	0.1%（1mL）	0.6%（6mL）
3	0.9%（9mL）	0	0.1%（1mL）	36	0.3%（3mL）	0	0.7%（7mL）
4	0.8%（8mL）	0.2%（2mL）	0	37	0.2%（2mL）	0.8%（8mL）	0
5	0.8%（8mL）	0.1%（1mL）	0.1%（1mL）	38	0.2%（2mL）	0.7%（7mL）	0.1%（1mL）
6	0.8%（8mL）	0	0.2%（2mL）	39	0.2%（2mL）	0.6%（6mL）	0.2%（2mL）
7	0.7%（7mL）	0.3%（3mL）	0	40	0.2%（2mL）	0.5%（5mL）	0.3%（3mL）
8	0.7%（7mL）	0.2%（2mL）	0.1%（1mL）	41	0.2%（2mL）	0.4%（4mL）	0.4%（4mL）
9	0.7%（7mL）	0.1%（1mL）	0.2%（2mL）	42	0.2%（2mL）	0.3%（3mL）	0.5%（5mL）
10	0.7%（7mL）	0	0.3%（3mL）	43	0.2%（2mL）	0.2%（2mL）	0.6%（6mL）
11	0.6%（6mL）	0.4%（4mL）	0	44	0.2%（2mL）	0.1%（1mL）	0.7%（7mL）
12	0.6%（6mL）	0.3%（3mL）	0.1%（1mL）	45	0.2%（2mL）	0	0.8%（8mL）
13	0.6%（6mL）	0.2%（2mL）	0.2%（2mL）	46	0.1%（1mL）	0.9%（9mL）	0
14	0.6%（6mL）	0.1%（1mL）	0.3%（3mL）	47	0.1%（1mL）	0.8%（8mL）	0.1%（1mL）
15	0.6%（6mL）	0	0.4%（4mL）	48	0.1%（1mL）	0.7%（7mL）	0.2%（2mL）
16	0.5%（5mL）	0.5%（5mL）	0	49	0.1%（1mL）	0.6%（6mL）	0.3%（3mL）
17	0.5%（5mL）	0.4%（4mL）	0.1%（1mL）	50	0.1%（1mL）	0.5%（5mL）	0.4%（4mL）
18	0.5%（5mL）	0.3%（3mL）	0.2%（2mL）	51	0.1%（1mL）	0.4%（4mL）	0.5%（5mL）
19	0.5%（5mL）	0.2%（2mL）	0.3%（3mL）	52	0.1%（1mL）	0.3%（3mL）	0.6%（6mL）
20	0.5%（5mL）	0.1%（1mL）	0.4%（4mL）	53	0.1%（1mL）	0.2%（2mL）	0.7%（7mL）
21	0.5%（5mL）	0	0.5%（5mL）	54	0.1%（1mL）	0.1%（1mL）	0.8%（8mL）
22	0.4%（4mL）	0.6%（6mL）	0	55	0.1%（1mL）	0	0.9%（9mL）
23	0.4%（4mL）	0.5%（5mL）	0.1%（1mL）	56	0	1%（10mL）	0
24	0.4%（4mL）	0.4%（4mL）	0.2%（2mL）	57	0	0.9%9（mL）	0.1%（1mL）
25	0.4%（4mL）	0.3%（3mL）	0.3%（3mL）	58	0	0.8%（8mL）	0.2%（2mL）
26	0.4%（4mL）	0.2%（2mL）	0.4%（4mL）	59	0	0.7%（7mL）	0.3%（3mL）
27	0.4%（4mL）	0.1%（1mL）	0.5%（5mL）	60	0	0.6%（6mL）	0.4%（4mL）
28	0.4%（4mL）	0	0.6%（6mL）	61	0	0.5%（5mL）	0.5%（5mL）
29	0.3%（3mL）	0.7%（7mL）	0	62	0	0.4%（4mL）	0.6%（6mL）
30	0.3%（3mL）	0.6%（6mL）	0.1%（1mL）	63	0	0.3%（3mL）	0.7%（7mL）
31	0.3%（3mL）	0.5%（5mL）	0.2%（2mL）	64	0	0.2%（2mL）	0.8%（8mL）
32	0.3%（3mL）	0.4%（4mL）	0.3%（3mL）	65	0	0.1%（1mL）	0.9%（9mL）
33	0.3%（3mL）	0.3%（3mL）	0.4%（4mL）	66	0	0	1%（10mL）

三、染料母液浓度和染色工艺确定

1. 染料母液浓度确定

打样时，为了方便操作，减小染料取用误差，根据吸量管规格及织物小样质量和染色浓度，一般要求染料母液取用体积在 1~10mL 为宜。由此可以确定染料母液的合适浓度。

设染色小样织物质量为 m（g），打样染料总浓度（owf）档次为 $a\%$，规定吸取染料母液 10mL 正好满足打样需要的染料量，则染料母液的浓度为：

$$C = \frac{m \cdot a\%}{10} \times 1000 = m \cdot a \ (\text{g/L})$$

例如：染料浓度为 1.5% 时，织物小样重 4g，则染料母液的浓度为：

$$C = 1.5 \times 4 = 6 \ (\text{g/L})$$

当拼色打样浓度递变梯度定为总浓度 1/10 变化时，显然吸取染料母液体积即为 1mL。因此，根据表 1-6-31 染料用量可对应列出取用染料母液体积。

2. 染色工艺确定（表 1-6-32）

表 1-6-32　××染料染色工艺确定

染色基本条件	小样织物 4g/块，浴比 1:30，染料母液浓度为 0.4g/L
拼色染料总浓度（%，owf）	0.1（0.5、1.0、1.5、2.0、3.0、…）
红、黄、蓝染料浓度（%，owf）	见表 1-6-31
红、黄、蓝染料母液吸取体积（mL）	见表 1-6-31
助剂	用量以染色总浓度为准，参阅相同染料单色打样用量
染色操作	参阅同类染料单色打样操作
染色工艺曲线	参阅同类染料单色打样工艺曲线
染后处理	参阅相同染料单色打样工艺

四、其他说明

（1）染色操作可参阅相同染料单色样打样的染色操作。拼色处方中相关助剂用量以各配色染料浓度之和为参考确定。

（2）拼色时，各染料的相对浓度可以规律性递变，至于递变幅度可灵活调整。因此，染料拼色处方是无限的。拼色越多，色彩越丰富。通过拼色可以观察单色样与拼色样颜色色相的变化。也可以在拼色时，固定主色调，微量拼入其他染料（如使用量≤0.01%），以便熟悉颜色色光的变化，积累更多打样经验。

（3）样卡中色样形状可以裁剪成三角形、方形、圆形等，但无论什么形状，都要求贴样平整、排序正确、大小统一、纹路一致，从而减小颜色观察误差。同时，为方便参考使用，在样卡的反面或适当位置，应标明制卡时间、人员、染料名称（生产商）、染色工艺等详细信息。

思考题

1. 写出染料母液的正确配制步骤及应注意的问题。

2. 染色打样的基本步骤有哪些？

3. 写出直接染料染棉布小样的制作工艺。

4. 写出活性染料染棉布小样的制作工艺。

5. 写出分散染料染涤纶小样的制作工艺。

6. 试设计活性染料对棉染色浓度为2%的三原色样卡图。

7. 计算题：配制2g/L染料溶液250mL，需称取染料多少克？

8. 计算题：配制浓度为20mL/L的醋酸母液250mL，需吸取冰醋酸多少毫升？

9. 计算题：吸取2g/L染料母液8mL，染2g织物，浴比为1：40，此时染料对织物重的浓度为多少？

10. 计算题：用活性染料染棉，织物质量为5g，浴比为1：30，染料浓度为1.5%（owf）；促染盐元明粉浓度为30g/L，问：（1）吸取5g/L的染料母液多少毫升？（2）称取元明粉质量多少克？（3）加水多少毫升？

复习指导

基础样卡制作是染色打样实训的重要任务之一，熟悉常见染料的浸染和轧染染色工艺，熟练掌握浸染和轧染法相关染色操作。

1. 染色打样的准备工作包括染色方案制定、贴样材料准备、染色用器材准备（仪器、纤维材料、染化药剂等）。牢记基础打样的最终目的，熟悉打小样常识及各项准备工作的要求。

2. 染色打样的基本步骤包括浸染染色打样的基本操作步骤和轧染染色打样的基本操作步骤。浸染法打样的基本步骤可表示为：润湿被染物→准备热源→配制染液→染色操作→整理贴样。轧染法打样的基本步骤可表示为：计算染料和助剂用量→配制轧染工作液→织物浸轧染液→烘干→固色→染后处理→整理贴样。掌握每个步骤的具体要求。

3. 浸染法单色样卡制作中介绍了常见染料的染色打样工艺及染色操作。重点掌握直接、活性、还原染料染棉，酸性染料染毛、丝、锦纶，分散染料染涤纶、阳离子染料染腈纶的工艺和染色操作。

4. 轧染法单色样卡制作中介绍了常用染料的轧染工艺和操作。重点掌握活性染料、还原染料、分散染料的轧染打样工艺和操作，熟悉涂料轧染染色工艺，了解冰染染料的轧染工艺和操作。

5. 三原色拼色样卡制作包括拼色工作基本步骤、三原色染料的选择、拼色原理、拼色处方方案制定等。熟悉样卡制作基本步骤，掌握拼色原理，能熟练进行三原色染料拼色处方方案确定，并在掌握了常见染料单色样打样工艺的基础上，会制定三原色拼色工艺。

6. 染色中基本计算包括两个方面：染色打样中的相关计算和染色生产中的相关计算。在熟悉染色相关术语和浓度表示方法的基础上，熟练掌握相关计算。

参考文献

[1] 朱世林. 纤维素纤维制品的染整 [M]. 北京：中国纺织出版社，2002.

［2］周庭森．蛋白质纤维制品的染整［M］．北京：中国纺织出版社，2002.

［3］罗巨涛．合成纤维及混纺纤维制品的染整［M］．北京：中国纺织出版社，2002.

［4］沈淦清．染整工艺：第一册［M］．北京：高等教育出版社，2002.

［5］陆艳华，张峰．染料化学［M］．北京：中国纺织出版社，2005.

［6］蔡苏英．染整技术实验［M］．北京：中国纺织出版社，2005.

［7］上海印染行业协会《印染手册》（第二版）编修委员会．印染手册［M］．2版．北京：中国纺织出版社，2003.

第二篇
配色打样

项目一　来样审样

本项目知识点

1. 了解染色打样时对来样进行审样的意义及内容。
2. 熟悉常用纺织纤维的种类。
3. 掌握纺织纤维的鉴别方法。
4. 清楚纺织纤维的燃烧现象。
5. 掌握纺织纤维上常用染料的鉴别方法。

任务一　审样内容

配色打样是指根据客户来样要求，设计染色工艺，并进行打样，直至小样获得客户或相关部门确认的工作过程。之后，技术人员根据小样试验结果，结合工厂生产设备条件及大小样在工艺与结果上的差异，依据经验，对小样处方做出适度调整，初步确定大样工艺处方及工艺条件，并上机试生产。若不符合要求，则应反复调整，直到获得客户认可。有时小样确认后必须经过中样试验方可进行大生产。在条件许可的情况下，标样与试样的色差应尽量满足客户的要求。但应注意的是，来样的形式不同，色差控制要求也不同，一般纸样色差最高达 3~3.5 级；标样与试样材料相同者，色差要求可高于 4 级；标样与试样材料不同者，色差最好控制在 3~4 级；多纤维混纺或交织物的匀染度色差一般 ≥3 级为宜。

当接到客户来样后，第一项技术工作就是审样。审样的主要内容有：原料组成、织物组织结构、色泽特征、产品风格等。通过审样，了解待加工织物的加工要求，参考双方合同协议，从而合理制定生产工艺，并保证工艺的顺利实施。

一、来样的原料成分

准确鉴定来样的原料成分是配色打样的基础。不同的纤维原料所选用的染料类别不同，染色工艺与加工方式不同，染前处理及染后处理工艺要求也不同。如纯棉织物需进行练漂前处理，以去除天然杂质，大多数情况下需经过丝光加工，从而保证染色的匀透性，所以染前工序长，加工要求高。而且纯棉织物可选染料范围大，一般需根据色泽、牢度等要求综合考虑。纯涤纶织物含杂少，前处理要求低，一般只需要简单的水洗，常用分散染料。所以通过审核来样的原料成分，有助于合理选择染料和染色工艺方法，制定产品的加工工艺流程。

二、来样的色泽要求

相同原料的产品，若色泽、色牢度等要求不同，选用的染料及工艺也不相同。如纯棉织物大红色可采用活性染料染色；米黄色、浅棕色等一般选用还原染料染色；艳绿色若色牢度要求高者，可选择还原染料染色，色牢度要求一般，则可选用活性染料染色。可见来样的色泽要求是影响产品染料选择、工艺制定的最关键因素。

三、来样的手感要求

根据来样的手感要求，制定相应的染整工艺。手感的调试主要是在后整理加工上，可通过对各类后整理所用助剂的搭配、增减来控制相应的手感，达到规定的要求。

四、来样的组织结构

织物的组织结构不同，产品的风格特征、色泽效果不同，染整加工方式也不完全相同。一般染料在缎纹织物上的色泽鲜艳度比在平纹、斜纹、提花织物上好，但在颜色深度上又较其他织物差。织物组织不同，则所用的染色设备不同，加工浴比不同，小样的工艺设计应力求与染色大生产加工相同。

五、来样的风格特征

不同风格的产品所选用的染色工艺及加工方式不同。如蚕丝/天丝交织物同色染色产品和双色染色产品工艺不同，同色可选择直接混纺一浴染色，双色则需用弱酸性染料与直接混纺二浴分步染色。又如涤棉混纺与涤黏混纺产品的风格不同，前者滑、挺、爽，属棉型产品，后者滑、挺、糯，为仿毛类产品，故一般涤棉混纺织物可采用紧式加工，而涤黏混纺产品宜采用松式加工。可见，只有充分了解产品的风格及要求，才能合理制定工艺，确保产品质量。

任务二　纤维成分鉴别

在纤维加工和织物制作以及选用衣料时常常需要鉴别纤维。纤维的鉴别方法有多种，包括感官鉴别、显微镜观察、热分解试验、相对密度测定、熔点测定、燃烧试验、溶解性试验、着色试验等。本书主要介绍较常用的感官鉴别法、燃烧法、纤维镜法、溶剂法和染色法五种鉴别方法。

一、纤维成分鉴别方法

（一）感官鉴别法

这是一类比较直观的纤维鉴别方法，是在纤维生产加工、销售使用过程中积累的丰富经验的总结。感官鉴别法是依据各种纺织纤维的外观形态和基本物理性能，通过人的感觉器官，用手、眼、耳、鼻对组成服装面料的纤维进行直观的判定。这些性能包括光泽、长短、粗细、曲直、软硬、弹性、强力等特征，纺织纤维的上述各种特征决定了由其构成的面料所具备的基本感官特征。

感官鉴别方法是通过感官获得的纤维信息，对照各种纤维的基本特性，从而鉴别出纤维的种类，它不需要任何药品和仪器设备。用此方法鉴别纤维时，一般先用目测，观察纤维或织品的外观形态、颜色、光泽度、长度、细度、匀度、纯净度等基本特征，初步判断纤维种类。例如，一般天然纤维都有一定卷曲，带有一定自然色彩，长度不一，粗细不匀，有一定疵点和杂质等，而化学纤维则普遍较匀整，光泽度较高。在目测的基础上，可用手触摸，通过手感特征进一步确定纤维类型。手感主要包括纤维的平滑程度、温度感觉、手拉强度与弹性状况等基本特征。常见纤维的感官特征见表2-1-1。

表2-1-1　常见纤维的感官特征

纤维名称	感官特征
棉	纤维短而细，有天然卷曲，无光泽，有棉结杂质 手感柔软，伸长度较小，弹性差
麻	纤维粗硬，略有天然丝状光泽，纤维较平直、有竹节状 弹性差、强力大，伸长度小
毛	纤维长度比棉、麻长，有明显的天然卷曲，光泽柔和 手感柔软，温暖、蓬松，极富有弹性。强度小，伸长度大
丝	天然纤维的唯一长纤维，光泽明亮，光滑、平直 手感柔软，富有弹性，有凉爽感。易折皱
黏胶纤维	纤维柔软但缺乏弹性，质地重，外观平直光滑 强度小，特别湿水后强度更小
合成纤维	纤维一般长度、细度均匀，光亮，无疵 手感一般不够柔软，强度大，弹性好，伸长度适中（弹力丝伸长度较大）。其中，锦纶手感绵软无身骨，腈纶握在手中摩擦发涩甚至发出"吱吱"声音，丙纶呈亮白色

除此之外，感官鉴别方法中还包括嗅觉和听觉特征的判别，例如醋酸纤维的酸味、桑蚕丝织物的丝鸣声等，但此类特征不具有普遍性，所以仅适合部分纤维。

（二）燃烧法

各种纺织纤维由于化学组成不同，在燃烧过程中产生不同的现象。各种纺织纤维的主要燃烧现象如表2-1-2所示。

表2-1-2　各种纤维的主要燃烧现象

纤维名称	接近火焰	火焰中	燃烧气味	灰烬
棉	软化不收缩	燃烧不熔融	燃纸气味	灰烬保持原形，柔软
麻	同棉	同棉	同棉	灰烬保持原形，柔软
蚕丝	软化收缩	轻微熔融，慢慢燃烧	烧毛发味	黑褐颗粒，指压即碎
羊毛	同蚕丝	基本同蚕丝	同蚕丝	有光泽、不规则的黑色块状、指压即碎

续表

纤维名称	接近火焰	火焰中	燃烧气味	灰烬
黏胶纤维	软化不收缩	燃烧不熔融	烧纸气味	灰烬少，浅灰色或灰白色，柔软
腈纶	软化无明显收缩	火焰明亮，有黑烟	辛辣味	有光泽黑色块状，指压即碎
锦纶	软化收缩	燃烧缓慢，有熔化的褐色液滴滴落，且能拉成丝	氨臭味	硬的浅褐色圆珠
涤纶	软化收缩	燃烧，有熔化的褐色液滴滴落，黑烟大	特殊的芳烃甜味	硬的黑色圆珠
丙纶	软化收缩	燃烧，白色明亮火焰，有黄色熔融滴落	烧焦的纸味，醋酸和氮的氧化物	黑色硬块，能捻碎

可以根据这些具体现象判断纤维类别。具体做法是：从织物边抽出几根经纱和纬纱，退捻使其形成松散状作为试样。将酒精灯点燃，用镊子镊住一小束纤维的一端，将另一端移入火焰，放在火上燃烧，仔细观察纤维束燃烧时发生的情况，并注意以下各点：

（1）纤维束靠近火焰受热后，有无发生收缩及熔融现象，有熔融现象的，其融落液体的颜色及性状。

（2）纤维燃烧的难易程度。

（3）纤维离开火焰后是否继续燃烧。

（4）纤维燃烧时，火焰的颜色、火焰的大小及燃烧的速度。

（5）纤维燃烧时，是否同时冒烟，烟雾的浓度和颜色。

（6）纤维燃烧时，散发出的气味。

（7）纤维燃烧后灰烬的颜色和性状等。

燃烧法只适用于未经防火、阻燃等方法处理的单一成分的纤维、纱线和织物。

（三）显微镜法

对于燃烧性能及溶解性能相同或相近的纤维，或者混纺纤维，可以采用显微镜法进行鉴别。显微镜法是利用显微镜的放大作用观察纤维的切片，通过辨别纤维的横截面形态和纵向形态特征，初步判断纤维的种类。

纤维纵向观察：取10~20根纤维放在载玻片上梳理平直，盖上盖玻片，并在其两对角上滴上一滴甘油或蒸馏水使盖玻片黏住。将放有试样的载玻片放在载物台的夹持器内，调节显微镜，按规定步骤操作，并将在显微镜下观察到的纤维纵向形态描绘在纸上。取下试样，用滤纸吸去水或甘油，继续装上另一种纤维试样进行观察。

纤维截面观察：观察纤维的截面形态需要对纤维进行切片，以获取纤维截面图。通常用纤维切片器（又称哈氏切片器）切片后观察，如图2-1-1所示。纤维切片是否成功，是显微镜法鉴别结果正确与否的关键。

将切片器上匀给螺丝向上旋转，使螺杆下端升离狭缝，提起销子，将螺座转到与底板呈

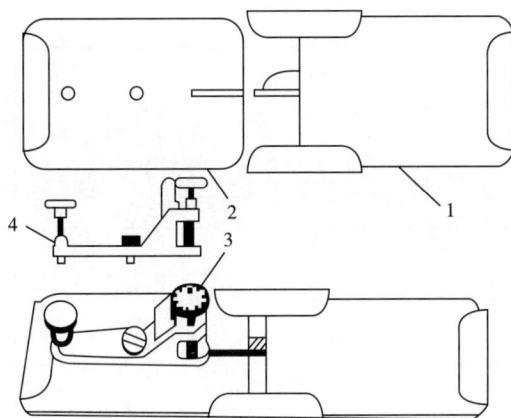

图 2-1-1 纤维切片器结构示意图

1，2—底板 3—匀给螺丝 4—销子

垂直位置。将底板 2 从底板 1 中抽出，把整理好的一束纤维试样嵌入底板 2 中间的狭缝中，再把底板 1 的塞片插入底板 2 的狭缝，使试样压紧，以能将纤维束轻拉时稍稍移动为度。用刀片切去露在底板正反两面的纤维，将螺座恢复到原来的位置并将其固定。此时匀给螺丝的螺杆下端正对准底板 2 中间的狭缝。

旋转匀给螺丝，使螺杆下端与纤维试样接触，再顺螺丝方向旋转螺丝上刻度 2~3 格，使试样稍稍顶出板面，然后在顶出的纤维表面用玻璃棒薄涂上一层火棉胶。稍放片刻，用锋利的刀片沿底座平面切下切片。将第一片切片丢弃，再旋转螺丝上刻度一格半，涂上火棉胶，稍等片刻切片。按此法切下所需片数试样。

将切片放在载玻片上，滴上一滴甘油，盖上盖玻片。将盖玻片置于显微镜下，按纤维纵向观察操作方法进行观察。

要注意的是，切片时使纤维保持平直，防止纤维倒伏而影响切片质量。盖玻片合上后，应注意尽量排除空气，不能有气泡，以免影响观察效果。

鉴别纤维时，一般是用显微镜观察放大 50~500 倍的纤维纵向和截面的形态。具体做法是：将做好的纤维切片，放在显微镜载物台上进行观察，选取放大倍数，将镜头调节至最低，然后缓缓向上移动镜头，或左右、前后移动载物台，至观察到纤维形态为止。然后可调整放大倍数继续观察。根据观察的结果，可以判定试样是何种纤维，是单一纤维还是混纺纤维。值得注意的是，化学纤维尤其是合成纤维，其形态结构取决于纺丝孔的形状，因此，普通显微镜法无法准确鉴别。常见纺织纤维的截面及侧面形态特征见表 2-1-3。

表 2-1-3 常见纤维的截面及侧面形态特征

纤维		截面形态特征	侧面形态特征
纤维素纤维	棉	腰子形或椭圆形，中间有胞腔	粗细不均，表面有沟槽
	丝光棉	多数为圆形，中间胞腔变小	表面光滑
	黏胶纤维	周围有锯齿形，有皮芯结构	表面有条痕
	二醋酯纤维	不规则椭圆形	表面条痕较多

续表

纤维		截面形态特征	侧面形态特征
纤维素纤维	天然竹纤维	狭长椭圆形，中间有线状胞腔	表面有竹节
	竹浆纤维	呈块状，块中有极小点状空隙，块与块之间有较大缝状空隙	表面光滑
	Lyocell	不规则圆形	表面光滑
	Modal	腰子形，中间有胞腔，周围有多个反光点	有较深沟槽
	亚麻	不规则四边形，中间有点状胞腔	有结节
蛋白质纤维	羊毛	鹅卵石形	表面有鳞片
	兔毛	不规则四边形，中间胞腔大而暗	表面有规则环状鳞片
	蚕丝	近三角形	表面有沟槽
	柞蚕丝	狭长棒槌形	表面有细密沟槽
	大豆纤维	哑铃形，中间胞腔细而密	皮层结构明显
	牛奶纤维	耳形，中间有点状胞腔	表面较光滑
合成纤维	锦纶	三角形，角呈圆弧形，上有许多黑点	表面有较多黑点
	腈纶	哑铃形，上有较多黑点	表面较多黑点
	涤纶	圆形	表面光滑

常见纤维的截面及侧面形态如图 2-1-2 所示。

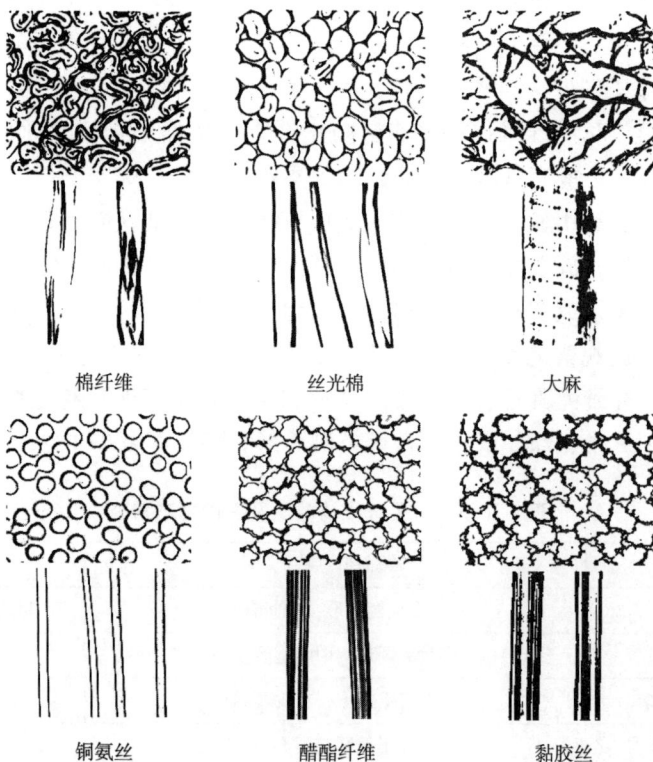

棉纤维　　　　　　　丝光棉　　　　　　　大麻

铜氨丝　　　　　　　醋酯纤维　　　　　　黏胶丝

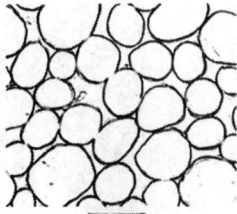

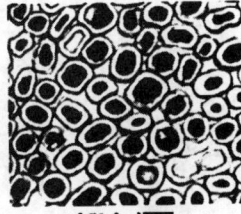

羊毛　　　　　　　　　　　　　　　　兔毛

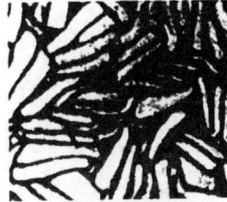

桑蚕丝　　　　　　　　　　　　　　　柞蚕丝

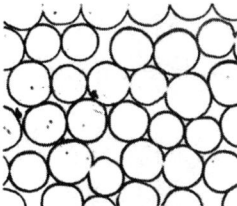

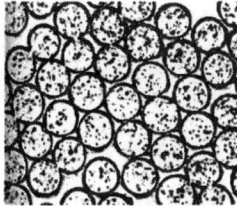

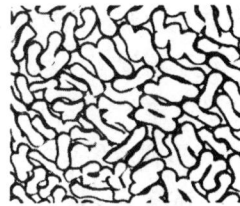

锦纶　　　　　涤纶（常规熔融法纺丝）　　　　　维纶

图 2-1-2

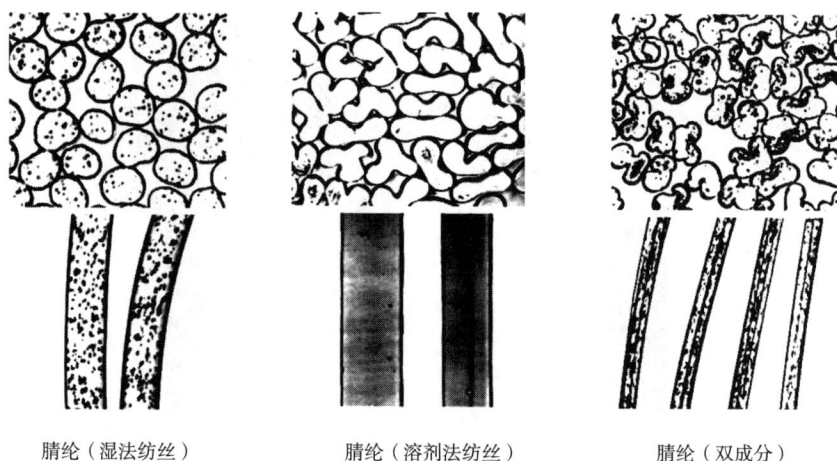

腈纶（湿法纺丝） 　　　腈纶（溶剂法纺丝） 　　　腈纶（双成分）

图 2-1-2　常见纤维的纵向和横截面形态

（四）溶解法

利用各种纤维在不同的化学溶剂中的溶解性来鉴别纤维，称为溶解法。根据手感目测和显微镜观察等方法初步鉴别后，再用溶解法加以证实，可以确定各种纤维的具体品种，也可定量分析纱线的混纺比。它比前面的几种方法更可靠。必须注意，纤维的溶解性不仅与溶剂的品种有关，与溶剂的浓度、温度及作用时间也有很大关系，测定时必须严格控制试验条件。

由于组成与结构差异，导致纤维在不同的化学溶剂中，不同的温度条件下溶解性存在差异。溶解法适用于各种纺织纤维，特别是合成纤维，包括染色纤维或混合成分的纤维、纱线与织物。此外，溶解法还广泛用于混纺产品中的纤维含量分析。

当待鉴别的试样是纱线或织物时，则需从织物中抽出经、纬纱，然后将纱线分离成单纤维。为了快速有效地鉴别出纤维种类，可先用显微镜观察，再用燃烧法复验，如果是合成纤维则可直接用化学溶解法，对于某些比较难鉴别的纤维，则需采用系统鉴别法。

溶剂法鉴别纤维的操作方法如下：

（1）取样。取样应代表抽样单位中的纤维，如果发现有试样不均匀现象，应按不同部分分别取样。每只试样至少取样 2 份，每份 100mg。

（2）试验次数。至少进行两次平行试验，如果溶解结果差异显著，应增加试验次数，以重合程度较高的结果为准。

（3）溶解试剂。一般采用符合国家标准和有关部颁标准的标准试剂，纯度要求达到分析纯和化学纯。

（4）仪器设备。温度计、恒温水浴锅、封闭式电炉、天平、玻璃抽气滤瓶、比重计、量筒、25mL 烧杯、500mL 烧杯、木夹、镊子、玻璃棒、坩埚等。

（5）试验步骤。

①配制溶解试剂。按照《化学检验手册》中溶液的配制方法，配制所需的各种不同浓

度的溶液。其体积精确到 0.1mL，取整至 1mL。

②溶解试验。于常温（24~30℃）下将 100mg 纤维试样置于 25mL 烧杯中，并注入 10mL 溶剂、观察溶剂对纤维的溶解情况。

需要注意的是，有些纤维在常温条件下很难溶解，此时需要加温至沸腾，用玻璃棒搅动 3min，观察其溶解程度（加热时必须用封闭式电炉，在通风橱里进行试验）。

对一些用感官鉴别法和燃烧法尚不能完全区分的纤维，可进一步采取溶剂溶解的方法进行区分。例如，合成纤维中涤纶与锦纶的感官性状和燃烧现象区别不大，难以准确分辨清楚。此时可以利用两种纤维在酸液中的溶解性明显不同进行鉴别，具体情况见表 2-1-4。

表 2-1-4　各种溶剂对常用纤维的溶解性

名称	5%NaOH 煮沸 15min	36%HCl 室温 15min	70%硫酸 室温 10min	90%甲酸 室温 5min	冰醋酸 15min	DMF 煮沸 15min	浓硫酸室温	四氢呋喃 10min
棉	×	×	溶	×	×	×	溶	×
麻	×	×	溶	×	×	×	溶	×
羊毛	溶	×	×	×	×	×	稍溶	×
蚕丝	溶	溶	溶	×	×	×	溶	×
黏纤	溶	×	溶	×	×	×	溶	×
涤纶	×	×	×	×	×	×	溶	×
锦纶	×	溶	溶	溶	溶	×	溶	×
腈纶	×	×	溶	×	×	溶	溶	×
丙纶	×	×	×	微溶	×	×	×	×
维纶	×	溶	溶	溶	×	×	溶	×
氯纶	×	×	×	×	×	溶	×	溶

（五）着色法

药品着色法是根据各种纤维对某种化学药品的着色性能不同来迅速鉴别纤维品种的方法。此法可用于未染色的纤维或纯纺纱线和织物。已染有中色及以上的试样或经树脂加工整理过的试样，不能直接进行着色试验，必须预先脱色及除去整理加工剂，而且，如不按规定的处理条件（温度、浴比、时间、浓度等）正确进行，则难以正确着色。鉴别纺织纤维用的着色剂有专用和通用两种。前者用以鉴别某一类特定纤维，后者是由各种染料混合而成，可将各种纤维染成各种不同的颜色，然后根据所染颜色的不同鉴别纤维。通常采用的着色剂有碘—碘化钾溶液和碘酸（HI）纤维鉴别着色剂。

碘—碘化钾溶液是将 20g 碘溶解于 100mL 的碘化钾饱和溶液中，把纤维浸入溶液中 0.5~1min，取出后水洗干净，根据着色不同来判别纤维品种。HI 纤维鉴别着色剂是中国纺织大学（现东华大学）和上海印染公司共同研制的一种着色剂。具体鉴别时可将试样放入微沸的着色剂溶液中，沸染 1min，时间从放入试样后染液微沸开始计算。染完后倒去染液，冷水清洗，晾干。对羊毛、蚕丝和锦纶可采用沸染 3s 的方法，扩大色相差异。染好后与标准样对照，根据色相确定纤维类别。常用纺织纤维的着色反应见表 2-1-5。

表 2-1-5　常用纺织纤维的着色反应

纤维种类	HI 纤维鉴别着色剂着色	用碘—碘化钾液着色
棉	灰	不染色
麻（苎麻）	青莲	不染色
蚕丝	深紫	淡黄
羊毛	红莲	淡黄
黏胶纤维	绿	黑蓝青
铜氨纤维	—	黑蓝青
醋酯纤维	橘红	黄褐
维纶	玫红	蓝灰
锦纶	酱红	黑褐
腈纶	桃红	褐色
涤纶	红玉	不染色
氯纶	—	不染色
丙纶	鹅黄	不染色
氨纶	姜黄	—

二、鉴别方法选用分析

各种天然纤维的形态差别较为明显，而同一种类的纤维形态基本上保持恒定。因此，鉴别天然纤维主要是根据纤维外观形态特征。许多化学纤维特别是一般合成纤维的外观形态基本相似，其截面多数为圆形，但随着异形纤维的发展，同一种类的化学纤维可以制成不同的截面形态，这就很难从形态特征上区别纤维品种，因而必须结合其他方法进行鉴别。由于各种化学纤维的物质组成和结构不同，它们的物理化学性质差别很大。因此，化学纤维主要根据纤维物理和化学性质的差异来进行鉴别。

（一）单一纤维

例如，现有待鉴别纤维材料：棉、羊毛、涤纶、锦纶、腈纶、丙纶、苎麻、黏胶纤维，根据这些纤维品种的特点，可以采用感官法、燃烧法和溶剂法将其鉴别清楚。

（1）感官鉴别法。首先通过感官鉴别法观察以上纤维的外观性状和手感特征。可发现有的纤维长度不均一，细度不均匀，有一定杂疵，此可能为天然棉、麻、羊毛。进一步观察后可发现羊毛有自然卷曲，且手感柔软蓬松，富有弹性；苎麻纤维手感粗硬，强度高。长度和细度均匀、光泽度较好的为化学纤维。在这些纤维中，黏胶纤维手拉强度低，且在湿态时强度明显下降。

（2）燃烧法。利用燃烧法进一步确认纤维的具体品种。观察纤维靠近火焰、燃烧过程中及燃烧后的灰烬状况分辨纤维。因棉、羊毛、黏胶纤维燃烧时气味明显，灰烬特征明显，有别于合成纤维，因此首先可确认此三种纤维。其余纤维中，锦纶燃烧时有刺激性氨味，腈纶的灰烬易碎，可初步确认此两种纤维。而涤纶和丙纶区别不明显，可进一步用溶剂法确认。

（3）溶剂法。根据表2-1-4，选择浓硫酸室温条件下处理样品，溶解者为涤纶，不溶者为丙纶。

应注意的是，鉴别一组纤维可用的方法很多，以上仅是一种鉴别模式。在实际鉴别时一般不能只使用单一的方法，需将几种方法结合起来运用，综合分析，才能得出正确的结论。选择鉴别方法时，一般遵循由简到繁的原则。鉴别纤维的步骤，一般先确定纤维的大类，如区别天然纤维素纤维、天然蛋白质纤维、再生纤维和合成纤维，而后区分出纤维品种，最后得出结论。

（二）混纺或交织物

在鉴别混合纤维和混纺纱线或织物时，一般可用显微镜观察，确认其中包含几种纤维，然后再用适当方法逐一鉴别，方法同上。

三、常用鉴别方法的操作实例

（一）燃烧法

1. 器具

镊子、酒精灯或火柴、打火机。

2. 操作方法

将各种纤维进行编号，各取15~20cm长纤维或纤维束，用镊子夹住一端，将另一端点燃，稍停片刻离开火焰，观察燃烧的现象（冒烟、气味及灰烬的形态），做好记录，并与表2-1-2中现象进行对比，确定纤维类别。

（二）溶解法

1. 器具

烧杯（100mL）、试管架、试管、温度计（100℃）、恒温水浴锅、电炉、量筒、天平、玻璃棒。

2. 药剂

氢氧化钠（化学纯）、盐酸（化学纯）、硫酸（化学纯）、二甲基甲酰胺（DMF）、苯酚、四氯乙烷。

3. 溶剂准备

5%氢氧化钠溶液、36%盐酸溶液、70%硫酸溶液、二甲基甲酰胺。

4. 操作步骤

（1）配制上述四种试剂。

（2）取5支大试管（或小烧杯），编号后分别放入各种纤维，在各试管中分别加入5%氢氧化钠溶液、20%盐酸溶液、75%硫酸溶液、二甲基甲酰胺以及6：4的苯酚与四氯乙烷混合液，搅拌，观察溶解情况；如不溶解，可在恒温水浴锅或电炉上加热至沸，再观察溶解情况，记录其结果。

（3）参考表2-1-4，确定纤维的种类。

任务三　混纺织物纤维含量分析

一、分析方法

（一）双组分（含两种纤维）混纺产品纤维含量分析

对于混纺织物，知道混纺各纤维的比例是制定合理染色工艺的前提。一般情况下，可用定量化学分析法来测定，其分析步骤如下：

1. 试样预处理

试样预处理的目的是除去混纺产品上的非纤维物质。包括天然伴生的非纤维物质，如油脂、石蜡和某些水溶性物质；纺织过程中的添加剂，如油剂、浆料、树脂等。这些非纤维物质在分析过程中会部分或全部溶解，并被计算在溶解纤维的质量中。为了避免这种误差，在分析之前，必须除去试样中的非纤维物质。

试样预处理常用溶剂萃取法。根据试样的纤维性质及纺织过程中的添加剂类型选用合适的溶剂进行萃取，最后经清水彻底洗涤，然后挤干、抽滤（或离心脱水）并晾干。

2. 分析步骤

（1）试样的烘干和称重。将预处理过的试样放入已知质量的称量瓶内，连同瓶放入烘箱内烘干。在（105±3）℃下烘至恒重，一般需烘2~4h。烘干后，盖上瓶盖，迅速移入干燥器内，冷却、称重。

（2）选用合适的溶剂以溶解其中某组分纤维。根据纤维的性质选用溶剂对织物进行溶解，保留其中一种组分的纤维。

（3）不溶纤维的烘干。将不溶纤维放入已知质量的玻璃容器中，放入烘箱烘干至恒重后移入干燥器。

（4）冷却。在干燥器中冷却时间随室温而定，但一般不少于20min。

（5）称重。冷却后，从干燥器中移出称量瓶或玻璃容器，并在2min内称出重量，精确至0.0002g。在干燥、冷却、称重的操作过程中，不能用手直接接触玻璃滤器、称量瓶、试样和不溶纤维。

（6）计算。

①净干百分含量的计算。

$$P_1 = \frac{rd}{m} \times 100\% \tag{2-1-1}$$

$$P_2 = 1 - P_1 \tag{2-1-2}$$

式中：P_1——经试剂处理后，不溶纤维的净干百分含量；

P_2——溶解纤维净干百分含量；

r——经试剂处理后，剩余的不溶纤维干重（g）；

m——预处理后的试样干重（g）；

d——经试剂处理后，不溶纤维质量变化的修正系数。d 值按下式求得：

$$d=\frac{m_1}{r} \qquad (2-1-3)$$

式中：m_1——已知混入的不溶纤维干重（g）；

r——经试剂处理后，剩余的不溶纤维干重（g）。

当不溶纤维质量损失时，d 值大于 1；质量增加时，d 值小于 1。在 d 值未知的情况下得出的试验结果是不可靠的。GB/T 2910—2009 列举了混纺产品采用顺序法溶解方案的目录，试验时可遵照采用。

②结合公定回潮率计算。

$$P_m=\frac{P_1(1+a_2)}{P_1(1+a_2)+P_2(1+a_1)}\times100\% \qquad (2-1-4)$$

$$P_n=1-P_m \qquad (2-1-5)$$

式中：P_m——不溶纤维结合回潮率的百分含量；

P_n——溶解纤维结合回潮率的百分含量；

P_1——不溶纤维净干百分含量；

P_2——溶解纤维净干百分含量；

a_1——溶解纤维的公定回潮率（%）；

a_2——不溶解纤维的公定回潮率（%）。

（二）多组分（含三种及以上纤维）混纺产品纤维含量分析

多组分纤维混纺含量的测定，理论上与两组分混纺纤维含量测定是一样的。三组分纤维混纺产品的定量化学分析是基于选择合适的溶剂，使混纺产品中某一组分溶解，将混纺产品的纤维组分进行化学分离。三组分纤维混纺产品有四种溶解方案，需根据具体情况选择合适的方案。现将四种方案举例如下：

第一种方案：取两只试样，第一只试样将 A 纤维溶解，第二只试样将 B 纤维溶解，分别对未溶部分称重，从溶解失重，算出每一溶解组分的质量分数。C 纤维的质量分数可以从差值中求出。如测定毛/涤/黏的混纺比，取两个试样，一个用 1mol/L 次氯酸钠溶解毛，另一个用 75%硫酸溶解黏纤，即可求出毛、黏各自的百分含量，涤纶的含量可从差值中求出。按下式计算：

$$\text{毛含量 } P_1（\%）=\left[\frac{d_2}{d_1}-\frac{d_2 r_1}{m_1}+\frac{r_2}{m_2}\left(1-\frac{d_2}{d_1}\right)\right]\times100 \qquad (2-1-6)$$

$$\text{黏胶含量 } P_2（\%）=\left[\frac{d_4}{d_3}-\frac{d_4 r_2}{m_2}+\frac{r_1}{m_1}\left(1-\frac{d_4}{d_3}\right)\right]\times100 \qquad (2-1-7)$$

$$\text{涤含量 } P_3（\%）=100-（P_1+P_2） \qquad (2-1-8)$$

式中：P_1——第一组分净干质量百分率（第一个试样溶解在第一种试剂中的组分）（%）；

P_2——第二组分净干质量百分率（第二个试样溶解在第二种试剂中的组分）（%）；

P_3——第三组分净干质量百分率（在两种试剂中都不溶解的组分）（%）；

m_1——第一个试样经预处理后的干重，单位为克（g）；

m_2——第二个试样经预处理后的干重，单位为克（g）；

r_1——第一个试样经第一种试剂溶解去除第一组分后，残留物的干重，单位为克（g）；

r_2——第二个试样经第二种试剂溶解去除第二组分后，残留物的干重，单位为克（g）；

d_1——质量损失修正系数，第一个试样中不溶的第二组分在第一种试剂中的质量损失；

d_2——质量损失修正系数，第一个试样中不溶的第三组分在第一种试剂中的质量损失；

d_3——质量损失修正系数，第二个试样中不溶的第一组分在第二种试剂中的质量损失；

d_4——质量损失修正系数，第二个试样中不溶的第三组分在第二种试剂中的质量损失。

第二种方案：取两只试样，第一只试样将 A 纤维溶解，第二只试样将纤维 A 和 B 溶解。对第一只试样未溶解残渣称重，根据其溶解失重，可以算出 A 纤维质量分数。称出第二只试样的未溶解残渣，相当于 C 纤维，则 B 纤维可以从差值中求出。以测定丝/棉/涤混纺比为例，取两个试样，一个用 1mol/L 次氯酸钠溶解丝，求得丝的百分含量；另一个用 75% 硫酸溶解丝和棉，可求涤纶的含量，棉的含量从差值中求出。按下式计算：

$$丝含量\ P_1\ (\%) = 100 - (P_2 + P_3) \tag{2-1-9}$$

$$棉含量\ P_2\ (\%) = \frac{d_1 r_1}{m_1} \times 100 - \frac{d_1}{d_2} \times P_3 \tag{2-1-10}$$

$$涤含量\ P_3\ (\%) = \frac{d_3 r_2}{m_2} \times 100 \tag{2-1-11}$$

式中：P_1——第一组分净干质量百分率（第一个试样溶解在第一种试剂中的组分）（%）；

P_2——第二组分净干质量百分率（第二个试样在第二种试剂中和第一个组分同时溶解的组分）（%）；

P_3——第三组分净干质量百分率（在两种试剂中都不溶解的组分）（%）；

m_1——第一个试样经预处理后的干重，单位为克（g）；

m_2——第二个试样经预处理后的干重，单位为克（g）；

r_1——第一个试样经第一种试剂溶解去除第一组分后，残留物的干重，单位为克（g）；

r_2——第二个试样经第二种试剂溶解去除第一、三组分后，残留物的干重，单位为克（g）；

d_1——质量损失修正系数，第一个试样中不溶的第二组分在第一种试剂中的质量损失；

d_2——质量损失修正系数，第一个试样中不溶的第三组分在第一种试剂中的质量损失；

d_3——质量损失修正系数，第二个试样中不溶的第三组分在第二种试剂中的质量损失。

第三种方案：取两个试样，将第一个试样中的组分（A 和 B）溶解，将第二个试样中的组分（B 和 C）溶解。各不溶残留物相当于组分（C）和组分（A），第三个组分（B）的含量百分率可以从差值中计算求得。如测定毛/丝/黏混纺比，可先取一个试样用 1mol/L 次氯酸钠溶液溶解毛、丝，求出黏纤的百分含量；再取一个试样用 75% 硫酸溶解丝和黏纤，求出毛的百分含量；丝的含量则从差值中求出。按下式计算：

$$毛含量\ P_1\ (\%) = \frac{d_3 r_2}{m_2} \times 100 \tag{2-1-12}$$

$$丝含量\ P_2\ (\%) = 100 - (P_1 + P_3) \tag{2-1-13}$$

$$黏纤含量 P_3（\%）= \frac{d_2 r_1}{m_1} \times 100 \qquad\qquad (2-1-14)$$

式中：P_1——第一组分净干质量百分率（第一个试样溶解在第一种试剂中的组分）（%）；

P_2——第二组分净干质量百分率（第一个试样溶解在第一种试剂的组分和第二个试样溶解在第二种试剂的组分）（%）；

P_3——第三组分净干质量百分率（第二个试样在第二种试剂中溶解的组分）（%）；

m_1——第一个试样经预处理后的干重，单位为克（g）；

m_2——第二个试样经预处理后的干重，单位为克（g）；

r_1——第一个试样经第一种试剂溶解去除第一、二组分后，残留物的干重，单位为克（g）；

r_2——第二个试样经第二种试剂溶解去除第二、三组分后，残留物的干重，单位为克（g）；

d_2——质量损失修正系数，第一个试样中不溶的第三组分在第一种试剂中的质量损失；

d_3——质量损失修正系数，第二个试样中不溶的第一组分在第二种试剂中的质量损失。

第四个方案：只取一个试样，将其中一个组分溶解去除，然后将另外两种组分纤维的不溶残留物称重，从溶解失重计算出溶解组分的含量百分数。再将两种纤维的残留物中的一种去除，称出不溶的组分，根据溶解失重，可计算出第二种溶解组分的含量百分率。如测定毛/涤/黏混纺比，可用 1mol/L 次氯酸钠溶解毛，剩余涤纶和黏纤，烘干后称重，可求出毛的百分含量。再将残渣中的黏胶用 75% 硫酸溶解，剩余涤纶，求出涤纶、黏纤各自的百分含量。按下式计算：

$$毛含量 P_1（\%）= 100-（P_2+P_3） \qquad\qquad (2-1-15)$$

$$涤含量 P_2（\%）= 100 \times \left(\frac{d_1 r_1}{m}\right) - \left(\frac{d_1}{d_2}\right) \times P_3 \qquad\qquad (2-1-16)$$

$$黏含量 P_3（\%）= \frac{d_3 r_2}{m} \times 100 \qquad\qquad (2-1-17)$$

式中：P_1——第一组分净干质量百分率（第一个溶解的组分）（%）；

P_2——第二组分净干质量百分率（第二个溶解的组分）（%）；

P_3——第三组分净干质量百分率（不溶解的组分）（%）；

m——试样预处理后的干重，单位为克（g）；

r_1——经第一种试剂溶解去除第一组分后，残留物的干重，单位为克（g）；

r_2——经第一、二种试剂溶解去除第一、二组分后，残留物的干重，单位为克（g）；

d_1——质量损失修正系数，第二组分在第一种试剂中的质量损失；

d_2——质量损失修正系数，第三组分在第一种试剂中的质量损失；

d_3——质量损失修正系数，第三组分在第一、二种试剂中的质量损失。

对于超过三组分的多组分混纺含量试验，由于试样组分多，一般只能采用顺序法溶解。如毛/锦/麻/涤试样，可采用 1mol/L 次氯酸钠、20% 盐酸和 75% 硫酸依次将毛、锦、麻溶解，剩余涤纶，求出四种组分的百分含量。

二、实例分析

以棉与涤纶或丙纶纤维混纺产品为例。

1. 原理

用75%硫酸溶解棉，剩下涤纶或丙纶，从而使两种纤维分离。

2. 试剂

（1）75%硫酸。

（2）稀氨溶液。取氨水（相对密度为0.880）80mL倒入920mL蒸馏水中，混合均匀，即可使用。

3. 操作方法

将试样放入带塞三角烧瓶中，每克试样加入75%硫酸100mL，用力搅拌，使试样浸湿，温度保持在40~45℃，时间30min，不停摇动。待棉纤维充分溶解后，用已知质量的玻璃滤器过滤，将剩余的纤维用少量同温同浓度硫酸洗涤3次（洗时，用玻璃棒搅拌，洗后抽干），再用同温度的水洗涤4~5次，并用稀氨溶液中和2次，然后用水洗至用指示剂检查呈中性为止，每次洗后必须真空抽吸排液。最后烘干至恒重，冷却后称重。

4. 计算方法

结果按上述计算方法进行计算，涤纶和丙纶的 d 值（经试剂处理后，不溶纤维质量变化的修正系数）均为1。

对于属于同一类别的双组分纤维混纺产品，因其溶解性能完全相同，无法用化学溶解法来测定两组分的含量，如麻/棉混纺产品。为此，近年来发展了染色鉴别法。由于棉、麻纤维微结构的差异，在规定的染色条件下，其对同种染料的平衡吸附量不同，利用染料量平衡原理，麻、棉纤维在染色达到平衡时，纤维上总的吸附量与染浴中染料的减少量相等，用分光光度计测定残留染液浓度，通过标准工作曲线，即可计算出来麻、棉纤维的百分含量。

任务四　染料鉴别

鉴别织物上染料时首先要根据纤维类别初步判断染料类型。例如，棉纤维上可能是活性染料、直接染料、还原染料、硫化染料或不溶性偶氮染料；涤纶上则是分散染料；羊毛纤维上可能是酸性染料、酸性含媒染料、酸性媒染染料或活性染料。然后根据各种纤维染色常用的染料特性，进行进一步的分析和鉴别。鉴别时根据不同染料的溶解性能、耐酸碱性能、耐氧化还原性能及着色性能，综合运用化学法和染色法，可以较准确地判断织物上染料的类型。

对织物上染料进行初步鉴别时，可先用显微镜观察纤维表面有无颗粒状色淀。若有，说明是用颜料着色；若没有，说明是用染料染色。然后再进一步鉴别纤维上染料的类型。同时，成品染色织物可能含有浆料、柔软剂、树脂整理剂等，为了排除其对鉴定结果的影响，应首先设法将它们去除。一般方法如下：

（1）用2%淀粉酶和0.5%渗透剂JFC，按1∶50浴比配制溶液，将织物在90℃处理10min，然后充分洗净，以去除淀粉浆料。

（2）将织物用90℃的1g/L洗衣粉溶液处理10min（浴比1∶50），然后充分洗净，以去除柔软剂。

（3）将织物按 1 : 50 浴比投入 1% 盐酸溶液中沸煮 1min，然后充分洗净，以去除树脂。

一、纤维素纤维（棉、黏胶纤维）上染料的鉴别

通常纤维素纤维染色主要用直接染料、硫化染料、还原染料、不溶性偶氮染料和活性染料。

1. 直接染料鉴别

该类染料为水溶性染料，上染纤维后又能在水中溶解下来（氨水条件下），且染料浸出液加食盐后能对纤维素纤维再度上染。因此，根据染样的染色情况，可以进行判断。

（1）实验材料、仪器及药品。

①实验材料。直接染料染色棉织物、白色棉织物。

②实验仪器。小烧杯、玻璃棒。

③实验药品。浓氨水、食盐。

（2）实验步骤（直接染料移染）。将约 0.3g 染色试样置于小烧杯中，加入约 20mL 水及 2mL 浓氨水，加热至沸，使织物上染料溶解于氨水溶液中（尽量使染料充分溶出），取出试样。另将约 0.03g 白色棉织物及 0.03g 食盐加入上述染料浸出液中，加热保持微沸 3min，取出染样，水洗。比较染样得色情况，若白色棉织物在含有食盐的氨水溶液中能染得与原染色棉织物几乎相同深度，则表明织物上的染料为直接染料。

2. 硫化、还原类染料鉴别

该类染料为非水溶性染料。在碱性保险粉溶液中，染料被还原成可溶性隐色体，颜色也发生变化，在空气中或氧化剂作用下，又能恢复原来的颜色。

（1）实验材料、仪器及药品。

①实验材料。硫化染料、还原染料染色棉织物，白色棉织物。

②实验仪器。试管、玻璃棒、滤纸、醋酸铅试纸。

③实验药品。10% 氢氧化钠、保险粉（$Na_2S_2O_4$）、10% 次氯酸盐、16% 盐酸、镁带或锌粉。

（2）实验步骤。

①硫化或还原染料。将约 0.1g 试样置于大试管中，加入 5mL 水及 2mL 10% 氢氧化钠，加热至沸，加 0.03g 保险粉，保持沸腾 3s，如果是硫化或还原染料，试样能迅速变色，将试样夹出置于滤纸上，经 5~6min 即恢复原来颜色。

②硫化染料。将 10% 次氯酸盐溶液作用于试样上，经数分钟后硫化染料将被完全破坏。取 0.1g 试样置于试管中，加入 16% 盐酸，加热处理约 0.5min，加 0.005g 镁带或锌粉，置醋酸铅试纸于试管口，温热 1min，试纸变黑或变棕即证明为硫化染料。

③还原染料。将约 0.3g 试样置于小烧杯中，加 3mL 水及 1mL 10% 氢氧化钠溶液，加热至沸，加 0.02g 保险粉，继续加热，并保持沸腾 1min，取出试样。加 0.05g 白色棉织物、0.02g 食盐，加热至沸并保持 1min，冷却。取出染样放在滤纸上氧化，若白色棉织物能上染，且与原试样色泽相同（仅有浓淡差异），即表明是还原染料（在检出或排除硫化染料后）。

3. 不溶性偶氮染料鉴别

该类染料为非水溶性染料，能溶于有机溶剂（如吡啶）。碱性保险粉溶液能使染料分解而被破坏（即氧化），不能恢复原来的颜色。

（1）实验材料、仪器及药品。

①实验材料。不溶性偶氮染料染色棉织物、白色棉织物。

②实验仪器。试管、玻璃棒、滤纸。

③实验药品。吡啶、10%氢氧化钠、保险粉（$Na_2S_2O_4$）、酒精。

（2）实验步骤。

①吡啶萃取。取0.05g试样置于试管中，加1~2mL吡啶，加热至沸。所有的不溶性偶氮染料在一定程度上被萃取（通风橱内操作）。

②将约0.2g试样置于试管中，加入2mL 10%氢氧化钠溶液及5mL酒精，加热至沸，加5mL水及0.05g保险粉再加热至沸，待染料被还原，冷却，过滤。滤液中加入0.02g白色棉织物及0.03g食盐，沸煮2min，冷却，取出织物，如被染成黄色并在紫外光下显荧光，表明是不溶性偶氮染料。

4. 活性染料鉴别

该类染料为水溶性染料。由于活性染料染色时染料与纤维形成共价键，结合非常牢固，因而活性染料上染纤维后，不能被水解，也不能被有机溶剂萃取。因此，可以根据染料在二甲基甲酰胺溶剂中的溶解情况判断。

（1）实验材料、仪器及药品。

①实验材料。活性染料染色棉织物。

②实验仪器。烧杯、量筒、玻璃棒、电炉或常温水浴锅。

③实验药品。二甲基甲酰胺（DMF）、水（1∶1）、冰醋酸。

（2）实验步骤。置0.2g试样于小烧杯中，加入二甲基甲酰胺水溶液（1∶1）5mL，加热微沸3~4min，取出试样，将其置于DMF溶剂中，再加热微沸3~4min，取出试样。将试样放入盛有5mL冰醋酸溶液（冰醋酸∶水＝1∶1）的小烧杯中，加热微沸3~4min。经上述处理后溶剂中若均未浸出或极少浸出染料，则可证明为活性染料。

二、合成纤维上染料的鉴别

常用的合成纤维包括涤纶、腈纶及锦纶，对不同的合成纤维需用不同的染料进行染色。涤纶通常用分散染料染色，腈纶通常用阳离子染料染色，锦纶通常用酸性染料染色（鉴别方法同蛋白质纤维）。

1. 分散染料鉴别

该类染料为非水溶性染料，但溶于有机溶剂，因此可利用有机溶剂的萃取方法鉴别该类染料。

（1）实验材料、仪器及药品。

①实验材料。分散染料染色试样（涤纶）。

②实验仪器。试管、玻璃棒、量筒、酒精灯、试管夹。

③实验药品。间苯二酚、乙醚。

（2）实验步骤。将 2g 间苯二酚置于试管中，并放 0.1g 试样覆盖其上。小火加热使间苯二酚熔融，并轻轻震荡使试样完全溶于间苯二酚，冷却。注意试管内壁自上而下出现液体凝固而底部尚未凝固时，沿试管壁小心加入约 15mL 乙醚，萃取染料，过滤，若沉淀残渣呈白色或淡色，证明试样上的染料为分散染料。

2. 阳离子染料鉴别

该类染料为水溶性染料，用染色及萃取方法可对该类染料进行鉴别。

（1）实验材料、仪器及药品。

①实验材料。阳离子染料染色试样（腈纶）。

②实验仪器。小烧杯、玻璃棒、量筒、吸量管、吸身球、电炉、试管。

③实验药品。10% 冰醋酸、10% 氢氧化钠、乙醚。

（2）实验步骤。

①染色实验。将约 0.5g 试样置于小烧杯中，加入 1mL 10% 冰醋酸及 10mL 水，加热至沸，并沸煮 1min，取出试样。然后加入阳离子可染腈纶 0.04g 继续沸煮 1min。若能上染腈纶，则表明该种染料为阳离子染料。

②萃取实验。若上述染液经染色后仍有颜色，可在该染浴中加入 7mL 10% 氢氧化钠溶液并冷却，再加 5mL 乙醚，盖上试管口，充分摇动、震荡，直至阳离子染料被抽至乙醚层，静置使其分层。加水直至乙醚层到试管口，将乙醚层小心倒入另一试管中，加 5 滴 10% 冰醋酸，盖上试管，震荡。三芳甲烷染料及苯乙烯（多甲川）染料的色素阳离子部分将离开乙醚层而在醋酸溶液中显出原来的颜色。

3. 酸性染料鉴别

酸性染料是一类水溶性阴离子类型染料，因其染色应用时湿牢度不理想，为此，借助金属离子得配位作用，又有 1∶1 型酸性含媒染料、1∶2 型酸性含媒染料以及酸性媒染染料。

（1）实验材料、仪器及药品。

①实验材料。酸性染料、1∶1 型酸性含媒染料、1∶2 型酸性含媒染料、酸性媒染染料染色试样（锦纶或丝、毛）、白色毛线、白色棉织物。

②实验仪器。小烧杯、瓷坩埚。

③实验药品。浓氨水、稀硫酸、碳酸钠、无水硝酸钠。

（2）实验步骤：将约 0.5g 试样置于小烧杯中，加入 20mL 水及 2mL 浓氨水，加热至沸，使试样浸出足够的染料。将浸出液用稀硫酸中和，并继续加稀硫酸若干滴，使其显酸性。加入 0.04g 白色毛线和 0.04g 白色棉织物，加热至沸保持 2min。

①若染料上染毛织物而不上染棉织物，则为酸性染料或 1∶1 型酸性含媒染料。

②若染料能上染毛织物，但颜色很淡（与原试样比较），则可能为 1∶2 型酸性含媒染料。

③若试样浸出液与原色不同，且浸出液在酸性染浴中仅能使羊毛沾色，则可能为酸性媒染染料。

三、鉴别染料的原则及注意事项

（1）织物上染料鉴别前，首先要进行织物的纤维鉴别，以便推测可能的染料类别。

（2）织物上如有浆料或树脂整理剂，会影响染料的准确鉴别，因此必须预先去除。一般方法是用2%淀粉酶和0.25%润湿剂在90℃处理1min以去除浆料，用1%盐酸溶液沸煮1min以去除树脂，然后充分水洗、干燥后，再进行染料鉴别。

（3）还原染料鉴别时要注意蓝蒽酮隐色体也为蓝色，与氧化后的颜色仅有微小差异。

（4）有机溶剂加热时要特别小心。低沸点有机溶剂一定要远离火源。

（5）详细记录实验过程中观察到的现象，并用试样加以说明。

四、金属鉴定

金属鉴定常用灰分法。将约0.5g试样在瓷坩埚中烧成灰，取其灰分约0.2g置于瓷坩埚内，加入0.4g碳酸钠与无水硝酸钠混合药剂，混匀，继续加热，在高温下使灰分氧化，然后冷却。

根据其氧化产物的颜色，可以判别如下：

黄色即铬，加醋酸溶解熔融物，加几滴醋酸铅溶液，生成黄色沉淀，进一步证明有铬存在。

蓝色即钴，用浓硫酸与高氯酸灰化染料，稀释后加碱中和，取1mL加到饱和硫氰酸铵的丙酮溶液中，溶液呈深蓝色，为硫氰酸钴，证明有钴存在。要注意排除铁、铜金属的干扰。

蓝绿色即锰，加水，过滤，加浓硝酸并加热，冷却后加高碘酸钠再温热，若溶液呈紫红色，证明有锰存在。

任务五 客户要求

配色打样的最终目的是满足客户要求，获得客户对加工产品质量的认可，特别是对色泽的认可。因此，在审样时，首先要明确客户的加工产品用途，明确客户对各个环节的具体加工要求，才能减少与客户间的纠纷。同时，对部分有歧义的颜色、面料等情况双方要明确具体要求或标准。

1. 明确客户对色泽浓度及染色牢度的要求

客户对色泽的要求包括色泽深度、允许色差范围及色泽鲜艳度，对染色牢度的要求包括具体的牢度要求指标及牢度级别，这是配色选择染料的首要依据。一般来说，染深浓色泽，宜选用高强度、高提深性、高湿摩擦色牢度的染料；染浅淡色泽，则选用高匀染性、高日晒色牢度的染料；对氯漂牢度有要求的，要选用耐氯染料；对于耐干洗色牢度有要求的，要选用耐有机溶剂的染料；对熨烫牢度有要求的，要选用耐升华色牢度高的染料。

2. 客户无实物色样提供且对色泽描述模糊的，要明确客户具体要求

在客户的色单中，常常带"白色"色号，如自然白、象牙白和珍珠白等，但无实物标样。遇到这种情况，要先弄清楚色单中的所谓"色光"，是指本白、漂白还是增白。若客户对此混淆不清，难以认定，要先打本白、漂白和增白三种样，给客户认可，如果认定为增白样，一般还要提供黄光、红光、蓝光三种小样，让客户确认。对这种情况，一定要认真对待，否则，在大货验收时，容易与客户产生色光分歧，甚至返工复修。

3. 明确客户对色的正反面

有正反面的斜纹织物，一般都是以斜纹面为正面，有时也有例外，以反面为正面，因此，要认真审定客户的来样。若发现色单中的色板反面朝上，一定要搞清楚是反面为正面对色，还是客户把色板贴反了。千万不可经验主义，擅自更改，否则，小样重打是小事，若投入了生产，将铸成大错。

4. 来样在光源下，带有一定荧光

遇到这种情况，一般有两种可能。第一，要求布料在特定的光源下，应该具有荧光效果；第二，布料本身并不要求具有荧光，而是在染色时为了增艳添加了荧光增白剂。此时，必须先弄清客户的真实要求，然后才能根据要求打样。

5. 客户来样与指定加工的面料不同

这种情况下很难做到完全对样，必须对客户提供的来样重新认定，且要根据不同情况，尽量做到以下几个方面：

（1）来样的组织规格与指定加工织物的组织规格不同。组织规格不同的织物，往往会由于织物的吸光、反光和透光情况不同，使小样与来样色光难以一致。此时，应该多打几只深浅不同、色光不同的小样，供客户选择，这样才能提高客户的认可率。

（2）来样并非织物，而是印刷纸板。由于纸样表面光滑，或纸样为涂料加工，而不是染色所致，因而来样具有较强的光泽，但在规定的光源照射下，染色小样的色光一般难以与来样相吻合。这种情况下，只能多打几只深浅不同、色光不同的小样，供客户选择。

6. 明确混纺或交织物中客户要求的染色对象

（1）要求闪白或闪色的交织物，必须与客户确认何种纤维是何种颜色，一般不可变更。若颜色颠倒，一般会产生两种情况：第一，造成布面整体效果不符；第二，若混纺比例相当，织造规格又适当的情况下，布面整体效果基本相似，给人以错觉，但留下了潜在问题，即客户一旦发觉纤维错色，会拒绝收货，必须重染。因此，对闪色样应格外注意。

（2）若客户提供的来样中，双组分纤维的色泽深浅与色光均一性差，有双色现象。这种情况有可能是双组分纤维色光深浅不同，是染色均一性差所致。此时，要与客户明确：第一，保留这种双色效果；第二，不要双色效果，而要均一色。

7. 明确加工织物纤维的具体品种或规格

（1）棉/锦或棉/涤织物中，所含的锦纶和涤纶并非全是无光丝，有时也有有光丝。锦纶和涤纶光泽的强弱，对布面染色色光的亮度与艳度影响很大。因此，必须要确定客户提供的来样中所含的锦纶或涤纶是有光丝还是无光丝。如果是有光丝，就要以同样的织物打样，若用无光丝的织物打样则会造成色光不符。如用荧光增白剂增艳，必须预先征得客户认可。

（2）棉/锦交织物中的锦纶组分，通常为锦纶6，但也有锦纶66。由于锦纶6的氨基含量比锦纶66高一倍多，所以，锦纶6对阴离子性染料亲和力大，染深性好，易于染深浓色泽。而锦纶66由于氨基含量低，只适合染中、浅色泽。因此，打样前，向客户问清楚锦纶的类别，尽量用锦纶6坯染深浓色泽。如果用锦纶66坯染深浓色泽，即使采用酸性浴、超高温（100℃）饱和染色，往往也难以达到深色要求。即使小样达到深度，大样的重现性也往往很差，且还存在色牢度低、污水色度加深的问题。

8. 明确客户对对色光源的要求

由于颜色的同色异谱现象，即在不同光源下观察到的色泽不同（即通常所说的色光跳灯性），容易因辨色光源不同引起与客户的纠纷。所以一般客户提供的打样色单中都有明确的光源要求，如自然光、日光灯光、D65 光（人造日光）、TL84 光（欧式百货公司白灯光）、CWF 光（美式百货公司白灯光）、F/A 光（室内钨丝灯光）、UV 光（紫外线灯光）等。但在工厂的实际操作中，仍存在着以下问题：

（1）标准灯箱使用的灯管不同。不同品牌的灯箱和灯管，对色色光存在着一定的差异。从而在标准灯箱对色时，出现在工厂的灯箱里色光相符，而在客户公司的灯箱里产生色光偏差，导致小样和大样色光不一致。因此，标准灯箱特别是灯管，一定要选用符合国际标准的产品。

（2）标准灯箱使用不当。如在灯箱的灰色底板上摆放色卡样卡，甚至在灯箱灰色内壁上贴处方纸和色样板等，这会给对色色光造成一定的影响。因此使用灯箱要规范，以消除灯箱使用不当造成的标准灯箱不标准，产生对色差异。

（3）防止将 D65 光源与自然光源混同。有些客户认为 D65 光就是自然光。实际上，D65 光与自然光源相比，它们对颜色色光的反应并非完全一致。所以，常常产生打样色单规定为 D65 对色，而验收小样（或大样）时，却采用自然光对色的问题，因此，工厂与客户之间常常产生分歧。对此，必须事先与客户沟通，统一认识，避免误解。

9. 合理解决色光跳灯性

有的客户要求用两种不同光源对色，甚至要求两种光源同时开启，用混合光源对色。遇到这种情况，通常要产生明显的跳灯问题。即在不同的光源下，产生不同的色光，甚至面目全非。

要解决拼色染料的跳灯问题有两种方法：

第一种方法是做染料配伍试验。不同的染料具有不同的结构，对不同的光源有不同的吸光反光性，拼色时选用对光源配伍性好的染料，如活性红 M-3BE、活性黄 M-3RE、活性黑 KN-B 组合，活性红 3BS、活性黄 3RS、活性蓝 FBN 组合，活性红 B-2BFN、活性黄 B-4RFN、活性黑 KN-B 组合等，在不同光源下，跳灯程度相对较小。而活性黑 KN-G2RC、活性黑 N 等拼混染料，一般跳灯严重，使用时要注意。

第二种方法是选用色光跳灯性小的染料即同色同谱染料拼色打样，如常用的还原染料还原蓝 RSN、还原橄榄绿 B、还原大红 R、还原黄 G 等，在不同光源下，其色光跳灯性较小。

总之，配色打样时，为减少与客户的争端，需严格遵守以下原则：

（1）必须按照客户色单的质量要求选用染料。

（2）必须以客户指定的光源对色。

（3）客户选中的认可样，要和客户提供的原样贴在一起，作为复样、放样、大货生产的对色依据。

（4）必须以客户认定的原样（或第一次确认样）为依据打样。在一般情况下，小样色泽深浅应控制在 5% 以内，色光差异应控制在 4 级以上。

（5）还应注意客户提供的原样和确认样，一定要经客户签字，若中途调换标样，也要签字，以免引起纠纷。

思考题

1. 对来样进行审样的内容有哪些?

2. 写出纺织纤维的鉴别方法。

3. 写出常用纺织纤维的燃烧现象。

4. 鉴别纤维上染料常用的试剂有哪些?

5. 写出纺织纤维上染料种类的鉴别步骤。

复习指导

1. 织物进行染整加工前,须先确定其纤维成分。纤维的鉴定方法很多,常用的是感官鉴别法、燃烧法、溶解法、显微镜法和着色法。这五种方法各有特点,互为补充,在具体使用时,应遵循先简后繁的原则。单一成分的纤维鉴别一般先用感官鉴别法初步确定纤维大类,然后用燃烧法或溶解法等进一步确认。

2. 混纺纤维则应先用显微镜确认纤维种类数量,然后用适当的方法确定各种纤维的含量或混纺比。常见的混纺纤维以两种成分与三种成分者居多,各种纤维的含量分析多采用化学分析法,用适当的溶剂对混纺纤维中的某组分溶解后,通过溶解前后质量变化算出每一溶解组分的质量分数。

3. 织物上的染料鉴别首先要根据纤维类别初步判断染料种类,然后根据各种纤维染色常用的染料特性进行进一步的分析和鉴别。鉴别时主要根据不同染料的溶解性能、耐酸碱性能、耐氧化还原性能及着色性能,综合运用化学法和染色法,从而准确地判断织物上染料的类型。

4. 除了对来样进行必要的鉴别外,对客户的要求也应予以明确。包括客户是否提供实物色样,客户对染色深度、色光鲜艳度以及染色牢度的要求,对色的正反面要求,对混纺或交织物中染色对象的要求,织物品种规格要求等,对来样与指定加工的面料、光源条件等差异情况应与客户明确说明,并尽量满足客户要求。

参考文献

[1] 李青山. 纺织纤维鉴别手册 [M]. 北京:中国纺织出版社,1996.

[2] 瞿才新. 纺织材料基础 [M]. 北京:中国纺织出版社,2004.

[3] 余序芬. 纺织材料实验技术 [M]. 北京:中国纺织出版社,2004.

[4] 蔡苏英. 染整实验 [M]. 北京:中国纺织出版社,2005.

[5] 陈英. 新编染整工艺实验教程 [M]. 北京:中国纺织出版社,2004.

项目二　染料选择

本项目知识点

1. 掌握染色常用染料的种类、染色性能及应用对象。
2. 熟悉染色打样时选择染料的基本原则。
3. 了解颜色的三项基本特征。
4. 熟悉染料的三原色及配色原理。
5. 熟悉配色的基本原则。
6. 掌握加法混色与减法混色的特点及在配色中的应用。

任务一　常用纤维染色用染料

不同结构类型的染料上染纤维的性能是不同的，下面主要对几类常用纤维染色用染料逐一介绍。

一、活性染料

活性染料又称反应性染料，是一类发展速度快、应用范围广的新型染料，染料分子结构中包含母体结构和活性基团两部分。

活性染料母体结构比较简单，且含有磺酸基等水溶性基团，影响染料的颜色及其鲜艳度、耐日晒色牢度等，赋予染料水溶性和直接性；染料活性基团赋予染料与纤维间的反应性，是区别于其他各类染料的特征基团，在适当条件下，能与纤维上的某些基团（如—OH、—NH$_2$、—COOH 等）发生反应，染料—纤维间形成共价键结合，使染料分子成为纤维大分子上的一部分，所以活性染料的染色牢度（如耐洗色牢度、耐摩擦色牢度等）较高。

活性染料色谱齐全，色泽鲜艳，扩散性和匀染性好，价格低廉，而且应用比较方便，虽然部分活性染料耐氯牢度较差，有的染料固色率不高，部分染料的贮存稳定性略差，但随着对染料结构的不断调整和开发，以及对染色工艺的进一步完善和研讨，目前活性染料在实际生产中广泛用于纤维素纤维和蛋白质纤维等的染色和印花，在印染工业上具有重要地位。

根据活性基团的不同，活性染料可分为单活性基活性染料和双活性基活性染料。单活性基染料又可分为二氯均三嗪型、一氯均三嗪型和乙烯砜型活性染料；双活性基染料又可分为一氯均三嗪基与 β-乙烯砜硫酸酯基混合型、双一氯均三嗪型活性染料。

活性染料中活性基不同，其染色性能也各不相同，染色时对温度和碱剂的要求也不同。

1. 二氯均三嗪型活性染料

此类染料又称低温型、冷固型或普通型活性染料。主要特性有：染料结构中含有两个活泼氯原子，染料反应性较高，而染料储存稳定性和染液稳定性较差，尤其是在湿热条件下，极易发生水解而失去活性，导致染料固色率下降，利用率较低。染料分子结构小，扩散速率较高，匀染性好，但直接性较低，染料上染百分率低。如国产的 X 型活性染料属此类。

因此，此类染料染色时，上染和固色温度一般控制在 20~30℃（或室温）为宜，染料上染阶段需根据染料用量加入一定量的促染盐（30~60g/L）来提高染料的利用率。另外，在实际操作中还应注意：染料溶解时间要控制在 1h 之内，不能提前化料；最好采用小浴比染色，以便控制和降低染料的水解，提高染料的上染百分率。

2. 一氯均三嗪型活性染料

此类染料又称高温型、热固型活性染料。主要特性有：染料结构中含有一个活泼氯原子，染料反应性低于二氯均三嗪型活性染料，需要在较高的温度（85℃以上）和较强的碱剂（如 Na_2CO_3 或 Na_3PO_4）条件下，才能与纤维发生共价键结合。此类染料的储存稳定性和染液稳定性较好。如国产的 K 型活性染料属此类。

3. 乙烯砜型活性染料

此类染料又称中温型活性染料。主要特性有：染料结构中含有的活性基为乙烯砜基，由于乙烯砜基不稳定，所以商品一般制成比较稳定的 β-硫酸酯乙基砜，染色时脱去硫酸酯基形成乙烯砜基，而后与纤维反应，染料反应性能介于 X 型和 K 型之间，染料的储存稳定性好，但染料—纤维键耐碱性较差，生产时容易产生风印。此类染料宜采用 40~60℃上染，60~70℃固色。如国产的 KN 型活性染料属此类。

4. 一氯均三嗪基与 β-乙烯砜硫酸酯基混合型活性染料

此类染料属中温型、异双活性基活性染料，两活性基之间具有协同效应，同时具备两种活性基的优点，其反应性比 K 型活性染料高，具有较高的固色率和色牢度，对工艺因素的适用范围较广。此类染料宜采用 40~70℃上染，60~95℃固色。如国产的 M 型、B 型、ME 型等均属此类。

5. 双一氯均三嗪型活性染料

此类染料属高温型、双活性基活性染料，两活性基之间不具有协同效应，其反应性及染料—纤维键的稳定性均与 K 型活性染料相似，具有较高的固色率，工艺条件也与 K 型活性染料相似。如国产的 KD 型、KE 型、KP 型等均属此类。

6. 常用活性染料品种（表 2-2-1）

表 2-2-1　常用活性染料品种

类型	使用温度	三原色			生产厂家
		浅色	中色	深色	
EF 型	中温型	活性金黄 EF-R 活性艳红 EF-5B 活性艳蓝 EF-GR	活性金黄 EF-R 活性艳红 EF-6B 活性深蓝 EF-2G	活性金黄 EF-2R 活性艳红 EF-8B 活性深蓝 EF-2G	上海染料化工八厂
FN 型	中温型	活性黄 FN-2R、活性红 FN-R、活性蓝 FN-R			汽巴公司
X 型	低温型	活性黄 X-4RN、活性红 X-6BN、活性蓝 X-GN			科莱恩公司

续表

类型	使用温度	三原色			生产厂家
		浅色	中色	深色	
KE 型	高温型	活性黄 KE-4R、活性红 KE-3B、活性蓝 KE-R			广东省佛山市伟华化工染料有限公司
B 型	中温型	活性黄 B-4RFN、活性红 B-2BF、活性蓝 B-2GLN			上海万得化工有限公司

7. 活性染料染色所用助剂

另外，在实际生产中采用活性染料进行染色时，还需根据具体情况选择合适的助剂来保证染色产品质量。

（1）匀染渗透剂的选用。虽然活性染料匀染性较好，但有时为了增加匀染的安全系数，特别是加工一些紧密厚实的产品时，还需加入匀染渗透剂（如匀染渗透剂 121），来提高染液的渗透性能和扩散性能，使染料离子能更容易从纤维表面向纤维内部扩散，避免染料分子过多地聚集在纤维表面形成浮色，从而提高染料的上染百分率和染色牢度。

（2）中性电解质、固色用碱剂的选用。中性电解质对染料的上染过程能起到很好的促染作用，有效提高染料的利用率，最常用的促染盐主要是元明粉或食盐。在选用促染盐时，要求中性电解质（元明粉、食盐）中不能含有 Ca^{2+}、Mg^{2+}。因为活性染料固色用碱剂主要有纯碱、磷酸三钠等，若染液中含有 Ca^{2+}、Mg^{2+}，则易产生沉淀物且沾附于被染物上，造成质量问题。

（3）皂洗剂的选用。皂洗剂的主要作用是去除浮色，选择效果好的皂洗剂（如中性螯合分散皂洗剂 1546），能有效地增加与未固着染料的亲和力并形成胶束，从而有效降低未固着染料与被染物之间的亲和力，提高未固着染料与水的接触概率，使未固着染料胶束能够比较稳定地分散在皂洗液中。值得注意的是，采用活性染料染色后皂洗时，切勿选用碱性皂洗剂，因为在碱性条件下，染料—纤维键不稳定，易断裂，从而降低染料的上染百分率和色牢度。

（4）柔软剂的选用。柔软剂有阳离子型和阴离子型。阳离子型柔软剂虽然易使被染物手感柔软，但有些阳离子型柔软剂容易使被染物改变色光，而且如果出现色差需要修色时，很难将其清除干净，给修色带来一定的难度；阴离子型柔软剂相对阳离子型柔软剂来说，虽然价格较高，但它一般不会改变被染物的色光，而且无气味，被染物的吸水性也不会受到影响。所以加工中、高档产品时，宜选用阴离子型柔软剂。

二、还原染料

还原染料的优点主要有色谱齐全、颜色鲜艳、色牢度较高等。但是其价格较高，染色工艺复杂，难对色，而且某些浅色品种对纤维还有光敏脆损作用。在实际生产中，还原染料主要应用于纤维素纤维及其制品的染色，它虽然也能上染蛋白质纤维，但是因为在碱性条件下蛋白质纤维易受损伤，故其很少应用于蛋白质纤维及其制品的染色。

还原染料本身不溶于水，对纤维也没有亲和力，必须在碱剂（如 NaOH）和强还原剂（如 $Na_2S_2O_4$）的共同作用下，先被还原为可溶性的隐色体钠盐（与纤维间有亲和力），才能上染纤维，然后经过氧化处理，隐色体又重新转化为不溶性的染料而固着在纤维上。因此，还原染料的染色过程可分为四个阶段，即染料的还原溶解、隐色体上染、隐色体氧化和皂洗后处理。

1. 染料的还原溶解

在此阶段，还原染料由不溶转化为可溶，由对纤维无亲和力转化为具有一定的亲和力。对于浸染染色来说，染料的还原溶解可以预先进行，然后再按常规方法进行染色，这样可以有足够的时间让染料还原溶解。而对于轧染染色来说，通常染料的还原、溶解及上染只是在几十秒钟的汽蒸过程中实现，因此，轧染对染料还原溶解的条件比浸染要求要高（如浸染时还原剂保险粉的用量通常为 3~12g/L，而轧染时为 15~40g/L）。这在设计染色处方时要多加注意。

还原染料的预先还原方法有干缸还原法和全浴还原法两种。详见第一篇项目六任务四中"还原染料隐色体染色样卡制作"。

2. 隐色体上染

由于各还原染料隐色体的结构和染色性能不同，这就要求采用不同的染色处方进行染色，常用的有甲法、乙法、丙法和特别法四种隐色体上染方法。

（1）甲法。适宜于染料分子结构较复杂，对纤维亲和力较高、易聚集、难扩散、匀染性较差的还原染料（如还原蓝 RSN）。此法需较高的烧碱浓度（30% NaOH 20~30mL/L）和较高的染色温度（60℃）。染色时通常不加促染盐，而且必要时要加入适量的缓染剂，提高染料的匀染性。

（2）乙法。适用的染料性能介于甲法和丙法之间，染色温度通常控制在 45~50℃（也介于甲、丙法之间）。此法需要的烧碱浓度不高，一般需控制在 30% NaOH 7~16mL/L。为了提高染料的利用率，染中、深色时，需要加入适量促染剂，用量一般控制在 0~18g/L。

（3）丙法。适用于分子结构简单、对纤维亲和力较低、不易聚集、易扩散、匀染性较好的还原染料。此法需要的烧碱浓度较低，一般控制在 30% NaOH 7~16mL/L 需要的染色温度为低温（25~30℃）。为了提高染料的上染百分率，染色时需要加入适量的促染剂，用量一般控制在 0~24g/L。

（4）特别法。适用于难还原即还原速率特别慢且高碱条件下易发生副反应的还原染料（如还原桃红 R）。此法需要在较高浓度的保险粉（5~12g/L）、较高浓度的烧碱（30% NaOH 35~45mL/L）和较高染色温度（65~70℃）的条件下进行，一般不需要加入促染剂来提高染料的上染百分率。

常见染料的隐色体染色法分类见表 2-2-2。

表 2-2-2 常见染料的隐色体染色法分类

染料名称	最适宜染色方法	可用染色方法	染料名称	最适宜染色方法	可用染色方法
还原艳紫 2R	甲法（低温起染）	乙法	还原黑 BB	甲法	60℃起染至 80℃
还原蓝 RSN	甲法	—	还原大红 R	乙法	甲法（加盐）
还原蓝 BC	甲法（50℃）	乙法	还原棕 BR	乙法	丙法
还原深蓝 BO	甲法	乙法	还原金黄 RK	丙法（加盐）	乙法

染料名称	最适宜染色方法	可用染色方法	染料名称	最适宜染色方法	可用染色方法
还原艳绿 FFB	甲法	乙、丙法	还原艳橙 RK	丙法	乙法
还原橄榄绿 B	甲法（加盐）	乙法	还原桃红 R	特别法	乙法
还原灰 M	甲法	—	还原棕 RRD	特别法（加盐）	乙法

3. 隐色体氧化

隐色体氧化的目的是将上染到纤维上的可溶性隐色体转化为难溶的染料固着在纤维上，即恢复还原染料本来的结构与色光，提高染色牢度。

隐色体氧化的方法主要有三种：

①水洗、透风法。此法适用于易氧化即氧化速率较快的还原染料，此类染料多数为蒽醌类还原染料（如还原蓝 RSN、还原绿 4G 等）。

②氧化剂氧化法。此法常用的氧化剂有过硼酸钠、重铬酸盐等。主要适用于较难氧化即氧化速率较慢或特别慢的还原染料（如还原桃红 R、还原艳橙 RK 等）；其中对于氧化速率特别慢的还原染料，常采用氧化能力较强的重铬酸盐溶液氧化。

③特殊法。此法适用于一些特殊的染料，如还原黑 BB，需要采用氧化剂次氯酸钠，才能使墨绿色转变为乌黑色。

4. 皂洗后处理

主要目的是去除被染物表面的浮色，使其色光稳定，提高色牢度。

一般皂洗工艺处方为：

肥皂	3~5g/L
纯碱	2~3g/L
温度	90~95℃
时间	15~20min

三、直接染料

直接染料能直接溶解于水，不需要任何介质就能直接上染纤维素纤维和蛋白质纤维，且染色方法简便。

直接染料属于阴离子型染料，在水中能电离出带负电荷的色素离子，而纤维素纤维在染液中也带负电荷，因此直接染料上染纤维素纤维时，染料与纤维带有相同的电荷，染料与纤维间存在着静电斥力，不利于上染。尤其是当染料与纤维间的亲和力较小时，染料上染就比较困难，通常可采用加入食盐或元明粉等中性电解质的办法来促进染料的上染，提高染料的利用率。

1. 直接染料的分类

根据直接染料的化学结构和染色性能的不同，可将其分为三类，即：

（1）甲类（或称 A 类、匀染型、低温型）。此类染料分子结构简单，易溶解，不易聚集，与纤维的亲和力较小，易扩散，移染匀染性好，易达到染色平衡；但上染百分率低，对中性电解质不敏感，即盐对其上染率影响不大，耐洗牢度也较差。染色时，一般始染温度可略高

（如50℃），升温速度可略快，但染色温度不宜太高，一般以70~80℃为宜，保温时间可略短（如小于30min）。

（2）乙类（或称B类、盐敏型、中温型）。此类染料结构较复杂，含水溶性基团较多，溶解性好，对纤维的亲和力较高，较易吸附到纤维表面，但向纤维内的扩散速率较低，匀染移染性略差。中性电解质对其上染率影响较大，可借助于中性电解质的用量和时间来控制其上染速率，以提高其匀染性和上染百分率。染色时，一般始染温度应略低（如40℃），升温速度要适中，染色温度一般以80~90℃为宜，保温时间需略长；加中性电解质可起促染作用，用量可多一些（如中色5~8g/L，深色10~20g/L），但要分批加入，一般在保温前、中期加入。

（3）丙类（或称C类、温敏型、高温型）。此类染料分子结构也比较复杂，且含水溶性基团较少，溶解性较差，染料易聚集，对纤维的亲和力较高，易吸附至纤维上，上染率较高，但向纤维内的扩散速率较低，移染匀染性差，对盐不敏感，即中性电解质对其上染百分率的影响较小。此类染料可借助于较高的温度来提高染料的扩散速率和匀染性。但是染色时应严格控制始染温度和升温速率，以保证匀染效果。染色时，始染温度要低（如低于40℃），升温速度不能太快，染色温度控制在98℃为宜，保温时间可略长（如大于30min）。

2. 环保型直接染料

从化学结构来看，直接染料多为偶氮结构，分子中含有水溶性基团（如—SO_3Na或—$COONa$），使染料上染纤维后易脱色。因此，大部分直接染料染色牢度特别是耐皂洗色牢度不够理想，染色后需要进行固色处理，常用的固色剂有金属盐型和阳离子型固色剂。值得注意的是，固色后染色制品的色光往往会发生变化，并且对环境造成一定的污染，加上在禁用的染料中直接染料占大多数，因此，近几年来，环保型直接染料的开发已成为染料行业新品种开发的重点。目前，环保型直接染料具体品种主要有以下几种。

（1）色泽鲜艳、牢度适中的环保型直接染料，如直接耐晒橙GGL、直接耐晒黄3BLL、直接耐晒绿IRC、直接绿N-B、直接黄棕N-D3G、直接黑N-BN等。

（2）色泽鲜艳，着色强度和耐日晒色牢度高的环保型直接染料，如直接耐晒黄RSC、直接耐晒红F3B、直接耐晒艳蓝FF2GL、直接耐晒蓝FFRL等。

（3）适用于上染涤/棉（或涤/黏）织物的环保型直接染料。由于涤/棉（或涤/黏）等混纺织物中不同性能的纤维需同浴染色，这就要求染料在高温条件下具有优良的稳定性、提升力和重现性，同时具有较好的色牢度及环保性能。例如上海染料公司开发并生产的直接混纺D型染料，是属于具有上述性能的环保型直接染料，目前该品种已达25种以上，主要有直接混纺黄D-R、直接混纺黄D-3RLL、直接混纺大红D-GLN、直接混纺紫D-5BL、直接混纺蓝D-RGL、直接混纺棕D-RS、直接混纺黑D-ANBA等。

另外，德司达（Dystar）公司开发出Sirius Plus系列直接染料，汽巴（Ciba）公司推出Cibafix ECO直接染料，巴斯夫（BASF）公司推出Diazol系列直接染料，Yorkshire公司推出Benganil系列直接染料等，均属于环保型直接染料，具有相似的染色性能，如色泽鲜艳、耐晒牢度高、不含重金属，具有优异的高温稳定性，适用于涤/棉（或涤/黏）混纺织物一浴一步法染色等。

四、分散染料

此类染料分子结构简单，水溶性很低，相对分子质量小，极性低，染色时依靠分散剂的作用主要以微小粒子状（一般要求染料颗粒直径≤2μm）存在于水中，通过溶解成分子分散状态上染涤纶。分散染料是最适合于结构紧密的疏水性涤纶染色的非离子型染料，同时也可用于醋酯纤维及聚酰胺纤维的染色。

分散染料通常有两种分类方法。一是按应用性能分类（即按染料的耐升华性能及匀染性分类），可分为 S 型（高温型）、SE 型（中温型）、E 型（低温型）。其中 S 型耐升华色牢度高，匀染性较差，适用于热溶染色法；E 型与 S 型正相反，即耐升华色牢度差，而匀染性好，适用于高温高压染色法；SE 型介于 S 型和 E 型之间。二是按应用对象分类，可分为 A 型、B 型、C 型、D 型、P 型。其中 A 型分散染料适用于上染醋酯纤维和锦纶；D 型分散染料适用于上染涤纶；P 型分散染料适用于纺织品的印花加工。

常用分散染料三原色见表 2-2-3。

表 2-2-3　常用分散染料三原色

类型	三原色	备注
低温型	分散黄 E-3G、分散红 E-4B、分散蓝 E-4R 分散黄 E-2G、分散红 E-3B、分散蓝 2BLN	浅色
中温型	分散橙 SE-GL、分散红 SE-4RB、分散蓝 SE-5R 分散黄 M-4GL、分散红 SE-GFL、分散蓝 SE-2R	中色
高温型	分散橙 S-4RL、分散红 S-5BL、分散蓝 S-3BG 分散黄棕 S-2RL、分散红玉 S-2GFL、分散深蓝 HGL	深色

分散染料的染色方法主要有两种，一是高温高压染色法，二是热溶染色法。

1. 高温高压染色法

由于分散染料结构简单，染料与纤维间作用力较小，因此，需在高于涤纶玻璃化温度以上进行染色。这是因为在涤纶玻璃化温度以上，纤维无定形区的分子链段运动剧烈，纤维分子间的自由体积会增大增多，同时染料分子的动能也会随温度的升高而不断增加，使染料颗粒容易解聚或发生升华形成染料单分子而被纤维吸附，并迅速扩散进入纤维内部。染色后随着温度降低，纤维分子链段运动停止，自由体积缩小，染料与纤维分子间依靠氢键、范德瓦尔斯力以及机械作用力而固着。

综合分析温度对染料、纤维性能及上染率的影响表明，分散染料高温高压浸染时，染色温度最高可达 135℃，通常控制在 130℃左右，一般高温高压染色机设计的最高工作温度为 140℃。另外，染浴的 pH 也是影响工艺重现性的重要因素之一，因为在高温条件下，改变染浴的 pH，将会导致染料性能的改变甚至破坏染料结构，使色光发生变化、工艺重现性变差。通过分析 pH 对染料色光、染料稳定性和纤维机械性能及上染率的影响表明，分散染料高温高压染色时，pH 必须稳定，并控制在弱酸性条件下，即 pH 为 5 左右。常采用醋酸调节，也可用磷酸氢二铵作缓冲剂。

2. 热熔染色法

热熔染色法具有固色快、生产效率高等优点，但是在得色鲜艳度、染料固着率和染后织物手感等方面均不如高温高压染色法。此法首先是用浸轧的方式将染料均匀地轧附在纤维表面，然后烘干再进行高温热熔。因为控制的热熔温度远远高于涤纶的玻璃化温度，所以纤维无定形区的分子链段运动加剧，同高温高压染色方法一样，染料单分子被纤维吸附，并迅速向纤维内部扩散；染色后随着温度的降低，纤维分子链段运动停止，染料与纤维分子间依靠氢键、范德瓦耳斯力以及机械作用力固着。

该法主要适用于涤纶短纤织物的染色加工。它属于一种干态高温固色的染色方法，通常用于涤纶织物的连续加工。

分散染料上染涤纶热熔染色法的一般工艺流程及工艺条件如下。

工艺流程：浸轧染液（二浸二轧，室温）→预烘（80~120℃）→热熔→水洗或还原清洗。

热熔温度：可根据分散染料的耐升华色牢度选择，一般为190~220℃，高温型可控制在200~220℃，中温型可控制在190~210℃。

热熔时间：1~2min。

五、酸性染料

酸性染料多数以磺酸钠盐的形式存在，只有极少数酸性染料是以羧酸钠盐形式存在，易溶于水，在水中能电离成染料阴离子，属于阴离子型染料。酸性染料染色方便、色谱齐全、色泽较鲜艳，但耐洗色牢度较差，因此用酸性染料染中、深色时，一般都需要进行固色处理才能达到色牢度要求。酸性染料主要用于蛋白质纤维（如羊毛、蚕丝等）和聚酰胺纤维（锦纶）的染色，也可用于纸张、皮革、食品等的着色。

按酸性染料的应用性能和染色性能来分类，可分为强酸性染料和弱酸性染料，其中弱酸性染料包括弱酸浴和中性浴染色的酸性染料。

1. 强酸性染料

此类染料是使用最早的酸性染料，匀染性很好，因此又被称为匀染性酸性染料，主要用于羊毛的染色。染色时，需在强酸性条件（pH=2~4）下与羊毛纤维以离子键结合上染到纤维上，通常用硫酸作酸剂。其缺点是湿处理牢度很差，不易染深浓色，不耐缩绒，染色后羊毛强度有损伤，手感较差。

常用强酸性染料品种如下：

酸性坚牢红 P-L、酸性红 BE、酸性红 E-BM、酸性红 2BL、酸性红 FRL、酸性红 2B、酸性紫 4BNS、酸性红玉 M-B、酸性棕 R、酸性蓝 AFN、酸性蓝 N-BRLL、酸性蓝 BL、酸性绿6B、酸性深绿 B、酸性黄 2G、酸性黄 N、酸性黄 R、酸性匀染黄 GR 等。

2. 弱酸性染料

此类染料的分子结构比强酸性染料复杂，相对分子质量较大，对纤维亲和力较高，主要用于蚕丝和聚酰胺纤维的染色。染色时，需在弱酸性（pH=4~6）或中性（pH=6~7）条件下，依靠与纤维间形成离子键和分子间力的共同作用而上染纤维。此类染料弱酸性浴染色时，通常采用醋酸作酸剂；中性浴染色时，通常采用醋酸铵作酸剂。

该类染料湿处理牢度比强酸性染料好，但匀染性不如强酸性染料；其溶解度较强酸性染料有所降低，染料在溶液中容易聚集，在接近沸点时，染料才能充分解聚而上染到纤维上。

常用弱酸性染料品种如下：

弱酸性大红 F-3GL、弱酸性红 GRS、弱酸桃红 B、弱酸红玉 N-5BL、弱酸性大红 FG、弱酸性紫 N-FBL、弱酸性黑 VLG、弱酸性黄 P-L、弱酸性黄 GN01、弱酸性黄 A-4R、弱酸性黄 4R、弱酸艳红 B 等。

六、阳离子染料

阳离子染料色谱齐全，给色量高，是一类色泽浓艳的水溶性染料，在水中能电离成有色的有机阳离子和简单的阴离子。因为染料分子结构中的阳离子部分具有碱性基团，所以在《染料索引》中将阳离子染料与碱性染料归为一类，在我国，习惯称其为阳离子染料，而原来的一些老品种仍称为碱性染料。

阳离子染料染色时，通常是在酸性介质中进行，此时染料与纤维都处于电离状态，阳离子染料可通过电荷吸引力与纤维的阴离子相结合。阳离子染料在聚丙烯腈纤维（腈纶）上的耐日晒色牢度和耐皂洗色牢度均较高，到目前为止仍是腈纶染色的专用染料，也可用于改性的涤纶和锦纶的染色。

由于阳离子染料分子的大小与腈纶大分子静止状态时的间隙相接近，在这种状态下染料分子很难或者说几乎是不能进入纤维内部的，因此，阳离子染料上染腈纶时，在纤维的玻璃化温度以下是很难上染的。而当染色温度达到纤维的玻璃化温度以上，纤维分子链段发生剧烈运动时，因阳离子染料对腈纶的亲和力较大，致使染料的上染速率会突然增大，加上阳离子染料的移染性较差，所以染色不易均匀。

为了改善由于染料上染速率太快而造成的染色不匀现象可采取以下两种措施。一是要严格控制染色时的升温速率，并适当延长染料的吸净时间，或同时加入适当的助剂（如缓染剂1227）；二是在拼色时要选择合适的拼色染料。因为腈纶中染座的含量是有限的，如果各染料的配伍性不一致，则上染速率各不相同，就会产生竞染现象，影响得色和匀染性。所以，应严格控制上染过程，选择合理的拼色染料。

常用阳离子染料品种见表 2-2-4。

表 2-2-4　常用阳离子染料品种

染料品种	配伍值	pH 稳定范围	染料品种	配伍值	pH 稳定范围
黄 X-8GL 250%	3.5	2~5	艳蓝 2RL 500%	1.5	2~5
黄 X-5GL 400%	5	2~6	蓝 X-BL 250%	3	2~7
黄 X-5GL 400%	3	3~6	蓝 M-RL 250%	4	2~6
黄 X-2RL 200%	2	3~7	蓝 X-GRRL 250%	3	2~5
金黄-GL 250%	3	3~6	蓝 X-GRL 300%	3	2~5
艳红 X-5GN 250%	3	2~7	翠蓝 X-GB 250%	3.5	3~8
红 200%	2.5	2~8	蓝 X-101 200%	3	3~6

续表

染料品种	配伍值	pH 稳定范围	染料品种	配伍值	pH 稳定范围
红 250%	1.5	3~8	藏青 RB 300%	3	2~7
红 250%	2.5	2~7	黑 X-RL	3	3~6
红 M-RL 200%	3	2~10	黑 X-2RL	3	2~5
桃红 X-FG 250%	4	3~7	黑 X-2G	3	3~6
红 3R 300%	1.5	3~8	黑 X-5RL 300%	2.5	3~6
红 X-6B	3	4~6	黑 X-101 300%	3	3~6
艳紫 X-5BLH 200%	3	3~6	黄 DC-2RL 200%	3.0	2~7
紫 3BL 250%	1.5	3~5	红 DC-2RL 200%	2.5	3~8
黄 X-5GL 400%	3	3~6	红 DC-2BL 200%	2.5	2~7

七、中性染料

此类染料又称中性络合染料，是一种具有特殊结构的酸性染料，它是酸性金属络合染料的一种，是由两个染料分子与一个金属原子络合，故又称 1∶2 型酸性金属络合染料。该类染料结构复杂，各项染色牢度较好，尤其是耐光色牢度。但由于染料相对分子质量大，对纤维的亲和力高，初染速率较快，而且染后染料的移染性很差，使其匀染性较差。所以染色时需控制染浴接近中性（pH=6~7），常用醋酸铵或硫酸铵作酸剂，必要时可加入匀染剂（如平平加 O，1~1.5g/L），染料与纤维间的结合力主要是氢键与范德瓦耳斯力，其染色原理与弱酸性染料相似，常用于蛋白质纤维的染色，也可用于锦纶和维纶的染色。

常用中性染料品种如下：

中性艳黄 S-5GL、中性深黄 GRL、中性深黄 GL、中性橙 RL、中性枣红 GRL、中性紫 BL、中性蓝 BNL、中性蓝 2BNL、中性深蓝 S-TRF、中性棕 2GL、中性深棕 BRL、中性咔叽 GL、中性灰 S-GB、中性黑 BGL、中性黑 S-2R 等。

八、冰染染料

冰染染料是一类需在冰冷却下制备重氮盐和偶合显色的不溶于水的偶氮染料，所以又称不溶性偶氮染料。

冰染染料的印染过程是将织物先用色酚（偶合组分）的碱性溶液打底，再将打底后的织物通过与冰冷却的色基重氮盐（重氮组分）溶液，即在织物上直接发生偶合反应而显色，生成固着的偶氮染料，从而达到印染目的。由于色酚（打底剂）多为纳夫妥（萘酚）类的衍生物，所以冰染染料又称纳夫妥染料。

冰染染料色泽浓艳，色谱较齐全，多数能耐氯漂，耐水洗及耐日晒色牢度均较好，但耐摩擦色牢度较差。此类染料合成路线简单，价格低廉。可用于棉织物的染色和印花，也可用于制备有机颜料。

（1）色酚。是冰染染料的偶合组分，又称打底剂。大多数是一些含羟基的化合物，主要为邻羟基萘甲酰胺类，此外还有稠环、杂环的邻羟基酰芳胺类以及少数的乙酰基乙酰胺类。

它们按《染料索引》统一命名。

（2）色基。是冰染染料的重氮组分，又称显色剂，是不含磺酸基或羧基等水溶性基团而带有氯、氰基、硝基、芳胺基、三氟甲基、甲砜基、乙砜基或磺酰胺基等取代基的芳胺类化合物。色基常以它与色酚生成的颜色命名。冰染染料的色基必须经过重氮化反应才能用于显色，使用不够方便。如果将色基重氮化后制成较为稳定色盐即重氮盐，则印染时只需将色盐溶解，便可直接用来显色。

（3）快色素类冰染染料。为了进一步简化冰染染料的印染工艺，染料生产厂家有时也将特制的稳定重氮盐与色酚混合在一起，制成不需经过打底和显色，而能直接用于印花的冰染染料。目前，工业上生产的有快色素、快磺素、快胺素三类。

①快色素。其稳定性较差，不易贮存，对酸特别敏感。应用快色素印花汽蒸以后，要在酸性浴中显色，也可通过含酸的蒸汽来显色，如快色素红 FGH。

②快磺素。应用快磺素印花后需用重铬酸钠作氧化剂处理，再用汽蒸显色，如快磺素 G。

③快胺素。在应用时和快色素一样，也需用汽蒸和酸处理显色。但快胺素比快色素稳定，如快胺素 G。

（4）常见冰染染料品种。

①色酚系列。有色酚 AS-BS、色酚 AS-BG、色酚 AS-CA、色酚 AS-E、色酚 AS-ITR、色酚 AS-IRG、色酚 AS-KB、色酚 AS-LC 等。

②色基系列。有黄色基 GC、橙色基 GC、紫 B、黑 LS、蓝 BB，还有红色基 KB、红色基 RL、大红色基 GGS、紫酱色基 GP 等。

任务二　选择染料的基本原则

染料选择是染色加工中的重要环节，它不仅影响染色质量，而且直接关系到生产成本及经济效益。我们知道，同一类染料可以上染不同类型的纤维，如活性染料可以上染纤维素纤维、蛋白质纤维，也可以上染锦纶；同样，同一类纤维也可以用不同类型的染料进行染色，如纤维素纤维可以采用活性、还原、直接、硫化等染料进行染色。不同类型的染料可以采用不同的染色方法，即使同一类染料有时也可以采用不同的染色方法。这为染料的选择带来了一定的困难。

一般应依据纤维性能、颜色特征、质量要求、加工成本、设备条件、环保要求等因素选择染料。另外，拼色染料之间的配伍性是否一致，也是至关重要的。如果拼色染料之间的配伍性不一致或相差较远，则会影响到得色和染色工艺的重现性，从而影响到染色生产过程的稳定性，增加工艺难度和复杂性。因此，印染工艺设计人员除了要了解纤维性能、质量要求、设备特性外，还必须充分了解和掌握各种染料的染色性能，并结合生产实际情况综合考虑来确定。本节主要介绍在制定染色工艺、选择染料时应遵循的基本原则。

一、依据纤维类别选择染料

选择染料的最基本依据是纤维的类别。各类纤维的结构不同，染色性能就不同。对于纯纤维及其制品，像纤维素纤维及其制品（如棉、麻类纤维），由于其分子结构上含有较多的亲水性基团（如羟基），比较容易吸湿溶胀，对碱的稳定性也较高，并且在一定条件下能与活性染料中的活性基团发生化学反应。因此，染色时可选用的染料有活性、还原、直接、硫化染料及涂料等。像蛋白质纤维及其制品（如羊毛和蚕丝等），由于在碱性条件下易使纤维大分子链中的肽键水解断裂，对碱的稳定性较差，因此，染色时通常选用酸性、中性和酸性媒染等染料上染。像聚酯纤维（如涤纶），由于其分子结构上不含亲水性基团，属疏水性纤维，不易吸湿溶胀，且高温下不耐强碱，因此，聚酯纤维及其制品通常采用分散染料弱酸性条件下染色。

对于混纺或交织物染色，一般有三种情况。一是同质同色，如羊毛与蚕丝、蚕丝与锦纶等，对此类织物进行染色加工，在选择同种染料染色时，要充分考虑各种纤维的染色性能及同种染料在两种纤维上的得色性能，否则容易出现得色不匀（即色花）现象。二是不同质同色，如羊毛与丝光棉、蚕丝与天丝、锦纶与涤纶、涤纶与棉等，对此类织物进行染色加工时，可选择同类染料染色，也可选择不同类型染料染色。例如，蚕丝与天丝混纺织物可选择活性染料染色；锦纶与涤纶混纺织物可选用分散染料染色，也可选用弱酸性/分散染料染色（弱酸性染料上染锦纶，分散染料上染涤纶）；涤纶与棉混纺织物，可选用混纺染料（或涂料）同时上染两种不同的纤维，也可选择分散/活性、分散/还原两种不同的染料分别上染不同的纤维。三是不同质纤维交织物染色留白，对此类织物进行染色加工，关键是选择染色对象，防止另一纤维玷色。如蚕丝/棉交织物染色留白，首先要选择上染对象。如果选择染棉，由于能够上染棉的染料均可一定程度地上染蚕丝，这样要做到染色留白洁白就很难保证；如果选择染蚕丝，则可选用酸性染料或活性染料酸性浴染色，此条件下染料不上染棉，这样染色留白洁白就能得到保证。

总之，选择染料时，必须考虑染料与纤维性能的适应性。

常用纺织纤维染色适用的染料见表 2-2-5。

表 2-2-5　常用纺织纤维染色适用的染料

染料	活性	直接	还原	硫化	可溶性还原	酸性	酸性媒染	中性	分散	阳离子	涂料
棉	√	√	√	√	√	—	—	—	—	—	√
麻	√	√	√	√	—	—	—	—	—	—	√
黏胶纤维	√	√	√	—	—	—	—	—	—	—	√
竹纤维	√	√	√	—	—	—	—	—	—	—	√
甲壳素纤维	√	√	√	—	—	—	—	—	—	—	√
Lyocell 纤维	√	√	√	—	—	—	—	—	—	—	√
蚕丝	√	√	—	—	—	√	√	√	—	—	√
羊毛	√	—	—	—	—	√	√	√	—	—	—
大豆蛋白纤维	√	√	—	—	—	√	—	√	√	—	—
牛奶蛋白纤维	√	—	—	—	—	√	—	√	√	—	—
涤纶	—	—	—	—	—	—	—	—	√	—	√

染料	活性	直接	还原	硫化	可溶性还原	酸性	酸性媒染	中性	分散	阳离子	涂料
腈纶	—	—	—	—	—	—	—	—	√	√	—
锦纶	√	—	—	—	—	√	—	√	√	—	√

二、依据标样要求选择染料

对于印染企业来说，生产的产品可分为两类，一类是客户来样加工，一类是企业自营产品。不管是哪类产品，对于印染技术人员，尤其是制定印染生产工艺的人员来说，都应该有一个标准样（即参考样），此标准样可以是客户来样，也可以是产品设计人员的设计样，总之，印染工艺设计人员要依据标样在色泽、色差、色牢度、产品风格、产品用途等方面的要求，选择合适的染料、助剂，制定合理的生产工艺，并组织生产。通常情况下，适用于某一纤维染色的染料品种往往有好多种，但并不是所有适用的染料都能满足标样的要求。如有些染料耐洗色牢度较高，但耐日晒色牢度较差；有些染料适用于染深浓色，有些染料只适用于染浅淡色，像可溶性还原染料适用于上染淡色或中色，还原染料则适用于上染中、浓色，而不溶性偶氮染料及硫化染料则适用于上染浓色等。这就需要充分了解各类染料特性及其应用性能，包括各类常用染料的色谱、匀染性、色牢度、染色方法、主要优缺点、价格及其适用性等，然后根据标样要求选用最适合的染料进行生产加工。例如，黑色棉布可选用硫化元染色，大红、紫酱色棉布可选用不溶性偶氮染料染色，翠蓝色棉布可选用活性染料染色等。

总之，只有充分了解和掌握各类染料的性能，才能根据具体要求选择出合适染料，制定合理的染色工艺，生产出合格的产品。

纤维素纤维及其制品常用染料的应用性能见表2-2-6。

表2-2-6　纤维素纤维及其制品常用染料的应用性能

染料	活性染料	还原染料	硫化染料	直接染料	可溶性还原染料	涂料
色谱	齐全	缺艳大红	不全	齐全	较齐全	齐全
匀染性	好	一般	一般	一般	好	一般
鲜艳度	鲜艳	鲜艳	一般	一般	鲜艳	鲜艳
耐洗色牢度	较好	好	好	较差	好	较好
耐摩擦色牢度	较好	较好	一般	较好	好	较差
耐日晒色牢度	较好	好	较好	一般	好	一般
染色方法	方便	较复杂	较复杂	简便	方便	简便
适用性	广泛	广泛	深浓色	较广	浅淡色	广泛
价格	较低	较高	低	低	高	一般
主要缺点	固着率低，不耐氯漂	易光敏脆损	不耐氯漂，易贮存脆损	耐洗色牢度差	易光敏脆损，递深率低	耐湿摩擦色牢度差，手感差

三、依据被染物的用途选择染料

不同用途的染色产品，对其染色质量控制的侧重点就不同。例如，某产品经染色后，最终是用来做窗帘的，那么在选择染料时，就须考虑到此织物是不需经常洗涤的，但是要经常受到日光的照射，因此，染色时需选择耐日晒色牢度较高的染料来上染。如果某产品经染色后，最终是用来制作内衣或夏季服装用的浅色织物，那么在选择染料时，就须考虑到此织物需要经常洗涤和受日光的照射，则应选择耐洗、耐晒、耐汗渍色牢度较高的染料来上染。

四、依据工艺实施的基本条件选择染料

依据纤维性能、标样要求、染色工艺成本及货源等因素选定染料品种后，染色生产工艺就已基本确定。因此，工艺设计人员在选择染料的同时，还必须根据实际生产的具体情况，充分考虑生产工艺的实施效果，如生产设备对工艺的适应性、操作职工的操作水平和技术素养、生产管理水平等，保证制定的生产工艺顺利执行，保证产品质量。

五、依据染色方式选择染料

常用的染色方式可归纳为两类，一是浸染，二是轧染。不同的染色方式，对染料的性能及要求也不相同。例如浸染应选择亲和力较大的染料，因为浸染时浴比往往较大，染料亲和力不高时，其上染率会降低，从而影响到染料的利用率；而轧染时则应选择亲和力较小的染料，因为轧染时如果染料的亲和力较高的话，易产生先深后浅，色泽不一等疵病。

另外，当采用热溶法对涤纶或涤棉混纺织物进行染色时，所用染料应选择升华牢度较高的分散染料，这样，染料的上染固着率高，透染性好，染色物的牢度也好。而采用高温高压法对涤纶或涤棉混纺织物进行染色时，可选择升华牢度稍低的分散染料染色，以利于染料的扩散。

六、依据工艺成本和货源选择染料

选择染料制定染色工艺时，不仅要考虑染色产品质量要求（如色泽、色差、色牢度等），同时还须考虑染色工艺成本（如染料、助剂的成本、水、电、汽的成本等）以及货源是否充足、便利等。在企业生产中，影响染色生产成本的主要因素有：坯绸、染料、助剂等生产原料成本，染色过程中的水、电、汽等能源消耗成本，管理成本等。因此，选择染料的基本原则应该是，在满足标样对产品色泽、色差、色牢度等质量要求的前提下，尽可能选用价格低、货源充足、能耗低、易操作、质量易控制、污染小的染料进行染色加工。

任务三 颜色基本知识及配色基本原则

配色又称拼色，是指将两种或两种以上不同颜色的物质（如染料或涂料）拼混成另外一种颜色或改变原来色光的过程。在印染生产企业中，负责或承担配色打样工作的人员除了须掌握必备的色彩知识、专业知识和具有敏锐的辨色能力外，还须遵循和掌握配色的基本原则

以及积累丰富的生产实践经验。

一、颜色的基本特征

颜色可分为彩色和非彩色（或称消色）。这是因为物体对光具有吸收性能，而彩色是物体对可见光选择性吸收的结果，非彩色是物体对可见光非选择性吸收的结果。我们所看到的物体颜色是该物体所吸收的光的颜色的补色，因此任何物质的颜色只有将其放在光线下才能显示出来。

通常人们将色调、纯度和亮度称为所看到的物体颜色的三项基本特征，或称为色的三要素。印染工作者尤其是配色打样人员掌握颜色的基本特征是胜任本职工作的基本要求。

（一）色调

1. 色调的含义

色调又称色相，可用来比较确切地表示某种颜色的色别，是色与色之间的主要区别，也是颜色的最基本性能，是颜色的本质。如红、黄、蓝、绿等表示不同的色调。也可用来区分颜色的深浅。

2. 色调的表示方式

色调取决于物体选择吸收光的最大波长及组成，通常采用光的波长来表示。

（二）纯度

1. 纯度的含义

纯度又称饱和度、鲜艳度、彩度，可用于区别颜色的鲜艳程度，它表明颜色中彩色的纯洁性，即颜色中所含彩色成分和非彩色成分的比例，含彩色成分的比例越大，纯度就越高。因此，光谱色的纯度最高，而消色（即白色、灰色、黑色）的纯度最低。所以说光谱色是极限纯度的颜色。

2. 纯度的表示方式

纯度取决于物体选择吸收光的波长范围，通常以彩色的白度的倒数来表示。

（三）明度

1. 明度的含义

明度又称亮度，可用于区别颜色的浓与淡，它表示有色物体的表面所反射的光的强弱程度，即表明物体在明度程度上接近黑白的程度。明度值越大，表明越接近白色；反之，表明越接近黑色。

2. 明度的表示方式

明度取决于物体反射光的强度，通常用光的反射率来表示。反射率越高，反射光越强，明度越高；反之，明度越低。

总之，色的三个基本特征（或称三要素）是互相联系的。要准确地描述一种颜色三者缺一不可。同样，要判断两种颜色是否相同，首先要断定颜色的三要素是否相同。换句话说，如果两种颜色的三个基本特征中有一个不同，那么这两种颜色就不相同。

二、配色原理

色的混合虽然是一个较为复杂的过程，但是它遵循着两个基本原理，即加法混色原理和减法混色原理。

（一）加法混色

1. 加法混色的定义

加法混色是指将彩色光重叠加合起来的混色方法，即将两个或两个以上有色光同时（或交替）射入人的眼睛时，所产生的不同于原来色光的新颜色感觉的方法。

2. 加法混色的理论依据

人们眼睛所看到的同样颜色的光，可以是混合光也可以是单色光。例如我们看到的黄光，可能是红光和绿光的适当混合，也可能是波长为 $580 \sim 590nm$ 的单色光。也就是说，人们的视觉无法分辨出色的光谱成分，但能辨别颜色。加法混色原理的理论依据就是人眼的这种视觉特征。

另外，相同颜色的光都是等效的。换句话说，如果光的颜色外貌相同，那么不管其光谱组成是否相同，其在色光的混合中效果是相同的。例如，若色光 $X+Y=B$，色光 $A+B=C$，那么 $A+(X+Y)=C$。这一规律称为颜色替代律。

有色光拼混次数越多，明度越大，越接近于白光，这是因为混合色光的总明度等于组成混合色光的各色光明度之和。互为补色光是指如果两种颜色的光以适当比例混合，产生白光，那么这两种光可称互为补色光。

3. 加法混色的三原色

通常人们把红光、绿光、蓝光三种光的颜色称为加法混色的三原色。有三个方面的原因：一是因为把这三种光以适当比例加法混合时，可得到白光；二是因为人眼的视觉对这三种光最敏感；三是因为这三种光混合后所得颜色范围最广。但是，三原色的选择不是唯一的，只要满足三原色条件（即它们之间必须是互相独立的，其中任何一种颜色都不能用另外的两种拼混得到）的红、绿、蓝三种色光，均可作为加法混色的三原色。只是三原色不同，得到某种颜色所需的各原色的混合量不同，以及混合所生成的颜色范围也不同。

因此，为了统一标准，1931 年国际照明协会（CIE）规定了加法混色的标准三原色为特定波长的单色光，它们的波长分别为：红色 $\lambda=700.1nm$，绿色 $\lambda=546.1nm$，蓝色 $\lambda=435.8nm$。

加法混色图如图 2-2-1 所示。

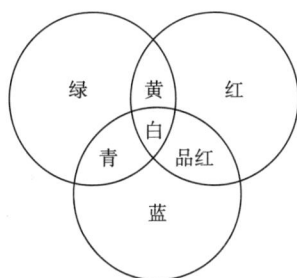

图 2-2-1 加法混色图

4. 加法混色的应用

加法混色适用于彩色光的混合，在印染工业中主要应用于荧光增白剂、荧光染料的混色；另外，还可应用于色织物的设计、彩色电视机、光学光路的设计等。

（二）减法混色

1. 减法混色的定义

减法混色是指把两个或两个以上的有色物体叠加在一起，而产生不同于原来各有色物体颜色的混合方法。换句话说，减法混色就是把有色物体混合后，我们所看到的颜色是各混合物成分所不吸收的光线（即从白光中减去被有色物体所吸收的光线）混合的结果。

例1：将红色和黄色的物体（如染料）混合可得到橙色，这是因为红色物体是较多地吸收可见光中的青光部分，较多地反射或透射红光，而黄色物体是较多地吸收可见光中的蓝光部分，较多地反射或透射黄光，将这个红色与黄色物体重叠混合后，其结果是较多地吸收青光和蓝光，较多地反射和透射红光和黄光，因此我们看到的混合物颜色是红光与黄光混合后的颜色（即橙色）。

例2：某物体吸收了白光中的蓝色光，呈现出黄色；另一物体吸收了白光中的红光，呈现出青色。将这两种物体混合所得混合物既吸收蓝光又吸收红光，则较多地反射或透射绿光，呈现出绿色。

2. 减法混色的三原色

减法混色的三原色为品红色、黄色、青色。这三种颜色以适当的比例混合可得到黑色，这是因为减法混色时，每个有色物体吸收光谱中的一部分。重叠后，吸收光谱的范围增大，而反射或透射的光谱范围缩小。所以，减法混色的结果最终可得到黑色（即绿光、蓝光、红光全部被吸收），明度降低。

如果两种颜色的物质相混得到黑色，那么这两种颜色互为余色。

减法混色图如图2-2-2所示。

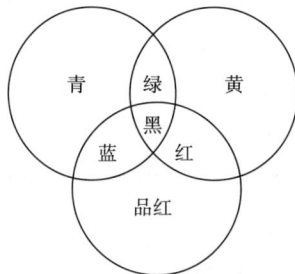

图2-2-2　减法混色图

3. 减法混色的应用

减法混色适用于有色物质的混合，在印染工业中，染料、颜料的混合就是减法混色的例子，另外也适用于油墨的混合。

（三）减法混色及加法混色之间的关系

减法混色三原色为品红色、黄色、青色的物质，各自吸收了它们的补色光，即品红色物质吸收了白光中绿光，黄色物质吸收了白光中蓝光，青色物质吸收了白光中红光。把这些被吸收的光加在透过物体的光上时，得到原来的白光。因此，品红和绿、黄和蓝、青和红互为补色，即加法混色的三原色与减法混色的三原色互为补色。或者说，将加法混色三原色进行两两混色可得到减法混色的三原色，将减法混色的三原色两两混色可得到加法混色的三原色。

加法混色三原色与减法混色三原色关系示意图如图 2-2-3 所示。

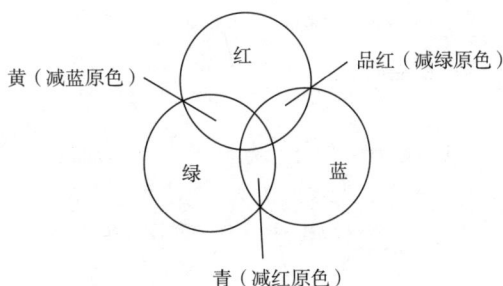

图 2-2-3　加法混色三原色与减法混色三原色关系示意图

三、配色基本原则

在印染工业中，配色是指将两种或两种以上的染料或颜料混合起来使用，从而得到另外一种颜色或改变原来色光的过程，是对有色物质的混合，与光的混合不同，它遵循减法混色原理。在配色时应掌握以下基本原则及注意事项。

（一）染料类型相同

配色染料应选同一应用大类及小类的染料，以利于染色工艺的制定和操作。对于混纺或交织物染色，需采用类型不同的染料拼混时，要充分考虑染料的相容性和染色条件的一致性，否则染液不稳定，染色工艺的重现性也差，且色光难控制。

（二）染料性能相同或相近

配色用染料的染色性能（如直接性、上染温度、上染速率、扩散性、染色牢度等）要相近，否则染色工艺的重现性差，且染后易出现色光不一，服用过程中易出现褪色程度不同等现象。

各类染料的三原色通常是经过精心筛选的，因此，拼色时应优先考虑选用。

（三）配色用染料的只数要尽量少

一般最好不要超过三只染料，以便于调整和控制色光，以及保证得色的鲜艳度。如果做主色的染料本身是由几只染料拼混而成，那么尽可能选取拼混主色染料的成分做拼色的染料，以减少拼用染料的只数。

（四）尽量利用余色原理调整色光

余色原理是指互为余色的两种颜色，可以相互消减的现象，即互为余色的两种颜色相混合能得到黑色。例如一个绿光蓝色，经拼色打样后认为绿光太重，为了消减绿光，就可以加一点绿色的余色（即红紫色染料）来消减。但值得注意的是，因为余色消减的结果是生成黑色，所以余色原理只能用来微量调整色光，如果用量稍多就会影响色泽深度和鲜艳度，甚至影响到色相。几种颜色的余色关系如图2-2-4所示。

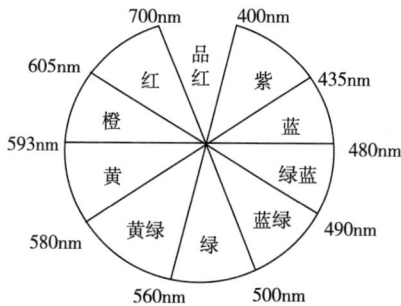

图2-2-4 几种颜色的余色关系

（五）尽量做到"就近出发""就近补充""一补二全""多方供给"

例1：需要拼一绿色时，可采用"黄色+蓝色"拼混得到，但是由于黄色与蓝色的色光不同，拼色效果就会受到影响，并且调整起来也比较困难，因此，条件允许的情况下，最好选择一只比较合适的绿色染料作为主染料，即从"绿"出发，然后再选择其他染料调整色光，这就是做到"就近出发"。

例2：需要拼一带红光的蓝色时，尽量不要选用"红色+蓝色"拼混得到，最好选择与蓝色相近的带红光的颜色（如紫色）来补充红光，做到"就近补充"。

例3：需要拼一军绿色时，尽量不要选用"绿色+黄色+灰色"拼混得到，而应选择"绿色+暗黄色"拼混，使军绿色中的黄色成分由暗黄色来提供，同时暗黄色还补充了军绿色中需要的灰色成分，做到"一补二全"。

例4：拼军绿色时，也可以选择"暗绿色+暗黄色"来拼混，使军绿色中的灰色成分由暗绿色和暗黄色双方来提供，做到"多方供给"。

总之，拼色是一项比较复杂而细致的工作，除了掌握必备的理论知识外，还需要积累丰富的生产实践经验，才能提高辨色的能力和工作效率。

思考题

1. 常用染料有哪些类型？各自的应用性能有哪些特点？
2. 写出各类型染料的应用对象。
3. 染色时选择染料的原则有哪些？

4. 颜色的三项基本特征是什么？

5. 染料的三原色是什么？

6. 写出配色的原理。

7. 染料配色时应遵循的基本原则有哪些？

复习指导

1. 活性染料分子结构中包含母体结构和活性基团两部分。染料中活性基不同，其染色性能也各不相同，染色时对温度和碱剂的要求也随之不同。在适当条件下，活性基能与纤维上的某些基团形成共价键结合，因此，染色牢度较高。

2. 还原染料本身不溶于水，对纤维也没有亲和力，必须在碱剂和强还原剂的共同作用下才能上染纤维。其染色过程可分为染料的还原溶解、隐色体上染、隐色体氧化和皂洗后处理四个阶段。

3. 直接染料属阴离子型水溶性染料，多为偶氮结构，在中性染液中与纤维带有相同的电荷，不利于上染。通常采用加入中性电解质的办法来提高染料的利用率。根据其化学结构和染色性能可分为低温型、中温型、高温型三类。

4. 分散染料染色时通过溶解成分子分散状态上染至纤维，是最适合于结构紧密的疏水性纤维染色的非离子型染料。按其应用性能可分为高温型、中温型、低温型三类。

5. 酸性染料属阴离子型水溶性染料，主要用于蛋白质和聚酰胺纤维的染色。按其应用和染色性能可分为强酸性和弱酸性染料，其中弱酸性染料包括弱酸浴和中性浴染色的酸性染料。

6. 中性染料是一种具有特殊结构的酸性染料，是由两个染料分子与一个金属原子络合得到，故又称1:2型酸性金属络合染料。其染色原理与弱酸性染料相似，常用于蛋白质纤维的染色，也可用于锦纶和维纶的染色。

7. 阳离子染料是一类色泽浓艳的水溶性染料，通常在酸性介质中进行染色。到目前为止仍是腈纶染色的专用染料，也可用于改性涤纶和锦纶的染色。

8. 冰染染料是一类需在冰冷却下制备重氮盐和偶合显色的不溶于水的偶氮染料，其染色过程是将织物先用色酚的碱性溶液打底，再将打底后的织物通过用冰冷却的色基重氮盐溶液，在织物上直接发生偶合反应而显色，达到印染目的。

9. 染料选择是染色加工中的重要环节，一般应依据纤维性能、质量要求、加工成本、染料性能、配色原理、设备条件、环保要求等因素来进行综合考虑。

参考文献

[1] 朱世林. 纤维素纤维制品的染整 [M]. 北京：中国纺织出版社，2002.

项目三　染色工艺设计

本项目知识点

1. 熟知浴比对染色的意义。
2. 熟知浸染染色浴比的设计依据。
3. 掌握纱线及织物小样染色浴比的确定方法。
4. 掌握染色处方设计中涵盖的内容。
5. 熟悉常用染料染色工艺流程。

配色打样的最终目的是制定出切实可行的染色生产工艺，生产出符合要求且具有一定数量和经济效益的染色产品。因此，制定染色打样方案时，要充分考虑到大生产的可操作性和工艺质量的稳定性，尤其是小样与大样生产时的色差问题，这也是染整技术人员控制和考虑的重点。

染色时，如何减少大样与小样之间的色差是很复杂的问题。造成此色差的原因是多方面的，如打样对色时的精确性、拼色染料的配伍性、大样与小样所用染化料的称量误差，还有染浴的浴比、工艺流程、工艺条件、实际操作以及染色前半制品的质量等，均会不同程度地影响到大样与小样的得色量，造成一定程度的色差。因此，在实际生产中，除了尽可能做到染色大小样工艺条件一致外，还需要根据具体情况和生产实践经验测算出调整系数，然后做出适当的调整，才能满足产品质量的要求。小样染色工艺设计的内容包括染色的小样质量、染色浴比、染料品种与浓度、助剂品种与浓度、工艺流程及操作的具体要求或注意事项。本项目将较为详细地介绍这些内容，其中染色操作及注意事项安排在工艺实例中。

任务一　染色浴比设计

众所周知，印染企业是耗水大户，又是污水排放大户。随着全球经济变暖，气候不断恶化，水资源越来越少，用水成本不断提高。节能减排已成为国家宏观经济调控的重点，印染行业作为用水大户，肩负纺织行业节能减排的重任。因此，近年来，印染设备不断创新，从小浴比染色设备的普及，到无水超临界 CO_2 染色技术的研究开发等。但是，从目前来看，染色要完全脱离用水还是无法实现的。由于水分子进入纤维内部可以使纤维吸湿溶胀，增大纤维间的孔隙，有利于染色在短时间内完成。所以一般染色仍是以水作介质，在一定的温度、pH 等条件下进行。而水的用量多少即浴比大小，既影响染色的质量，又影响染色的成本。

一、浴比及其意义

浴比是指被加工制品的单位质量与加工所需溶液的体积之比。通常以 $1:V$ 表示。在前处理、染色及后处理加工中，凡是采用浸染（包括卷染）方式加工的，均以此方法确定用水量。印染加工中通常所指练液、染液及固色液都表示所需溶液。如浴比为 $1:20$，表示 1g 被加工物需要 20mL 练液、染液或固色液，或者 1kg 被加工物需要 20L 练液、染液或固色液。

浴比大小对于印染加工意义重大。不仅涉及水的消耗问题，还会影响到很多方面。对于印染加工而言，浴比小，生产用水少，升温加热耗能低，印染助剂用量减少，染料利用率提高，企业生产成本大大降低，效益提高。同时，排污减少，对环境污染减少，社会成本降低。相反，浴比的增大，必然降低了染料在染液中的浓度，影响了染料的上染百分率，致使染料的利用率下降，导致织物上染料少，颜色差距大。要想得到同样的色泽，就需要增加染料用量来提高染色浓度，这样，不仅提高了染色成本，而且也增加了印染污水处理的负担，降低了经济效益。但是，加工浴比并不能无限制地降低，浴比过小，加工过程中，染液及织物循环差，使染液温度、染液浓度及助剂浓度分布不均，被染织物浸渍不充分，而且易使被染物局部暴露在空气中，致使被染物吸色不匀不透，造成染色匀染性差，导致染色不匀。同时过小的浴比会增加生产设备对织物的磨损，影响织物的外观及手感，加工的疵病增多，严重降低产品合格率。所以，只有恰当的浴比才能达到效益最优。

二、染色打样浴比的设计依据

1. 染料性能

染料的溶解性对生产质量的影响较大。溶解性好的染料，在染液中稳定、分布均匀，一般较易获得均匀的染色效果，如强酸性染料、活性染料等。溶解性差的染料，小浴比易使染料浓度过饱和而析出，或与水中的钙、镁离子结合产生沉淀，进而在织物上产生色点或色花疵病，如直接染料、还原染料隐色体的上染。此时，增大染色浴比可有效克服染色不匀。

PPT9：染色浴比设计的依据

染料的直接性对染料的上染具有双重作用。直接性大的染料上染率高，染料的利用率高，不仅加工成本低，而且可降低污水排放浓度。然而，直接性大的染料往往因吸附过快而引起染色不匀，特别是小浴比染色时，因织物及染液循环差，染液浓度分布不均，更易产生染色疵病。相反，直接性小的染料对纤维吸附慢，容易匀染。对于这类染料染色，浴比越大，因染液中染料浓度的相对减小，上染率及利用率降低。所以，一般直接性大的染料适当增大浴比，直接性小的染料适当减小浴比。

2. 织物的组织结构

织物的组织结构、规格及纱支的粗细等决定了织物的单位质量，相同质量轻薄的织物体积大，厚实的织物体积小。如前所述，染色浴比是以被加工物的质量为基础计算出来的。浴比一定时，相同质量的织物不管体积大小，染液体积是相同的。在浴比相对较小时，轻薄的织物产生色花的概率要比厚实织物大。在实际设计染色浴比时，一般轻薄的织物相对高些。另外，对于稀薄、易磨损的贵重织物如蚕丝等，为了防止织物磨损擦伤等，染色浴比要适当放大，一般控制在 $1:(40\sim80)$ 甚至 $1:100$，以保证织物品质不受影响。

3. 染色浓度

同种染料染色浓度不同，浴比对于染色的匀染性及得色深浅影响也不同。这种情况在染浅、淡色时尤为明显。一般染深浓色时，染色浓度高，相对于纤维，染料的上染达到了饱和。批量生产时，即使不调整小样处方，染料的上染也不会再提高，得色深度及染色的匀染性一般均有保障。只是会造成染料的浪费，增加成本，增加排污。如某企业采用高压喷射溢流J型缸染色一批涤纶织物，色泽为黑色。打小样的浴比为1∶20，对样后，用同样处方在J型缸染色，每缸织物的重量控制在320kg左右，染缸注水量为4t，此时的染色浴比约为1∶12。从实际的生产情况来看，打样染色浴比与生产染色浴比相差8，仍能保证对色且染色均匀，满足实际生产需要。当然，按照成本核算来说，这种做法是不科学的。如果是染浅、淡色，浴比对染色的匀染性及得色量影响较大。一是生产浴比小，从小样过渡到生产，相对染色浓度增加，容易色深；二是浴比小，织物及染液循环差，染色容易出现色花。反之，如果小样浴比较生产浴比小，同样要进行处方浓度调整。综上所述，小样与生产样浴比不同，给工艺设计带来很多不便。

4. 生产加工的浴比

小样染色最终是为生产加工提供合适的染色工艺。一个合适的染色工艺可以提高染色的一次对样率，减少二次回修，大大降低生产成本。从这个意义上讲，小样与大样之间工艺条件的一致性越强，染色工艺的重现性和实用性就越强。但是，生产加工的浴比与设备的结构及织物的运行状态密切相关，如卷染机浴比为1∶（3~5），溢流喷射染色机浴比为1∶（12~15），有的针织物染色甚至达到1∶（6~8），方形架染色浴比则高达1∶（100~200）。可见，不同设备染色浴比的差异很大。在选择染色打样的浴比时，尽可能与生产设备的加工浴比相同。当生产设备浴比过小时，在保证染色匀染性的前提下，尽可能缩小打样与设备加工浴比的差距。即使如此，仍要对染色处方进行适当调整，最好进行中试放样。

5. 小样染色的合适浴比

小样染色的合适浴比是指在保证染色质量特别是匀染性的前提下，可以采用的浴比范围。对于浸染法小样染色来说，被染物全部浸渍于染液中是保证匀染性的前提，即小样染色有最低浴比限制。从各种小样染色样机的实际使用可知，1∶20的染色浴比几乎就是最低极限。也就是织物采用大浴比设备生产时，小样染色浴比可以做到与生产的浴比相同。若是采用小浴比设备生产，如卷染、溢流染色机等，染色浴比甚至小到1∶6，这种情况要实现小样与生产相同的浴比染色，就目前的小样染色机来说是不可能实现的。

总之，染色打样浴比与生产加工浴比不同，会给生产对样造成很大的困难，严重降低一次对样率。在选择染色打样的浴比时，要根据染料、纤维的性能，织物的组织规格，染色工艺条件和加工设备的特性来选择合适的小样及大样染色浴比，尽可能做到小样与生产设备的加工浴比相同。在生产设备浴比过小时，在保证染色匀染性的前提下，尽可能缩小打样与设备加工浴比的差距。即使如此，仍要对染色处方进行适当调整，最好进行中试放样。

值得说明的是，一般情况下，打样染色浴比也与布样质量、染杯体积等因素有关。若要做到织物能够完全浸没于染液中，同种布样，质量大需要的浴比小；布样质量小时，相对需要的浴比要大一些。在企业化验室打样时，小样质量一般控制在4~5g。一是为了能够减小浴比，争取与生产浴比相同或相近；二是为了便于观察染色均匀性。织物块面过小，不能全面反映织物得色情况。

　　另外，在实际生产时，控制浴比也很重要。由于不同型号的染缸实际内径有较大差异，有时甚至是同型号的染缸实际内径也有差异，所以生产车间应对每台染色机的实际容量进行测定，并在液位标尺上注明实际缸内液量。染色时按被染物质量和浴比计算出所需水量，然后先加水至规定量（不包括溶解染料的水量），再加入织物进行染色，使染色浴比能够得到有效控制。目前，已有液位电脑控制装置应用于实际生产中，可将各染色机控水量和电脑集控系统相联，这样就可以由电脑集控管理员根据加工产品的重量和染色浴比，对各染缸的进水量进行合理的控制，从而达到有效控制浴比的目的，减少因浴比变化造成对产品质量的影响。

三、常用小样染色浴比

　　根据染料、纤维性能和目前生产设备的实际情况，通常采用的大、小样染色浴比见表 2-3-1。在实际小样染色时，可根据小样质量对浴比做部分调整。

表 2-3-1　常用染料浸染时染色浴比

染料类别	加工材料	大样生产浴比	打样浴比	小样质量（g）
活性染料	棉织物	绳状 1:(20~30)，卷染 1:(2~3)	1:30	4
还原染料	棉织物	绳状 1:(10~20)，卷染 1:(3~5)	1:30	4
直接染料	黏胶纤维织物	绳状 1:(20~40)，卷染 1:(2~3)	1:30	4
分散染料	涤纶织物	绳状 1:(10~20)，卷染 1:(1~3)	1:20	5
弱酸性染料	蚕丝织物	绳状 1:20，卷染 1:(3~5)	1:30	3
强酸性染料	羊毛织物	绳状 1:(10~20)	1:30	3
中性染料	锦纶织物	绳状 1:(20~30)，卷染 1:(3~5)	1:30	3
阳离子染料	腈纶织物	绳状 1:(30~50)	1:30	4

任务二　染色处方设计

　　染色处方是染色的核心。在经过纤维分析及确定了染料具体类型之后，下一步工作就是设计出可执行的染色处方。首次设计的染色处方合理，则能减少处方调整次数，提高拼色效率。由于染料浓度与色泽的丰富多样性，如果不是经验十分丰富的打样人员，是不能凭着记忆或想象去设计染色处方的。染色处方的内容包括染料具体品种及其浓度、染色使用的助剂及其浓度，以及上面所述的织物质量及染色浴比。织物质量及染色浴比在任务一已经介绍，本节重点讲述染料品种、浓度及助剂选择。

一、染色处方设计的方法

　　配色打样是一项依靠长期经验积累的工作，对于一个熟练的打样人员来说，染色处方设计是一项简单的工作。而对于初学者，要设计一个染色处方不难，但设计一个合适的处方是有很大困难的。合适的染色处方就是要达到染色后与来样色泽相符，处方调整的次数尽可能的少。如经调整 2~3 次即可对样，那么开始设计的处方就很合适。如果调整数次才能对样甚至仍不对样，就要反复打样，那么开始设计的处方就不合适，会浪费很多时间，降低打样效率，甚至影响正常生产。

PPT10：染色处方设计的方法

染色处方设计的方法就是依据客户对染色牢度、环保等方面的要求，确定了染料的类型之后，在分析来样色泽的基础上，按照对色方法，将来样与现有样卡放在一起相比较，找出与来样色泽相同或相近的处方。根据配色的规律，拼色染料只数越少，色泽越鲜艳，染色结果受工艺因素的影响程度越小，染色工艺越容易控制。所以比较选择的原则是，首先从一次色样中寻找，其次从二次色样中寻找，依次从三次色样、四次色样中寻找。

设计一个合适的处方比较困难，其原因如下。第一，从样卡制作可知，无论是单色样卡还是三原色拼色样卡，其中浓度的大小及浓度间隔的比例都是制卡人员根据具体情况预先设计的，任一样卡的制作不可能做到将该染料的所有染色浓度都呈现出来。所以说，打样人员手中的参考资料是有限的。从配色规律可知，任何染料的单色还是不同染料的拼色，其色泽是无穷尽的。由于颜色的多样性特点，有时很难找到与来样色光及深度完全相同的处方。第二，由于来样加工织物的组织与样卡织物组织不可能完全相同，呈现出对染料吸色能力的差异及对色泽表现的差异，所以同样处方不同织物染色后色光差别较大。如缎纹织物与绉类织物由于反射光程度不同，染色后在外观上有很大差别。一般染料在缎纹织物上的色泽鲜艳度比在平纹、斜纹、提花织物上好，但在颜色深度上又较其他织物差。这就需要适当调整染色浓度。

二、确定染色浓度

从以上分析可知，不同组织、不同纤维的织物对染料的吸色性能是有较大差异的，所以设计染料处方是一项技术性很强的工作，需要综合考虑多种因素。包括来样纤维与织物组织、被加工面料的纤维与织物组织及所参考样卡的纤维及织物组织等。为简单说明染色浓度的确定方法，假设被加工面料的纤维性质与样卡相同。

染色浓度又称染料浓度，在浸染染色时通常以 owf 浓度表示，即印染加工时，每百克织物或纤维所需染料或助剂的克数。设计处方染色浓度时，根据来样色泽与样卡或资料对色程度不同，染色浓度确定方法也不同。如果与某处方完全对色，则可以直接采用该处方染色浓度作为设计浓度进行打样。而更多情况是不能完全对色，色泽深浅介于两个现有处方之间，这就要根据色泽差异程度及参考处方是拼色还是单色做不同调整。

1. 单色样

当来样色泽与某一单色样色调相符，只是色泽深度介于两个染色浓度之间时，这种情况调整浓度比较简单，在两个参考样卡色浓度之间取一数值即可。至于取中间数多少合适，要看来样色泽与哪个浓度的色泽更接近。

例如，对某来样经分析发现，其色泽与活性红 X-3B 的单色样色调一致，其色泽浓淡介于处方 2 与处方 3 之间，即染色浓度在 0.5%~1.0%（表 2-3-2）。

表 2-3-2 单色样卡

处方	1	2	3	4
活性红 X-3B（owf, %）	0.1	0.5	1.0	2.0
贴样处				

这种情况下，只要根据色泽的差别在 0.5%~1.0% 选取一适当染色浓度即可进行打样。如果来样色泽深度与活性红 X-3B 染色浓度为 0.5% 的色泽更接近，则可在 0.6% 左右选取某一数值为设计染色浓度打样；若来样与活性红 X-3B 染色浓度为 1.0% 的色泽更接近，则可取 0.7% 左右的染色浓度打样。染色后根据色差情况再行调整。

2. 二次色样

当来样色泽与某二次色样色泽基本相符，且色泽深度介于两个染色浓度之间时，这种情况不仅要考虑浓度还要考虑色光。具体调整的方法还要看色光及色泽深度的差异。第一，如果来样色调与样卡色调完全相同，只是浓淡的差异，此时，对拼色的两只染料以相同比例调整染色深度。第二，如果来样色调与样卡某一处方的色调有少许差异，色泽深度基本相同，此时，需同时微调两只染料的染色浓度。一只微量增加的同时另一只微量减少。第三，如果来样与样卡不仅色深不同，而且色光不同，一般是先增加来样色光重的染料浓度；若深度还不够且色光已基本相同时，两只染料同时调整，调整的比例还要根据具体情况而定。

例如，设某一绿色来样，其色调与活性黄 B-3RD 同活性翠蓝 BPS 拼色样相近，且介于表 2-3-3 中处方 7 与处方 8 的染色样之间。

表 2-3-3 二次色样卡

处方	1	2	3	4	5	6	7	8	9	10	11
活性黄 B-3RD（owf, %）	2.0	1.8	1.6	1.4	1.2	1.0	0.8	0.6	0.4	0.2	0
活性翠蓝 BPS（owf, %）	0	0.2	0.4	0.6	0.8	1.0	1.2	1.4	1.6	1.8	2.0
贴样处											

第一，若色光与样 7 完全相同，深度较样 7 深（准确说是浓度），这时，按相同比例增加活性黄 B-3RD 与活性翠蓝 BPS 的染色浓度，如均按 10% 增加，则处方应为活性黄 B-3RD 0.88%、活性翠蓝 BPS 1.32%。第二，若来样色泽浓度与样 7、样 8 相近，只是色光较样 7 偏蓝，较样 8 偏黄。若以样 7 为依据，则可微量增加活性翠蓝 BPS 的用量，同时微量减少活性黄 B-3RD 的用量。或以样 8 为依据，微量减少活性翠蓝 BPS 的用量，同时微量增加活性黄 B-3RD 的用量。第三，来样比样 7 蓝光重，且色泽比样 7 深，则可增加活性翠蓝 BPS 的用量。当通过增加活性翠蓝 BPS 用量染色后，色光与来样相同了，深度仍达不到时，则再同时增加两只染料的染色浓度。

3. 三次色样

三次色样的色光变化十分复杂，即使只调整一只染料的浓度，染色后色泽变化也很大。

所以选择三次色样卡时，最好是来样色泽与某一三次色样色泽完全相符，直接使用此样卡色的染色处方。如果在现有资料中确实没有与来样色泽完全相同的，则只能选择一最为接近的色样处方，调整时根据色泽的差异先微调其中一只染料的浓度。打样染色后再根据色泽变化情况进行调整。

总之，对于初学者来说，染色打样是一项需要耐心和恒心的工作，只有通过大量的打样，才能从中获取丰富的经验。从以上分析可知，拼色染料只数越多，调色越困难。一般在实训时，先从一次色样开始拼色打样，然后到二次色、三次色逐渐增加染料只数。

三、确定助剂品种及浓度

在确定了染料的具体品种及染色浓度后，下一步工作就是选择助剂，并确定其使用浓度。选择染色助剂品种的基础是了解染料性能及其适合的加工条件，主要是染料色光的稳定条件；了解纤维的性能及其耐受条件，主要是耐酸性、耐碱性等；了解助剂的性质及其在所用染料染色时的作用。根据助剂对染色的作用不同，通常将助剂分为促染剂、缓染剂、稳定剂、防沉淀剂、媒染剂等。助剂浓度使用不当，会给染色带来很大的麻烦。如缓染剂浓度过高，会使染料上染率明显降低，得色变浅；缓染剂浓度过低，缓染作用小，对染色匀染不利。中性盐用量过高，会引起染料或助剂沉淀，导致染色不匀等。分散染料染色涤纶时，pH 控制不当，会引起染料色变或涤纶纤维强力下降。防沉淀剂一般为阴离子化合物，用于阴离子型染料与阳离子型染料同浴染色，依靠其与阳离子染料的结合，达到阻止阳离子染料与阴离子结合发生沉淀的目的，但防沉淀剂用量过多，会使阳离子染料上染率降低。所以，助剂品种及助剂浓度选用得当是提高染色质量的有效保障。

除此之外，常用的后整理助剂，如柔软剂、防水剂、抗紫外剂、抗菌剂等，在受热后自身的泛黄程度、阳离子与阴离子染料之间的化学作用、在纤维表层的结膜、对织物吸光反光性的改变，以及自身的酸碱度对染料色光的影响等，都会对染色布色光造成不同程度的改变。所以，务必认真选择助剂，品牌一旦认定，不宜经常更换。

一般情况下，可以直接使用所采纳样卡染色处方中的助剂及其浓度。但当所染织物与样卡制作所用织物的品质有较大区别时，同种染料对不同纤维的染色性能可能会有较大的差异。这些情况都应适当调整助剂品种或其使用浓度。如分散染料在锦纶上的色泽较在涤纶上偏深，且由于锦纶自身纺丝所造成的取向度不同，染色时易产生条柳等疵病，对染料的匀染性和遮盖性要求比较高。所以用染色涤纶的处方来染色锦纶时，一般增加缓染剂的用量。又如，活性染料对纤维素纤维的直接性低，对蚕丝纤维的直接性高，同样以元明粉作促染剂，在纤维素纤维染色时，元明粉浓度远高于对于蚕丝染色。前者甚至用量能达到 50g/L，后者一般为 5g/L 左右。另外，蚕丝除了用元明粉作促染剂外，还可用醋酸作促染剂。且活性染料对于纤维素纤维的固色必须在碱性条件下进行（除应用较少的膦酸酯基外），蚕丝在碱性条件下会变得手感粗硬，所以蚕丝用活性染料染色可以不加碱剂，即使加碱，碱剂浓度也远低于纤维素纤维的染色。如纤维素纤维活性染料固色碱用量一般在 $10\sim20g/L$，甚至达到 $25g/L$，蚕丝活性染料固色碱用量一般约 $2g/L$。具体染料使用助剂品种及参考浓度见第一篇项目六任务四和任务五单色样染色。

任务三　染色工艺流程及工艺条件设计

一、染色工艺流程设计

染色工艺流程设计的基本原则是在保证染色质量的前提下，尽可能缩短及简化工艺流程，以求简化生产操作，缩短加工时间，减少影响生产质量的工艺因素，力求生产效益的最大化，即"必须够用"的原则。相同染料对不同纤维的染色工艺流程可能不同，不同染料对同种纤维染色的工艺流程也不同。如活性染料染棉与染蚕丝的工艺流程不同，还原染料与活性染料染棉的工艺流程不同。染色工艺流程设计的基础是熟悉各加工工序的作用，熟悉染料的染色原理。各染料常规染色工艺流程详见第一篇项目六。实际上，工艺流程设计更主要的是具体工艺条件的设计。由于不同染料工艺流程有差异，不可能逐一分析，下面以基本工艺流程为例，着重阐述具体工艺条件的设计。

二、染色工艺条件设计

染色工艺条件设计的基本原则是在保障染色质量的前提下，尽可能减少对纤维及织物的损伤，保持织物的原有风格如手感、光泽等不变。

（一）浸染法

染色基本工艺流程：织物前处理（或润湿）→入染→染色→水洗→固色→染色后处理。

1. 前处理

在印染加工中，"前处理"一词有广义和狭义之分。广义的前处理即织物的练漂，是为了去除织物上的浆料、各种油剂及天然纤维上的天然杂质等。狭义的前处理指经练漂后的织物半制品在染色前需要进行的处理。在此指狭义的前处理。

为了保障染色质量，用于染色的半制品要求白度洁白、表面洁净，织物上不能含有其他有碍染色的助剂，织物上 pH 为中性等。织物的练漂使用了大量的助剂，且一般织物的练漂都是在碱性条件下进行的，若洗涤不充分，练漂后的织物常残留碱剂，且由于运输及设备的玷污，织物上也时有污物。所以，前处理的目的一是调节织物的 pH 至中性，二是清洗织物上的污物。另外，染前处理还有润湿织物使纤维膨化的作用。

前处理的方法分为酸洗和净洗剂清洗。酸洗就是调节织物 pH，主要是针对蚕丝织物，一般是用稀醋酸溶液。另外，涤纶织物练漂后残留碱剂会影响染液 pH 的稳定性，为调节织物 pH 至中性，也可染前酸洗。净洗剂清洗常用平平加 O，平平加 O 本身既有净洗作用，又是常用的缓染剂，对后续染色有利。有时，前处理不加任何助剂，只用清水润湿织物。

2. 入染温度

入染温度是影响染色匀染性的关键因素。入染温度过低，染料上染缓慢，对提高生产效

PPT11：浸染法染色工艺流程设计

率不利。入染温度过高，染料吸附过快，易导致染色不匀。具体入染温度的设定，需综合考虑以下因素：

（1）纤维的性质。一般亲水性纤维如纤维素纤维、蛋白质纤维等，在低温下有一定的膨化，染料的吸附速率较快，入染温度宜低。如棉织物一般为 40~50℃，蚕丝织物一般为 50~60℃。合成纤维类织物对染料的吸附性在玻璃化温度以上时快速增加，所以合成纤维的入染温度一般控制在玻璃化温度附近，且稍低于玻璃化温度。如锦纶织物弱酸性染料染色时，在 50℃以下上染较慢，高于 60℃以后上染率随温度的升高而迅速增加，入染温度宜在 50~60℃。涤纶织物分散染料染色 80℃以下上染较慢，高于 90℃以后上染率随温度的升高而迅速增加，入染温度宜在 70~80℃。

（2）染色浓度。综合不同染色浓度的匀染性可知，染浓、深色的匀染性一般较好，染浅、淡色的匀染性相对较差。一般染浓、深色时可以较高温度入染，染浅、淡色时入染温度宜低。

（3）染料的直接性。染料的直接性直接影响染料的匀染性，相对来说，直接性高的染料吸附快，易染花。在实际生产中，直接性高的染料入染温度宜低，直接性低的染料入染温度可以高些。

3. 升温速率

一般升温速率快，容易导致染色不匀，升温速率慢对染色匀染有利，但会降低生产效率。根据不同染料的染色性能不同，升温控制方式分为均匀升温法（也叫匀速升温）和分段升温法。均匀升温法是指从入染开始到达到染色温度以相同的速率升温，如 1℃/min 或 1~2℃/min 等。这种升温方法容易控制，操作简单。分段升温法是指不同温度区间以不同速率升温。它是根据染料在不同温度阶段上染速率不同来设计的，染色匀染性好，但操作相对复杂。以涤纶分散染料染色为例，80~90℃升温速率为 2℃/min，90~105℃为染料快速上染阶段，升温速率控制为 1℃/min 或 0.5℃/min，105~130℃升温速率为 2℃/min。而对锦纶来说，染料快速上染在 65~85℃。总体来说，分段升温法对于匀染性差的染料或纤维来说，有利于匀染。

4. 染色温度

染色温度即染料染色的最高温度。染色温度设计的原则是能够使染料在短时间内完成扩散，保障染色的渗透性，缩短染色时间，提高生产效率，同时保持织物风格不变。染色温度的设计主要取决于染料本身的性能及对所染纤维的扩散性等因素。如纤维素纤维一般浸染采用 95~100℃，但使用活性染料染色纤维素纤维时，要考虑活性基的活泼性及水解情况，为减少染料水解，不同活性基染色温度不同，一般采用中、低温染色。

5. 助剂加入时间

在设计工艺流程时，不可忽略的是要标明助剂的加入方式及时间。助剂的加入方式与所用助剂的作用有关。

（1）缓染剂。一般在染色开始前加入。一种方法是先用缓染剂对织物进行前处理，不放去前处理溶液，直接加入化好的染料后染色。第二种是将缓染剂加入化料桶中，与化料同时进行。

（2）助溶剂。助溶剂是为了促进染料的溶解，使染液稳定，以保证染色质量，一般与化料同时进行。有些助溶剂兼有软化水质的作用如纯碱，则可以预先加入水中。

（3）促染剂。促染剂的加入要根据染料的上染性能区别对待。匀染性好的染料，促染剂可以早些加入，甚至可以在染色开始时加入，如活性染料染棉。匀染性差的染料，促染剂要在中、后期加入，如直接染料染棉、弱酸性染料染蚕丝等，当促染剂用量高时，还要分批加入。

（4）固色剂。染色的固色通常有两种含义，一是针对活性染料染纤维素纤维时，在碱性条件下，染料与纤维发生化学反应形成共价键的过程。二是通常意义上的固色，即染色后通过适当的固色剂（较多采用的是阳离子固色剂）处理，降低染料水溶性，或在织物表面形成无色透明薄膜封闭染料，提高染色牢度的处理。第二种固色属于染色的后处理。活性染料染纤维素纤维时，固色碱剂的加入对于染料的固着率及匀染性有重要作用。碱剂不仅能够促进染料与纤维的反应，还对活性染料的上染起到较大的促染作用。而反应固着后的染料移染性大大下降，一旦固着不匀，匀染性就很难得到保证。在实际染色时，需要严格控制加碱的时间及方式。通常采用一浴两步染色法，即染色一定时间后加碱，且是分批加入。

6. 染后水洗

染后水洗的目的是去除浮色，保障染色牢度及色光稳定性。染色后净洗对染后色光的稳定性至关重要。

（1）附着在纤维表面的染料（含染料对不同纤维的沾色），对热、光、后整理的化学药品、环境的酸碱性以及温度、湿度等比较敏感，容易发生色光变化。

（2）织物出水不清，带酸性或碱性，对布面染料色光也会产生明显的影响。如果是活性染料染色，染后出水不清或布面带酸碱性，在高温高湿条件下烘干时，尤其是烘筒接触式烘干，会明显加重染料的水解断键，从而使染料在纤维表面发生严重泳移。这不仅会使布面色光发生变化，还会造成布面匀净度和色牢度严重下降。如果是棉锦或棉涤织物，以分散染料单染锦纶或涤纶深色时，若染后出水不清，纤维上留有较多的浮色和沾色，一旦遇到有机溶剂（洗涤油污），如酒精、丙酮、苯、DMF、四氯化碳等，便会发生萃取作用。即有机溶剂将纤维上的浮色和沾色溶解下来，待有机溶剂挥发后，就在布面形成色斑和色圈。即使在有机溶剂的气体中做干洗，也会发生色光的显著改变，造成耐干洗色牢度差。因此，染后清洗一定要净，且不宜带酸碱性。

在实际生产中，经过后整理的染色布色光在一定时间内为亚稳态。在放置过程中，还会有不同程度的变化。其主要原因有如下几点：

（1）织物自身温湿度的变化，对色光的影响最大。

（2）织物上残留的矿物质、重金属化合物（主要来自水质）和后整理剂等，在色布放置过程中，会与染料缓慢地发生复杂的化学作用，引起色光变化。

（3）色布放置过程中，周围环境的酸碱性对色光的影响（尤其对 KN 型活性染料）。为此，染色后清洗，要尽量洗净浮色和沾色。

水洗时的温度与染料的染色牢度及后处理的方法有关。一般溶解性好且染色牢度差的染料，如直接染料、酸性染料，水洗温度不宜太高，宜用冷水或50℃以下的温水洗涤。染色牢度好、浮色难去除的染料可用热水，甚至加以皂洗或还原清洗。

7. 染色的特殊处理

有些特殊结构的染料，在上染纤维后需要经过一定的处理方能呈现染料应有的颜色。如还原染料、硫化染料染色后的氧化显色，是为了使染料隐色体恢复到不溶性状态，恢复染料正常色光。冰染染料的显色是使色酚与色基重氮盐反应形成染料的过程。严格地说，这些处理属于这类特殊染料染色的必需阶段。

8. 特殊后处理

除了染后水洗外，有些染料还要进行特殊的后处理。一是染后固色。对于染色牢度差、不能达到加工牢度指标要求的染料，染色后要用固色剂进行固色。二是染后皂洗或还原清洗。对于染色牢度好、浮色难去除的染料，染色后要进行皂洗，如活性染料、还原染料染棉，分散染料染涤纶等。且对于分散染料的深、浓色还可根据需要还原清洗。三是酸洗。在染色过程中使用了碱剂，且残留碱剂对织物、染色牢度及人体均有不利影响，为调节出厂织物的 pH 至中性，染色后要用稀醋酸中和，也就是酸洗。四是防脆处理。部分硫化染料因结构的特殊性，其染后织物在储存过程中会发生脆损，影响织物服用价值，对于这些染料的染后织物要进行防脆处理。五是根据对手感的要求，还可对织物进行柔软处理。

（二）轧染法

轧染染色时织物受张力大，适合于组织紧密、耐张力的机织物染色加工。如纯棉、纯涤及涤/棉混纺织物。

PPT12：轧染法染色工艺流程设计

基本工艺流程：前准备→浸轧染液→（预烘）→汽蒸或焙烘→水洗→固色→染色后处理。

1. 前准备

轧染前准备包括织物准备、染液配制及轧车压力调节。这是任何轧染染色都必须经历的步骤。

织物准备除了为连续加工需进行的缝头外，还有对织物的指标检测，包括织物强力、毛细效应、pH 等。只有这些指标满足轧染的要求，才能保障最终的产品质量。轧车压力的调节一是使轧辊各轧点的压力均匀，二是使轧车压力的大小满足轧液率的控制要求。

染液配制要根据不同染料的性能进行操作，主要是保障染液的均匀性及稳定性，这是轧染染色均匀的前提。染液配制一个重要的环节，是在轧染开车前对轧槽染液浓度的调整。轧染时染料的上染是依靠织物的毛细效应对染液的吸收及轧辊的均匀轧压使织物获取均匀的染料分布，其匀染性的关键在于织物上带走染液浓度的均匀性。实际上，织物前后带走染液浓度的高低，取决于染料与水对织物纤维的相对直接性。相对直接性不同，对轧槽中染液浓度的调整方法不同。第一，若染料与水对纤维的直接性相同，则浸轧后织物带走染液的浓度会保持不变。这类染料轧染开车前，不需要调整轧槽染液浓度。第二，若染料对纤维的直接性大于水对纤维的直接性，则织物带走染液的浓度高于轧槽中染液浓度，最终导致前深后浅的疵病。如直接染料和活性染料轧染棉织物，这类染料开车前要充淡轧槽中染液浓度，根据直接性大小差异不同，一般加水为轧槽染液体积的 10%～20%。第三，若染料对纤维的直接性小于水对纤维的直接性，则织物带走染液的浓度小于轧槽中染液浓度，轧染后织物会前浅后深。如还原染料悬浮体轧染棉，这类染料在轧染时对纤维无直接性，轧染开车前要对轧槽中染液浓度加浓。具体加浓比例视染色浓度而定。

2. 浸轧染液

在浸轧染液时，关键的工艺条件设计是轧液率、浸轧方式及轧液温度。

（1）轧液率即浸轧后织物的带液率。轧液率高低不同对染色的影响不同，轧液率低，后续加工时不发生泳移，有利于匀染；但轧液率过低，织物受张力大，织物易受损伤。轧液率高，织物受张力小，对织物有利，但染料容易在后道工序加工中泳移，引起染色不匀。轧液率控制通常掌握一个原则，即保证染料不泳移的前提下，轧液率尽量高一些。实际加工时，轧液率的高低与织物纤维的吸湿性有关，一般亲水性纤维轧液率高，疏水性纤维轧液率低。如棉织物一般为 60%~70%，涤纶织物则为 50%~60%。

（2）浸轧方式分为一浸一轧和二浸二轧。浸轧方式主要影响染液的渗透。一般在浸轧染液这道工序时，较多采用二浸二轧。第一道压力小，主要作用是排除织物中空气，在织物中产生一定负压，利于织物对染液的吸收；第二道压力大，是根据轧液率要求设定的。

（3）轧液温度越高，浸轧时越利于织物对染液的吸收，有利于染色的渗透性。但考虑到轧辊是橡胶制品，长期在较高温度下加工容易老化，为了延长轧辊的使用寿命，一般在室温下浸轧。如需加热，宜控制在 40℃ 以下。

3. 预烘和烘干

该工序关键是预烘温度的设定，其次是预烘设备的选用。预烘一方面是为了利于染料向纤维内的扩散，另一方面是为了烘干织物，利于后序加工。在预烘温度设计时，主要考虑三个因素，一是烘干过程中要避免染料泳移，二是减少能耗，三是保证生产效率。温度过高，有可能引起染料泳移；温度过低，生产效率降低。一般设计预烘温度为 80~90℃，最高不超过 100℃。预烘设备的选用一般有三种组合方式：红外线→热风→烘筒，红外线→烘筒，热风→烘筒。其中第一种方式最为高效、节能，但设备投入高。在实际设计工艺条件时，既要考虑上面各因素，又要依据工厂现有设备配置。

4. 汽蒸或焙烘

汽蒸或焙烘的作用是通过加热使纤维膨化，使染料完成扩散。汽蒸或焙烘的温度与纤维的性能有关。一般亲水性的棉织物可采用汽蒸，温度为 100~103℃；也可采用焙烘，温度为 160~165℃。疏水性涤纶织物采用焙烘，温度为 190~210℃。

5. 水洗

水洗的目的同浸染，是去除浮色。轧染水洗采用的是多槽连续水洗，设计工艺的关键是水洗次数及水温。一般浅、淡色水洗任务轻，可以用 2~3 只水洗槽。中、浓色水洗任务重，可以用 3~4 只水洗槽。水洗温度设计同浸染要求。

固色及染色后处理可参阅浸染工艺设计。

任务四　染色打样实例

在掌握了染色打样工艺处方制定的基本原则后，在实际设计染色工艺时，可视不同纤维形态及所采用的不同小样染色设备和方法而定。现列举几个实际的打样案例作为参考。

一、机织物染色打样实例

机织物的打样因织物批量加工所采用的生产设备不同而不同，通常分为轧染法和浸染法打样。

（一）轧染法染色打样

在生产实际中，轧染法打样的设备通常采用小轧车或连续式小样轧染机来完成，主要用于纯棉、纯涤及混纺织物的打样。纯棉织物轧染常用染料有活性染料、还原染料等。活性染料又分为汽固法和焙固法，双活性基团结构和乙烯砜型活性染料（耐碱性较一氯均三嗪染料差）因为具有良好的色牢度可用于汽固法染色工艺；焙固法由于染料与碱同浴，要求选用耐碱性较高的活性染料。还原染料常用悬浮体轧染法。纯涤织物的轧染一般用分散染料热溶染色，较适合染深浓色。

以纯棉机织物活性染料汽固法为例，轧染打样的方法如下：

1. 织物及色泽

经前处理丝光全棉机织布（织物规格 14.8tex×14.8tex，433 根/10cm×354 根/10cm，平纹），蓝灰色。

2. 打样设备

台湾瑞比 Rapid 连续式轧染烘燥小样机。

3. 染料选用及固色液处方

染液处方（g/L）：

活性 C-R 藏青	2.1
活性 C-RG 黄	1.1
活性 C-2BL 红	0.25

固色液处方（g/L）：

氯化钠	200
纯碱	20
100%烧碱	3
防染盐 S	5

皂洗液处方（g/L）：

皂洗液 SN-S	2

染液浓度不同时，其固色液参考处方见表 2-3-4。

表 2-3-4　固色液参考处方（g/L）

染液浓度	0~2	5~10	10~30	30~50	50 以上
防染盐 S	5	5	5	5	5
NaOH	3	3	3	5	5
Na_2CO_3	15	20	20	25	30
NaCl	200	250	250	250	250

注　对于特殊染料、特殊颜色，需根据需要作适当调整，尤其是 NaOH 用量，反应性低的染料要多加，反应性高的染料要少加。

4. 工艺流程

浸轧染液（一浸一轧，轧液率65%~70%）→红外预烘→烘燥→浸轧固色液（一浸一轧，轧液率 65%~70%）→汽蒸（温度 101~103℃）→冷水洗→热水洗→酸洗→皂洗→冷洗→烘燥→冷却→对样。

5. 操作步骤及操作注意要点

（1）将织物剪成 320mm×140mm 规格大小，根据来样色泽，先称（吸）染料，加入一定量水，加入渗透剂，用洗瓶器洗入量筒；配制染液 100mL，搅拌均匀；加入事先已溶解好的纯碱、防染盐 S，最后加入烧碱，加水至规定量；准备轧染。

（2）确认布的正反面，轧染时，不要将水溅到布上形成水渍印。布在布夹上要平、直、防止色花条。汽蒸时进布要平，对中，不能皱布进布，否则汽蒸时会产生皱条印。打好的小样一定要在布或标签纸上写上染料名称和用量，以备看小样的色光和调整配方。

（3）调节轧车压力，使轧液率在 55%~60%，电动机转速 5.5~6r/min，风机转速 130r/min，烘燥温度 100~105℃，红外线半开（大约烘掉总带液量的 20%）。Rapid 汽蒸机调节车速为 40m/min，开启直接蒸汽阀给压 98.2kPa（1kgf/cm^2），间接蒸汽不应全部打开，打开少许，汽固温度在 101~103℃。调节溢流水阀 40℃，调节轧车压力，使轧液率在 70%。

（4）酸洗：醋酸 0.5g/L，温度 55~60℃（防止水解染料和未反应染料沾污）。

（5）皂洗剂：合成洗涤剂浓度 2g/L，温度 90~95℃，时间 1~2min，热洗。

6. 对样

染色小样打好后，要根据客户要求，在客户合同指定的光源下核对色光，如目测有疑义时，可采用计算机测配色仪器进行判别。若色差达不到要求，再进行调整。当符合来样的色差等级时，记下染色处方，以便放大样时参考。

（二）浸染法染色打样

浸染就是将被染织物浸渍于染液中，通过染液循环及与被染物的相对运动，借助于染料对纤维的直接性而使染料上染，并在纤维上扩散、固着的染色方法。浸染时，染液及染物可以同时循环，也可以是单一循环。根据染色温度不同，分常温常压染色和高温高压染色。通常采用的小样染色机有常温常压电热水浴锅、自动振荡常温染色小样机和高温高压染色小样机。棉织物、蚕丝织物、腈纶织物采用常温常压染色小样机，涤纶织物采用高温高压染色小样机。

1. 蚕丝织物染色打样

蚕丝织物打样一般采用弱酸性染料、活性染料浸染法。

（1）织物种类及色泽。真丝九霞缎，妃色。

（2）打样设备。振荡式染色小样机。

（3）染色及固色处方。小样质量：2g/份。

染色处方：

普拉桃红 BS	0.4%（owf）
平平加 O	0.5g/L
元明粉	20g/L
醋酸	0.5g/L
浴比	1：30

固色处方：

环保固色剂 ZS201	3%（owf）
平平加 O	0.1g/L
冰醋酸	0.2mL/L
温度	40~50℃
时间	20~30min

（4）工艺流程。织物润湿→染色→后处理→冷水洗→烘干。

染色工艺曲线：

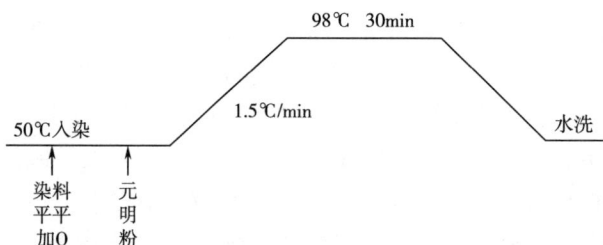

后处理：先以流动冷水冲洗一次，继以40℃温水和冷水洗，再经固色处理。

（5）打样操作步骤。

①根据打样处方计算所需的染料量，选择合适的染料母液浓度，计算出所需的母液体积，吸取规定量的染液于烧杯中，加水至规定浴量，同时加入规定量的匀染剂平平加 O，放置于恒温水浴锅（或振荡式小样机）中，升温至规定始染温度。

②称取已经过前处理的织物5g，用温水浸泡润湿并挤去水份，投入染杯中染色，并不断搅拌和翻动织物，染色10min后，加入食盐或元明粉（中浅色可一次加入，深色应分批加入），续染15~20min。

③将染液逐渐升温至规定固色温度，保温续染30min。

④染色完成后，取出织物分别经过冷水洗、皂洗、热水洗、冷水洗、再经固色处理，烘干、熨烫、贴样等。

（6）注意事项。

①染色过程中要经常搅拌和翻动织物，尤其是开始染色和加入助剂后的前5~10min，并注意翻动织物时尽量不要让织物露出液面。

②加入助剂时，要将织物取出加入，待搅拌均匀后再放入织物并继续搅拌。

③染色温度较高时，要加盖表面皿，防止染液蒸发，引起浴比的改变。

④水洗浴量一般控制在300mL以下为宜。

⑤核对色光须在固色后，以免因固色处理使色光变化而影响判断的准确性。

2. 涤纶机织物染色打样

（1）织物及色泽。16.7tex×16.7tex（150旦×150旦）/300×300涤纶，橘红色。

（2）打样设备。高温染色小样机。

（3）染色及还原清洗处方。

染色处方：

分散红 3B（200%）	0.6%（owf）
分散黄 RGFL	0.3%（owf）
分散剂 841	1g/L
醋酸	1g/L
消泡剂	适量
浴比	1：（15~20）

还原清洗液处方：

保险粉	1g/L
纯碱	0.8g/L

（4）染色工艺曲线。

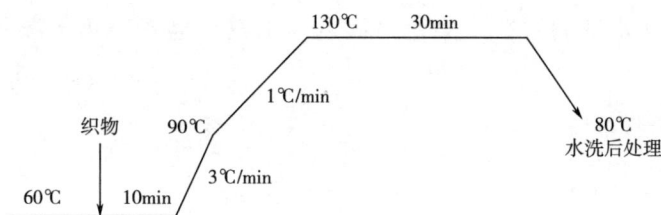

（5）操作步骤。

①根据打样处方计算所需的染料、助剂量，并选择合适的染料母液浓度进行配制后，准确称取。

②吸取规定量的染液放入不锈钢染杯中，用规定量的分散剂和少量冷水调匀，加入规定量的磷酸二氢铵（或冰醋酸）后，加水至规定浴量待用。

③将事先用温水浸泡并挤干水分的织物投入染杯中，搅拌均匀，加盖拧紧后，按染色工艺曲线操作。

④将染杯装入高温高压小样机内，启动小样机，并按工艺曲线运行。

⑤程序运行结束，关闭电源，按操作要求取出染杯，冷却（可放入自来水中）至 80℃以下后，打开染杯盖，取出织物进行水洗、皂洗（一般采用肥皂 5g/L，纯碱 2~3g/L，浴比 1：30，温度 95~98℃，时间 5min）、水洗、烘干、熨烫、贴样等。

（6）注意事项。

①不锈钢染杯染色时要密封，但杯盖不宜过紧，即用力不宜过大，以不漏染液为准，防止因胶垫变形而缩短其使用寿命。

②打开染杯盖时，必须控制在 80℃以下，用左手拿稳染杯，握住杯盖，右手旋开。

二、针织物染色打样实例

（一）纯棉针织物染色打样

1. 织物及色泽

$100g/cm^2$ 纯棉针织汗布，棕色。

2. 打样设备

常温染色小样机。

3. 染色处方

采用上海万得化工有限公司的 Megafix BES 活性染料。

活性黄 BES	1.8%（owf）
活性红 BES	0.54%（owf）
活性黑 BES	0.6%（owf）
元明粉	30g/L
纯碱	10g/L

小样重 10g，母液浓度 10g/L，浴比 1∶15。

4. 染色工艺流程

练漂半制品→（水洗润湿）→染色→固色→水洗→皂煮→热水洗→冷水洗→脱水→烘干。

工艺曲线如下：

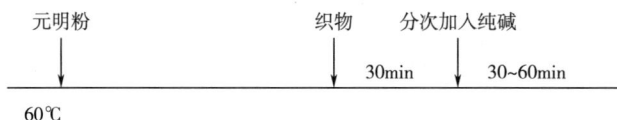

5. 打样操作步骤

（1）根据打样处方所需要的染料、助剂量，选择合适的染料母液浓度，并准确计算。

（2）根据配方称取规定量的元明粉和纯碱。

（3）准确移取规定量的染料母液至染杯中，加入水至规定浴量。将染杯放入水浴锅升温。

（4）当染液温度升至入染温度时，将已称取的元明粉加入染杯中，振荡使之溶解。将润湿的织物挤去水分放入染杯中，摇匀，防止染花。

（5）按工艺要求开始染色。

（6）按工艺要求分次加入纯碱，每次加入均要求将织物提出染杯，摇匀后再将织物放回，以防染花。保温固色至规定时间。

（7）染色时间到，取出染样用冷水洗涤，以防沾色。

（8）皂洗：将配好的 2g/L 皂洗液，按 1∶15 加入皂洗杯中，置于（98±2）℃的小样机中运行 15min，拿出充分洗净，脱水。

（9）将脱水后的织物拉平，置于（100±10）℃烘箱中，约 10min。

（二）涤/棉针织物染色打样

目前，涤/棉针织物（中深色）打样一般均采用二浴法，即先用分散染料染涤纶，后用棉用染料套染棉。打样织物一般质量为 10g，也可以根据各企业的习惯，采用 4g 或 5g 的打样织物。

1. 织物及色泽

230g/m²，涤/棉（65/35）针织汗布，大红色。

2. 打样设备

高温染色小样机和常温染色小样机。

3. 染色处方

母液浓度 10g/L，浴比 1：15。

染色处方：

分散染料（浙江龙盛染料公司）染色处方：

分散红玉 S-5BL	1.5%（owf）
分散黄棕 S-4RL	0.3%（owf）
分深蓝 H-BL	0.1%（owf）
醋酸	0.5~1g/L 调节 pH 为 4.5~5.5
匀染剂 T-R	1~1.5g/L

还原清洗液处方：

烧碱	1%~2%
保险粉	2%~4%
温度	80~85℃
时间	10~20min

活性染料（上海染料化工八厂）染液处方：

活性红 MF-3B	3%（owf）
活性黄 MF-3R	0.5%（owf）
活性蓝 MF-B	0.2%（owf）
元明粉	50g/L
纯碱	15g/L

皂洗液处方：

合成洗涤剂	2g/L

4. 染色工艺流程

织物润湿→染涤纶→还原清洗→过酸→套染棉→固色→水洗→皂洗→热水洗→冷水洗→脱水→烘干。

染涤纶工艺曲线：

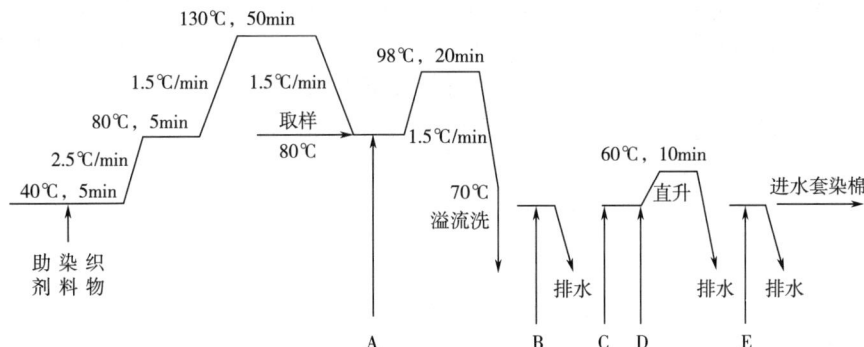

（注：A 加烧碱、保险粉，B 水洗一次，C 进水，D 加醋酸，E 水洗一次）

染棉工艺曲线如下：

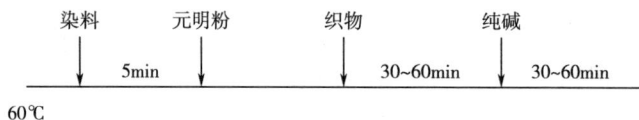

染料　　　　　元明粉　　　　　织物　　　　　纯碱

5min　　　　　　　　　　30~60min　　30~60min

60℃

5. 打样操作步骤

（1）分散染料染涤纶。

①根据打样处方计算所需的染料、助剂量，并选择合适的染料母液浓度进行配制后，准确称取。

②吸取规定量的染液放入不锈钢染杯中，加入规定量的匀染剂，用少量冷水调匀。加入磷酸二氢铵（或冰醋酸）调节染液 pH 为 5~5.5，加水至规定浴量待用。

③将事先用温水浸泡并挤干水分的织物投入染杯中，搅拌均匀，加盖拧紧。

④将染杯装入高温高压小样机内，启动小样机，并按编程的工艺操作曲线运行。

⑤程序运行结束，关闭电源，按操作要求取出染杯，冷却（可放入自来水中）至 100℃以下后，打开染杯盖，取出织物。先进行水洗，然后加入事先配制的还原清洗液进行清洗，再冷水洗、热水洗、冷水洗。洗毕，加适量的冰醋酸中和，水洗。

（2）活性染料套染棉。

①按处方准确计算和称取所需的染料、助剂量，并在干净的染杯中配制染液。

②吸取规定量的染液放入不锈钢染杯中，加入规定量的元明粉，加水至规定浴量待用。

③将已染涤纶部分的织物挤干水分投入染杯中，搅拌均匀。

④将染杯装入常温小样机内，启动小样机，升温至工艺规定温度，保温染色 30~60min，加入规定量的纯碱，保温 30~60min。

⑤拿出用冷水洗涤，以防沾色。

⑥皂洗：将配制好的合成洗涤剂 2g/L，浴比 1 ∶（15~30），置于 95~98℃的小样机中运行 10~20min，拿出充分洗净，脱水。

⑦将脱水后的织物置于（100±10）℃烘箱中烘干。

6. 注意事项

（1）确定前处理后的布面要呈中性，以免影响染色的 pH。

（2）染色前做好染液 pH 值的测试工作，保证 pH 控制在工艺要求范围内。

（3）分散染料染色后的还原清洗一定要干净，以免影响活性染料染色色光的准确性。

（4）必须控制好套染时织物的含水率，有条件可采用脱水机脱干。

（5）特别注意织物染色完毕后，待高温机降温到 80℃以下时再取出（确保操作的安全性和布面质量）。

（三）腈纶针织物染色打样

腈纶针织物一般采用阳离子染料进行染色打样。

1. 织物及色泽

18.5tex×8.5tex×2 腈纶针织布，260g/m²，橘黄色。

2. 打样设备

振荡式染色小样机

3. 染色处方

阳离子黄 X-8GI	0.015%（owf）
阳离子桃红 FG	0.005%（owf）
缓染剂 1227	0.4%（owf）
醋酸（98%）	2~3%（owf），调 pH 为 3.6~4
醋酸钠	1%（owf）
元明粉	5%（owf）
浴比	1：40

4. 染色工艺曲线

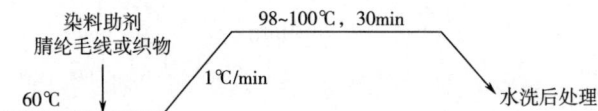

染料助剂
腈纶毛线或织物

98~100℃，30min

60℃　　　1℃/min　　　水洗后处理

5. 打样操作步骤

（1）按打样处方准确计算和称取所需的染料、助剂量，并在干净的染杯中配制染液。

（2）将染杯放置于恒温水浴锅（或振荡染色小样机）中，升温至规定始染温度。

（3）将事先用温水浸泡的纱线或织物挤去水分，投入染杯中染色，并及时搅拌和翻动织物，升温至规定染色温度后，保温续染 30min。

（4）染色完成后，取出织物进行水洗、后处理、烘干、贴样等。

6. 注意事项

（1）染色过程中要经常搅拌和翻动纱线或织物，注意不宜让被染物露出液面，造成染色不匀。

（2）染色温度较高时，为了防止因染液蒸发，引起浴比的改变，需加盖表面皿或注意补充沸水。

三、散纤维染色打样实例

散纤维具有得色均匀且透彻的特点，但由于散纤维间隙较大，在染色中容易散乱，所以一般将被染物填装在适当的容器里，通过染液循环的方式进行染色。散纤维染色可用于纯纺或混纺纤维，也可先将一种或一种以上的散纤维分别打样后，再按照混纺比例进行混毛，散纤维打样均采用浸染法。几种散纤维原料混纺时，需先将几种原料单独打样，然后按原样的混纺比例混毛。因混纺纤维染色工艺涵盖了纯纤维染色，下面就以纤维混纺夹花染色打样为例，介绍散纤维的打样方法。

1. 纤维

夹花藏青散纤维染色（80%羊绒、10%棉、10%拉细羊毛）。

2. 打样设备

SD-16 型智能型染色小样机（厦门瑞比）。

3. 染色处方与工艺曲线

（1）羊绒散纤维染色。小样 4g，母液浓度 1g/L，浴比 1∶20。

染液处方：

兰纳洒脱藏青 R	4.5%（owf）
兰纳洒脱黑 B	0.3%（owf）
阿伯格 SET	1g/L
阿伯格 FFA	0.3g/L
醋酸	4g/L

皂洗液处方：

209 净洗剂	2g/L
合成洗涤剂	1g/L
温度	60℃
时间	5min

染色工艺曲线：

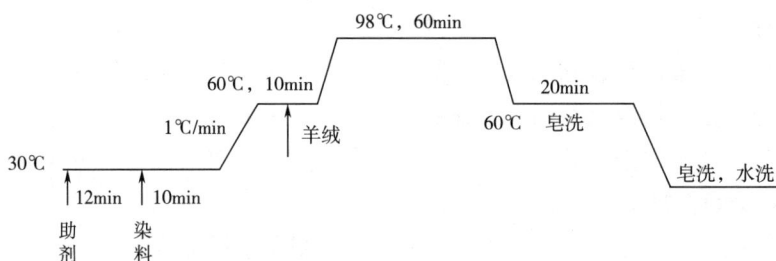

羊绒打样操作步骤：

①配好染液，称 4g 羊绒润湿备用。

②按处方吸染液，加入规定量的助剂，调节 pH 4~4.5，加水至 80mL。

③放入需染色的羊绒，以 1℃/min 的升温速率升温至 98℃染色，保温 1h。

④洗净、脱水、烘毛。

⑤用耙子把羊绒耙均匀。

⑥搓线，织片。

⑦把片子洗干净，烘干，冷却，对色。

（2）纯棉散纤维染色。

染液处方：

雅格素黑 F6R	3.0%（owf）
雅格素蓝 BF-BR	0.4%（owf）
元明粉	45g/L
纯碱	15g/L

染色工艺曲线：

（注：A 染料，B 1/5 元明粉，C 3/10 元明粉，D 1/2 元明粉，E 1/3 纯碱）

皂洗液处方：

209 净洗剂	2g/L
合成洗涤剂	1g/L
温度	98℃
时间	5min

棉散纤维打样操作步骤：

①称取 4g 棉散纤维，润湿备用。

②按处方移取染料母液于染杯中，加水至规定浴量。

③将染杯放入小样机中升温。至入染温度后，加入润湿并挤干的棉纤维，按工艺曲线分次加入规定量元明粉，搅匀，染色。

④按工艺曲线升至规定温度 60℃后，分次加入规定量的纯碱，保温固色。

⑤染色结束，取出纤维，清洗、皂洗及洗净后脱水、烘干。

（3）拉细羊毛散纤维染色。

染液处方：

兰纳洒脱 2R	0.8%（owf）
阿伯格 SET	1g/L
阿伯格 FFA	0.3g/L
醋酸	1g/L

染色工艺曲线：

皂洗液处方：

209 净洗剂	2g/L

合成洗涤剂	1g/L
温度	60℃
时间	5min

拉细羊毛打样操作步骤：

①称取规定散纤维，润湿备用。

②按处方移取染料母液于染杯中，加入规定量助剂，加水至规定浴量。

③将染杯放入小样机中升温，升温至入染温度后，加入润湿并挤干的散纤维，搅匀。

④按工艺曲线规定条件升至染色温度后，保温。

⑤染色结束，取出纤维，清洗、皂洗，洗净后脱水、烘干。

⑥冷却后，对色。

三种散纤维分别染好后，由打样人员按原料比例，即80%羊绒、10%棉、10%拉细羊毛拉成上机样，符合来样后交纺厂。

4. 打样注意事项

（1）染液应随用随配，特别是活性染料。

（2）加醋酸时，应稀释10倍配制成母液使用。

（3）小样和毛时，要使用分析天平，并精确到0.0001g，以防止大生产时误差增大。

（4）使用的耙子要干净，不能混入异色毛，以免影响色泽的纯正。

（5）混纺打样时，应注意严格按照客户所定的成分比例打样；在和毛时，一定要钯均匀，特别是棉、黏胶等纤维与羊绒混纺时要特别注意。

思考题

1. 浴比对染色有哪些影响？

2. 确定染色浴比需要考虑哪些因素？

3. 为提高一次性对色率，小样染色浴比与大生产不同时，需要采取什么措施？

4. 染色处方设计的步骤是什么？

5. 染色助剂浓度是根据哪些因素确定的？

6. 染色工艺流程设计应考虑哪些因素？

复习指导

1. 本章详细介绍了小样染色工艺设计的内容。包括染色浴比、染料品种与浓度、助剂品种与浓度、工艺流程及工艺因素。还列举了机织物的轧染，针织物、散纤维、筒子纱染色的生产实例，包括工艺流程、染液处方、染色操作及注意事项等。

2. 浴比是染色质量中关键的影响因素。了解染色浴比设计的主要依据，了解浴比大小对印染加工的影响，掌握常用染料浸染时的染色浴比。

3. 本章阐述了染色处方设计方法和设计内容。通过学习，基本学会根据色卡来调整和设计染色小样处方。

4. 染色过程中需要不同的助剂协同作用。通过学习，了解染色处方中不同助剂的作用和使用浓度，以及对染色质量有何影响。

5. 本项目分浸染法和轧染法来说明，在保证染色质量的前提下，如何合理设计工艺流程和工艺参数。通过学习，了解和基本掌握浸染法和轧染法各工艺因素设计要点。

参考文献

[1] 沈志平. 染整技术：第二册 [M]. 北京：中国纺织出版社，2005.

[2] 蔡苏英. 染整技术实验 [M]. 北京：中国纺织出版社，2005.

项目四　对色及调色

本项目知识点

1. 掌握各种因素对对色的影响。
2. 掌握对色光源的选择依据。
3. 熟练掌握对色方法。
4. 熟练掌握补色原理与余色原理及在调色中的应用。

任务一　影响辨色的因素

对色又称对样、符色、符样、测色或比色，是指将染色后的试样（以下简称试样）与标样（或称为来样、原样）放在一起，在规定光源下进行色泽的对比，以判断两者色泽的差别。对色包括分析色光的差异和浓淡（习惯上称深浅）的差异。通常将两种颜色给人以色觉上的差异叫色差。色差是印染产品质量的重要指标，色差的准确测量或配色人员对色彩差异的准确判断对于提高配色效率及交货速度非常重要。这是因为客商和生产厂家总是希望生产的产品颜色在规定的允许范围内与要求的颜色尽可能相同。但是，配色是一项比较复杂而细致的工作。一方面因为颜色的种类非常多，需要了解各种染料的性能；二是物体的颜色会因光源的光谱成分、亮度、照射距离、照射角度，物体的大小、形状、表面结构，观察视距、物体周围环境，以及观察者生理、心理状态的不同等因素而变化。对于配色工作者来说，了解各种因素对颜色的影响，有利于对色时掌握合适的条件，提高对色的准确性。

一、光源

1. 光源及其成分

当光照射在物体上时，有可能发生三种情况，即透射、反射和吸收，即物体的颜色是物体对入射光发生了透射、反射及吸收的综合作用的结果，物体的颜色与其吸收光的颜色呈互补关系。物体对入射光所表现出来的这种特性称为物体的光学特征。自然界中的每种物体都有各自的光学特征，在太阳光的照射下会呈现出不同的颜色，这种颜色叫物体的固有色。通常物体固有色是不变的，但当光源中缺少某一波长范围的单色光，而这种单色光恰好又是被照射物体的颜色时，则在这种光源下不能显示出被照物体的固有色。例如，在黄焰的石蜡灯光下，青色看起来就成了黑色，这是因为石蜡灯光谱中不存在波长短的光波。又如在水银蒸汽灯光下，红色看起来也成了黑色，这是因为水银蒸汽灯中缺少红色光波的缘故。而对于白色物体，光源变成什么色，物体就呈什么色。所以说，物质的颜色只有在全光谱光的情况下，才能真实地反映出来。否则，就不可能反映出物质颜色的本来面貌。人们常说的灯下不观色

（不辨色），就是这个原因。

当照明条件发生变化或是环境发生变化时，同一物体所呈现的颜色可能相同也可能不同，这就是所谓的同色同谱和同色异谱现象。若两个颜色的试样在任何光源下观察都完全等色，则称为同色同谱。如果两个试样在某一光源下观察是等色的，而在另一种光源下观察是不等色的，则称之为同色异谱。也就是说，同色异谱性质的颜色在太阳光、日光灯、钨丝灯等光源下观察，看起来是不一样的。即产生所谓的"跳灯"现象，这就为对色工作带来很多的不便。在实际生产中，常因对色光源不同为企业与客户之间造成了很多的分歧。

为了评定试样是否存在同色异谱现象，可用高显色指数的 D65 光源观察后，再用国际照明委员会（CLE）推荐的 A 光源［A 光源由溴铝灯获得，色温为（2856±10）K，一般显色指数≥98］对试样进行观察对色，如果在 D65 光源和 A 光源下试样颜色相同则为同色同谱；如果试样颜色不一致，则为同色异谱。

就目前来讲，除了自然北光因一天中时间的变化引起的光线强弱的变化，导致对色光源不同外，即使标准光源箱，如 D65 标准光源，不同厂家生产的灯管或灯箱在光源成分上也有差异。所以，化验室在配置标准光源箱时，一般配置多个厂家的产品，以便在对色时最大程度地满足客户的不同需求。

2. 光源照度

物体的各个受光面由于距光源的距离不同，则光的入射角也不同，导致了物体各个面上的照度也不一样，这样物体表面就有了明暗层次，从而各部分呈现的颜色也不尽相同，并且这种不同比人们想象的还要复杂。例如，一个表面光滑的绿色瓷瓶其高光处呈现刺目的白色，暗调部分颜色则十分复杂。因此，在对色时，要求标样及试样平整，且将标样与试样放在同一平面上。

二、对色人员个体状况

1. 对色人员个体差异

每个人眼睛的灵敏度总是稍有差别，甚至色觉正常的人，对红或蓝的辨色仍可能有所偏差；且随着年龄的增大，视力的减弱或晶状体发生黄变等因素，对色彩的敏感性降低，一般对色差的判断能力变差。

2. 颜色适应现象的影响

颜色适应指人眼在颜色刺激的作用下所造成的颜色视觉变化。例如，当眼睛注视绿色几分钟之后，再将视线移至白纸背景上，这时感觉到白纸并不是白色，而是绿色的互补色——品红色，但经过一段时间后又会逐渐恢复白色感觉，这一过程称为颜色适应。由于这一适应过程的存在，当背景上的颜色消失后，会留下一个颜色与之互补、明暗程度也相反的像，这种诱导出来的补色时隐时现，多次起伏，直至最后消失。颜色适应的这种后效称为负后像。

3. 视觉疲劳

人眼及其视神经系统在颜色的频繁刺激后容易疲劳，严重时甚至导致对某些颜色信号的错误判断。

由于这些因素，同一种颜色在不同的人看来是有差异的。要完全克服这种差异，可借助于色彩色差仪等仪器进行检测。

三、对色方法

1. 视距差异

视距远近的不同，所观察到的颜色会有一定的差距。距离物体过远或过近都不能准确地得出物体的固有色，过远观察时物体显得发灰。一般要求对色观察距离在30~40cm。

2. 目测对色方向与织物经纬向差异

当从两个稍不同的角度观察一个物体时，被测物上的某点看起来会有明暗之差，这就是颜色的方向特性，特别是涂料加工的产品表现更为突出。另外，一般来讲，光线都是向不同方向发射的，可见光在某一特定方向角内所发射的光通量就叫作光强，不同角度的光强是有差异的。如果布面特殊，经向对色与纬向对色就有差异。目光与色样及光源方向不同，在视觉上有色光差异。如大家在看计算机图像时一样，有的角度看起来清晰且色彩饱和度好，有的角度图像看起来不清晰。因此，在对色时，标样与试样经纬向尽可能一致。而目测方向宜与色样平面方向垂直或呈45°角。

四、标样与试样

1. 标样与试样尺寸

有人在检查了墙纸的小块样片以后，选择了他认为很好的一种，但当墙纸贴到墙上之后，却又觉得太亮了。根据小面积的色样去挑选大面积的物体常会产生这种视觉的差异，这就是所谓的面积效应，即覆盖在大面积上的颜色比覆盖在小面积上的看起来更明亮和更鲜艳。为此，在目测对色时，染色试样与标样尺寸大小应相同，以防止因目测面积不同引起的色彩视觉上的差异。

2. 标样与试样表面的差别

物体表面结构致密、光滑，对光的反射能力就强，如缎纹组织的织物，这类物体的颜色鲜艳、明快，但也容易产生镜面反射失去固有色。粗糙表面的物体固有色表现较强，而且不易受环境色干扰。

五、对色背景

放在明亮背景中的物体看起来要比放在暗淡背景中的显得灰暗，这称为对比效应。对比效应会影响人们对颜色判断的准确性。在进行目视对色时，观察者的判断也易受周围彩色物体的影响。因此，观察者所穿着的衣服应为中性色，且在对色的视场中，除标样与试样外，不允许有其他彩色物体存在，不应有彩色物体（如红墙、绿树等）的反射光。这也是一般标准光源灯箱内壁设置为中性灰颜色的原因。

任务二　对色

视频11：对色

目前对色的方法有三种：目测对色、分光测色仪对色、分光测色仪对色与目测对色结合使用。对色方法不同及对色采用的灰卡标准不同，色差的表示方法及色差级别也有差异。在实际打样对色时，通常以客户要求或交货方式不同灵活选用对色方法。如出口产品以网上交验货方法进行贸易时，通常以分光测色仪或指定光源下所测色差数值为对色方法。国内客户进行染色加工时，可根据需要采用不同方法或多种方法并用。

一、目测对色法

目测对色法又称人工肉眼对色法或视觉对色法，是一种用眼睛辨别颜色深浅，以确定配色试样与标样色泽差别的方法。对色时，可以在自然北光或标准光源下，将染色试样与标样并排放置，与灰色变色样卡作对比，评定色差级别。目测对色法方便易行，也不需要多少理论基础和特殊设施。但若客户要求提供精确色差值，如网上确认色样的出口产品，就需要具有一定的观测条件，如色差仪或电脑测色配色系统等，并且观测者应具有一定色度学知识。另外，对色者经验丰富与否直接影响检测结果的准确性。

PPT13：目测对色法

视频12：对色光源

（一）光源选择

因为不同光源拥有不同的辐射能量，照射到物品上时，会显现不同的颜色。印染生产中的颜色管理是非常复杂的一个环节，化验员虽然已仔细地对比过标样与试样的颜色，但因为环境光源不标准或与客商所使用的光源不一致，不同光线下所看到的颜色各异，尤其是同色异谱的颜色，产品色差很难判定。客商验货时会因为色差超出标准范围而投诉，甚至退货，从而严重影响了企业信誉及效益。解决上述问题的有效方法，就是在染色打样、生产对色及验收产品的颜色时，必须在相同的光源及可控制的条件下进行。

目视对色法可以采用自然光，也可用标准光源。

1. 自然光

自然光分为南窗光线和北窗光线，南窗光线一天中光照强度及光源成分变化大，不宜作对色光源。北窗光线柔和且相对稳定，通常采用的是从日出 3h 以后到日落 3h 以前的北窗光，且要求光照均匀，照度不小于 2000lx。

实际在一天中，光源的光谱成分随光照方向而变化。当太阳光斜射时，能量被（云层、空气）吸收较多，长波光线所占的比例增加，短波光线所占比例减少，入射光中橙红色成分光偏多。反之，当太阳光直射时，能量被吸收较少，光谱成分中短波比例增加，长波光线所占比例减少，光就偏蓝。所以一天中，太阳光的成分是不同的，呈现由偏橙红至偏白至偏蓝的变化。另外，在高纬度地区，太阳光的颜色偏蓝；在低纬度地区，太阳光的颜色偏红。自然光在晴天、阴天、雨天时会有差别，而且来自窗户的采光条件也有所不同。因此，在条件许可的情况下，对色时最好采用标准光源。

2. 标准光源

标准光源种类繁多，各光源的特性如下：

（1）D65 光源。又称为人造日光光源，是纺织、汽车、零售、塑料、油漆及印刷等行业的国际标准。

（2）A 或 F 光源。白炽灯，家庭及橱窗照明用光。

（3）CWF 光源。属冷白光，主要用于美国的办公室及橱窗照明。

（4）U_{30} 光源。属冷荧光，是典型的办公室、橱窗用照明光源。

（5）TL_{83} 或 TL_{84} 光源。属冷荧光，是欧亚地区典型办公、零售用照明光源。

（6）HOR 光源。简称为 H 光源，为水平日光，属检测用光。

（7）UV 光源。是紫外光，用于检测荧光染料和增白剂的存在。

一般在接单时，订单都注明用何种光源对色。只要按客户订单要求在规定光源下进行打样对色，便能在一定程度上控制色光。可是由于各制造厂商的灯箱型号不同，其光源种类和数量也有不同，且不同灯箱厂家生产的相同型号的标准光源在波长能量分布上有差异，应慎重考虑选购。例如我国香港 KMS 颜色科技有限公司的灯箱有 D、A、CWF、TL_{84}、HOR、UV 六种标准光源，慧思公司的灯箱有 D65、A、CWF、UV 四种光源。国际上常用的标准光源箱有英国 Verivide 公司和美国 CretagMacbeth 公司的灯箱产品，其他还有 TILO 天友利对色灯箱、YG982A 标准光源箱，以及 T60（5）、P60（6）及 CAC-600 系列标准光源灯箱等（详见第一篇项目二任务三）。一定严格按客户具体情况选用，没具体要求的，一般选用 D65 光源。

需要注意的是，当对色时，外界光线如阳光或办公室日光灯的光线渗入对色灯箱时，会造成光源偏离，导致对色的偏差。严格地说，标准光源灯箱四周应设置黑色幕布。

（二）试样要求

在进行目视对色时，染色试样和标样都应当是平整的，试样应充分干燥且冷却至室温，尺寸应不小于 120mm×50mm。对于毛面织物，应先将织物按毛的方向理顺，再进行对色。

（三）对色方法

将染色试样与标样并排放置，使相应的边互相接触或重叠，且标样与试样在同一水平、同一方向上。在自然光下进行观察时，必须保证从一个方向观察试样，例如接近直角方向观察。观察距离为 30~40cm。用灯箱对色时，头不可以伸入灯箱里面。在标准光源箱中进行观察时，有以下两种观察条件：

（1）光源的照明垂直于样品表面，观察方向与样品表面呈 45°角（图 2-4-1），表示为 0/45。

（2）光源的照明与样品表面呈 45°角，观察方向垂直于样品表面（图 2-4-2），表示为 45/0。

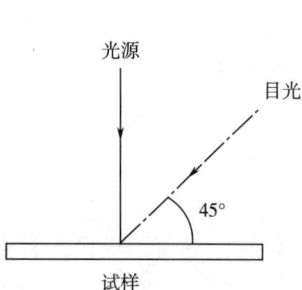

图 2-4-1　光源照明垂直于样品表面　　图 2-4-2　光源照明与样品表面成 45°

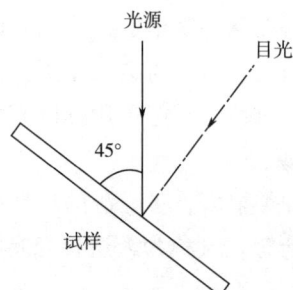

如果有支架板，可以采用 45/0 方法观察色样。如果没有支架板，单纯依靠手拿标样与试样，采用 0/45 方法观察更为方便。采用 45/0 方法观察时，要确保试样与标样在同一平面上。

无论哪种对色方法，一般标样与试样的左右放置位置会产生一定的视觉误差，通常将标样放置在左侧，试样并排放置在右侧，对色定级后，标样与试样左右交换位置再进行观察对色。

从对色的实际经验来看，当辨别色光的差异时，宜将标样与试样平行排放，采用较大面积观察；当辨别浓淡的差异时，宜将标样与试样分别折叠后，仅将二者的折叠处并排放置平齐，比较其折叠处，进行局部观察。

（四）色差级别评定

色差的目测评定常以变色灰色样卡（以下简称变色灰卡）作对色依据进行评级。

1. 变色灰卡

在目测对色时，评定标样与试样颜色色差等级的参考依据是评定变色用灰色样卡，如 GB/T 250—2008 变色样卡（本标准等同国际标准 ISO 105-A02）或 AATCC 变色灰卡。灰卡分为 5 个牢度等级，在每两个级别中再补充半级，即为 5 级 9 档灰卡。1 级最差，5 级最好。每对的第一组成均是中性灰色，其中仅牢度等级 5 的第二组成与第一组成一致，其他各对的第二组成依次变浅，色差逐级增大。各级观感色差均经色度确定。

变色灰色样卡既可作为染色牢度等级评定，也可用来进行标样与试样或大货色差的评级。如耐摩擦色牢度 4 级，意指原样与规定条件摩擦后的试样变色色差为 4 级；如标样与试样色差 4 级，意指标样与试样的颜色色差为 4 级。

2. 变色灰色样卡的使用

以 GB/T 250—2008 变色灰色样卡为例。将标样和试样各一块并列置于同一平面，并按同一方向紧靠，变色灰色样卡也靠近置于同一平面上。背景应是中性灰色，近似变色灰色样卡 1 级和 2 级（近似蒙塞尔 N5）。如需避免背衬对对色结果的影响，可取原布两层或多层垫衬于标样和试样之下。北半球用北窗光照射，南半球用南窗光照射，或用 600lx 及以上的等效光源。入射光与织物表面约呈 45°角，观察方向大致垂直于织物表面。用变色灰色样卡的级差来目测评定标样与试样之间的色差。

3. 色差评定结果

如使用的是 5 级变色灰色样卡，当标样和试样之间的色差相当于灰色样卡某级所具有的观感色差时，就作为该试样的色差级数。当标样和试样之间的色差处于灰色样卡两个级别中间，则可定为中间级别，如 4-5 级或 2-3 级等。如使用的是 5 级 9 档变色灰色样卡，当某一级观感色差最接近于灰色样卡中标样与试样间的观感色差程度时，就作为该试样的色差级数。

不论是 5 级变色灰色样卡还是 5 级 9 档变色灰色样卡，只有当标样和试样之间没有观感色差时，才可定为 5 级。

如果需要记录纺织品颜色色差的特征，可在数字评级中加上适当的品质术语，以更为确切和形象地描述色差。对色差特征的描述方式见表 2-4-1。

表 2-4-1　颜色色差特征的描述

级别	含义	
	相当于灰卡的色差级别	与标样的色差特征描述
3 较浅	3 级	仅浓度较浅
3 较红	3 级	浓度未明显变浅，但颜色偏红
3 较黄、较浅	3 级	浓度变浅，色相也有变化
3 较浅、较蓝、较暗	3 级	浓度变浅，色相和明度也有变化
4~5 较红	4-5 级	浓度未明显变浅，颜色稍红

另外，需记录的颜色品质术语，也可用表 2-4-2 中的缩写词来记录。

表 2-4-2　颜色的品质术语与缩写

与标样的色差特征含义	缩写词	法文缩写词	与标样的色差特征含义	缩写词	法文缩写词
较蓝	Bl	B	较浅	W	C
较绿	G	V	较深	Str	F
较红	R	R	较暗	D	T
较黄	Y	J	较亮	Br	P

在具体色差评定时，色差的级别还要看光源。在颜色跳灯的情况下，要在客户指定的光源下评级才是最恰当的。色差为多少是合格的，需要客户与配色厂家协商确定。一般工厂都做到 4 级左右，高的甚至达 4.5-5 级。只有当客户确认试样，方可进行中车试样，否则需重新打样。

4. 色差级别与色差值的转换

需要说明的是，有些网上交验货是以色差值作为判定货品色泽被接受还是拒绝的依据，这对于配置有色差仪的印染企业来说，是件容易的事情；而对于没有色差仪的企业，往往先用变色灰卡评级，然后根据灰卡色差等级与色差值的对应关系表查得色差值。这种情况下，同一色样相同灰卡级差，查得的色差值会出现很大的不确定性。其主要原因有以下 3 个方面。

（1）不同变色灰色样卡标准对应的色差值有差异。以 GB/T 250—2008 与 AATCC 为例，两个标准的色度规定相同，所依据的色差计算公式也相同，均采用的是 CLELAB 色差公式，但对应的色差值有差异。

GB/T 250—2008 与 AATCC 灰色样卡色度规定：纸片或布片应是中性灰颜色，并应使用含有镜面反射的分光光度计测定，色度数据以 CLE1964 补充标准色度系统（10°视场）和 D65 光源计算。

GB/T 250—2008 灰色样卡与 AATCC 灰色样卡的级别及色差值对比见表 2-4-3。

从表 2-4-3 可知，GB/T 250—2008 灰色样卡每个级别之间有空档，色差不连续，而 AATCC 灰色样卡每个级别色差之间是一连续色差值。因此，由色差转化为级别评定时，两类灰色样卡在某些色差值时会出现不同结果。如色差 $\Delta E_{CMC} = 2.81$ 时，按 GB/T 250—2008 灰色样卡考虑容差后评为 3-4 级，按 AATCC 灰色样卡则评为 3 级。相同色差下，前者比后者高半级。又如，色差 $\Delta E_{CMC}=0.6$ 时，按 GB/T 250—2008 灰色样卡考虑容差后评为 4-5 级，按 AATCC 灰色样卡则评为 5 级。相同色差下，前者比后者低半级。对此，在以色差转化级别评定结果时，需要特别注意指明采用的灰色样卡标准。

（2）不同色差公式对应的色差值有差异。以 GB/T 250—2008 变色灰色样卡为例，采用 D65 光源、10°视场、不同色差公式，用 Datacolor 色差仪测试其各档色差值见表 2-4-4。

（3）不同光源标准对应的色差值有差异。以 GB/T 250—2008 变色灰色样卡为例，采用同一色差公式 CLELAB，10°视场，在不同光源下的灰色样卡等级与色差值的关系见表 2-4-5。

表 2-4-3 GB/T 250—2008 灰色样卡与 AATCC 灰色样卡的色差及级别对比

灰色样卡等级	CLELAB 色差 GB/T 250—2008 灰卡	GB/T 250—2008 灰卡色差容差	CLELAB 色差 AATCC 灰卡
5	0	0.2	0~0.6
4-5	0.8	±0.2	0.61~1.0
4	1.7	±0.3	1.01~2.0
3-4	2.5	±0.35	2.01~2.8
3	3.4	±0.4	2.81~3.8
2-3	4.5	±0.5	3.81~5.3
2	6.8	±0.6	5.31~7.4
1-2	9.6	±0.7	7.41~10.3
1	13.6	±1.0	10.31~14.6
0	—	—	>14.6

表 2-4-4 GB/T 250—2008 灰色样卡等级与在不同色差公式下的色差值

灰色样卡等级	ASLAB	CLELAB	CMC$_{(2:1)}$	CMC$_{(1:1)}$	JPC$_{79}$	FMCII	Hunter
5	0.064	0.073	0.100	0.104	0.101	0.106	0.054
4-5	0.783	0.888	0.494	0.930	0.519	2.123	0.800
4	1.529	1.733	0.918	1.796	0.968	4.157	1.576
3-4	2.221	2.517	1.332	2.594	1.404	6.111	2.303
3	2.994	3.391	1.746	3.484	1.847	8.394	3.116
2-3	4.107	4.648	2.4505	4.782	2.542	11.768	4.292
2	5.909	6.678	3.447	6.882	3.646	17.445	6.211
1-2	8.390	9.455	4.968	9.713	5.149	25.909	8.911
1	12.092	13.573	6.976	13.947	7.381	39.809	12.998

表2-4-5　GB/T 250—2008灰色样卡等级与不同光源下的色差值

灰色样卡等级	D65	CWF	A	F
1	13.573	13.524	13.577	13.579
2	6.678	6.675	6.696	6.677
3	3.391	3.385	3.404	3.399
4	1.733	1.716	1.712	1.717
5	0.073	0.073	0.064	0.079

从表2-4-3~表2-4-5可知，采用的灰色样卡标准、计算的色差公式及测色光源不同，同一色差等级转换得来的色差值是不同的。所以，当以灰色样卡评级后再转换成色差值时，为减少纠纷，一定要明确所采用的灰色样卡标准、对色条件及所依据的色差公式。从实际应用情况看，$CMC_{(2:1)}$色差公式色差值较符合人的目光评定，美国及欧洲客户大多采用该色差公式来测定试样与标样色差。

总之，目测对色法是一种简单快捷的对色方法。但在正常情况下，仅凭肉眼观察仍存在一定的局限性。人眼和神经系统在频繁的刺激后容易疲劳，或产生颜色适应现象，严重时甚至导致对某些颜色信号的错误判断。

为此，在目视对色时，对色人员不宜长时间紧盯色样。有条件的企业可以采用仪器对色法。

二、分光测色仪对色法

分光测色仪对色法分为刺激值直读法和分光测色法两种。其中刺激值直读法方便快捷。

PPT14：分光
测色仪对色法

（一）刺激值直读法

刺激值直读法是使用光电色彩计（或称为色差计）进行对色、测色。将标样或试样放置在光电色彩计的试样测试台上就能直接读出标样和试样的X、Y、Z值，可简便地进行对色、测色。光电色彩计由反射用和透射用光源、试样测试台、反射镜、受光器等组成。

刺激值直读法常用的仪器是色彩色差计，如色彩色差计CR-10、CR-14等。国际上对颜色的评价一般利用色彩色差计。色彩色差计是量化色彩现象，建立色彩标准，改善产品外观，控制颜色品质，进而进行计算机配色的不可缺少的工具。一台较准精确的色差计可以使颜色的量化简便易行，得到以各种色空间表示的测量结果，按照国际标准用数字来表达颜色。由于色差计总是利用同一光源和照明方法来测量，测定条件总是一样的，且不受观察者个体素质及色彩感觉差异的影响，因此测定的数值总是量化和精确的。色彩色差计擅长揭示细微的颜色变化，用数值来表示色差，便于调色和保存资料。

（二）分光测色法

当光线遇到物体时，物体的表面吸收一些光线并反射剩余的光线。物体的颜色是由反射

和吸收光的波长比例决定的。

分光测色法是用分光光度计（光谱对色计）以图形方式显示分光比及反射率曲线，然后按规定计算，得到测定值。自动记录的分光光度计测得各项数据后，可以自动进行计算得到测定结果。分光测色仪除了微处理器及有关电路外，有四个主要组成部分：光源、积分球、光栅（分光单色器）和光电检测器。

分光测色仪精度较高，与单纯的色差仪测色的方法不同，分光测色仪能测量每个颜色点（10nm 或者 20nm 波长间隔）的"反射率曲线"，而色差仪不能。分光测色仪可以模拟多种光源，而色差仪一般只有一种或最多两种模拟光源。

分光测色仪又分为"0/45°"和"d/8 度积分球"两种测量—观察方式。"0/45°"只能用来测平滑的表面，而且不能用于计算机配色。"d/8 度积分球式"可以用来测量各种表面，也可以用于计算机配色。并且在选择时，还要考虑有没有消除镜面反射和包含镜面反射的测量模式，如果两种模式都有，则在测量光洁表面或有明显反射表面的色彩时非常有用。

仪器测量是看标样与试样间的色差值，即 ΔE_{CMC}，具体色差值多少才算对色，视标样颜色及客户要求不同而不同。如一般印染加工色差在 1 以内是可接受的，但是有些客户要求在 0.8 以内，部分敏感系的色差值要求更小。

三、分光测色仪与目测结合对色法

对于敏感色系与非敏感色系来讲，相同的色差值在目测时色差感觉是有较大差异的。敏感色系如米色、咖啡色及灰色的 ΔE_{CMC} 在 0.3 以上时，目测即可看出色差；中等程度敏感色系如绿色、藏青色的 ΔE_{CMC} 在 1.0 以上时，目测才能看出色差；但不敏感色系如纯黄、纯荧光红的 ΔE_{CMC} 甚至大于 1.5 时，目测仍分辨不出色差。尤其是一些刚开始从事纺织贸易加工的跟单人员，由于缺乏对色与验货经验，一味地以色差值大小作为认可试样与大货的依据，往往造成敏感色系相差甚远，不敏感色系又让印染企业认为要求太苛刻。遇到这种情况，现场交验货时可以将两种方法结合起来使用。如果是国际贸易，以通过国际网络传输标样与试样或大货的"波长能量分布"对比来作为对色联系方式。

任务三　调色

对于配色打样工作者来说，要提高配色速度，除了准确地设计初次染色方案外，还要能够准确地对色和调色。对色时，对于达不到色差要求的试样要进行处方调整后重染。调色方向正确，事半功倍；否则，调整后的试样可能会与标样相差更远。应该说，处方调整是一项经验性的工作，但并不是完全没有任何规律可循。

作为配色打样人员，首先应掌握基本的配色原则（详见本书第二篇的项目二任务三），把好染料选择第一关。在此基础上，掌握一些颜色的色光倾向、不同色系的颜色递变规律及调色原则，会为配色打样节省不少时间。

一、颜色的色光倾向

通常颜色的色光倾向呈现一定的规律性，其具体表现为：

（1）色相可以偏黄或偏蓝的颜色。绿色、红色、栗色。

（2）色相可以偏绿或偏红的颜色。蓝色、黄色、金黄色、灰黄色、紫色、棕色。

（3）色相可以偏蓝或偏绿的颜色。绿蓝、青色。

（4）色相可以偏黄或偏红的颜色。青铜色、红色、橘黄色。

（5）可以向任意颜色转向的颜色。白色、灰色、黑色、银色。

掌握颜色色光的倾向，便于确定调色方向，少走弯路。

二、不同色系的颜色递变规律与调色

如果对色结果表明，试样与标样相差不大，或分析发现可通过调色最终能够达到标样色泽，则一般不需要调换染料，而要耐心分析试样与标样的色光差异及色泽的性质，根据配色原理及调色的基本原则制定新的染色处方。

根据颜色色光随染色浓度变化而变化程度不同的特性，通常将颜色分为敏感色系和非敏感色系，下面对颜色按不同属性就调色情况加以分析。

（一）敏感色系

敏感色系的特点是颜色随染色浓度的变化突然变大，只要拼色染料中有一只染料浓度有所变化都可以使该颜色变色，甚至脱离原来的色系。比如灰色，拼混灰色所用的三原色中有一只染料的浓度稍有变化，就会出现带有不同色光的灰，难以对样。所以敏感区内的颜色调色时要谨慎，多方面考虑。一般在敏感区调整色光时尽量不要只调整一只染料，对于三拼色来说，在调整色光时应对两只副色调染料浓度同时进行调整，或加或减，如果只加或减去一只染料，很容易破坏颜色的平衡，严重时会直接影响到色相。且染色浓度调整范围不宜过大，一般调整浓度范围要在所用染色浓度的5%以下。举例如下：

（1）紫色。属于红蓝二拼色，是由红色染料与蓝色染料拼混而成，除了纯正的紫色外，通常呈现出来的色光偏红或偏蓝。如偏蓝的紫，在色深与标样相近时，一般来说，要减少蓝色染料的浓度或增加红色染料的浓度。如采用加红的方法，将红色染料的用量在原浓度基础上增加10%，就会导致紫色偏向红光。这种情况下，一般调整浓度为原浓度的5%以下。

（2）棕色。属于红黄蓝三拼色，以黄色为主色，红色和蓝色为辅色，其色光可以偏向红或黄或蓝三个方向。只有红、黄、蓝三色的比例恰当才能得到纯正的棕色。这种情况调整染料时，以同时调整两只辅色（红色和蓝色）为宜，如果只调整红色或蓝色容易引起色光的突变。且调整浓度应在原浓度的5%以下。

（3）米色等浅色。有打样经验的人大多会感觉浅色样比深色样难打。即使浅色样有时目测色差已经很小了，但是用计算机测色仪测得的色差值还会很大，因此浅色样一般比深色样难仿。仿浅色样时要严格遵循"微调"原则，一般调整染色浓度在原浓度的2%以下甚至更低。

（二）非敏感色系

非敏感色系是指对拼色染料调整浓度较大时，试样在色泽深浅上变化不大的颜色。该色系主要是由红色和黄色拼混得到，如橘黄色、橘红色及橙色等。对于不敏感颜色的调整，配色打样初学者可能会走很多弯路，有时目测色差较小，调色时不敢调整幅度过大，结果调整很多次才达到色差要求，浪费了大量时间。所以在对非敏感色系的颜色打样时，染色浓度的调整幅度可以适当扩大。如一个偏红光的橙，需要通过增加黄色染料的浓度来削弱红光，这种情况下，可直接将黄色染料的浓度在原基础上增加20%以上，甚至有时增加50%才能将红光调整过来。

三、补色原理与余色原理的应用

（一）补色原理及其应用

补色原理主要应用于淡、艳、明快色的色光调整，是利用所带色光与需要消去色光互为补色的同色调染料调整色光。

如一蓝色红光偏重，要消除红光，可加入带青光的蓝色染料，利用红光与青光的互补关系消去红光，同时增加了织物上颜色的亮度。

（二）余色原理及其应用

余色原理主要应用于浓、暗颜色的色光调整，是通过加入微量与需要消去色光互为余色的染料进行的。

（1）暗绿色。纯粹的绿色很好拼色，用黄色与蓝色以适当比例拼混染色即可。暗绿色有灰暗的感觉，此时，用极少量的绿色的余色——红色染料来消色，可以达到需要的效果。

（2）土黄色。以黄色为主，红色为辅（二者拼混为橙色），后加入蓝色微调后得到的一种颜色，即土黄色是黄橙色变暗以后得到的颜色。

需注意的是，余色染料一旦过量，会出现色相的改变，让人错误地认为调整方向不对，所以切记余色染料要微量使用。

四、三原色的色光方向

纯正的符合光学要求的三原色是较少的，大多数染料三原色都带有一定色光。在拼色时，同类纤维织物的染色，不同企业所用染料三原色有可能不同，三原色的色光倾向不同。而三原色的色光方向，有时会让配色打样人员在拼色时产生误导。例如，在活性染料中有一套三原色为：活性红 R-2BF，活性金黄 R-4RFN，活性蓝 R-2GLN。在这套三原色系中存在一个明显的现象：当配色人员觉得所调整的颜色里少红光，而增加了活性红 R-2BF 以后，会发现色相发生了明显的变化，离调整的方向越来越远了。如橘黄色，是由活性红 R-2BF 和活性黄 R-4RFN 拼色所得，当该色缺少红光时，增加活性红 R-2BF 的用量后，颜色色相发生了变化，而通过增加活性黄 R-4RFN 的用量反而将色光调整过来了。这是因为红色染料中带有蓝光而黄色染料中带有红光，增加红色后会因蓝光影响正常色相，增加黄色，其中的红光同时得到了补充。因此在调色时要注意各三原色染料的色光取向。

掌握了上述基本规律，才能够更准确地分析色样，制定出合理的染色处方，以最少的拼色次数找到符合来样色泽的处方。

当然，在调整处方染色浓度时，还要严格掌握配色原理，熟悉三原色间的消色关系，忌用大量消色染料来消减色光，以防影响颜色的鲜艳度。对于初学者来说，因为缺乏染色浓度变化幅度与试样色差变化程度之间的关系方面的直观经验，在调色时调整的幅度宜小一些。要善于总结颜色调整的规律，及时总结经验，不断掌握更多的配色技巧，提高配色打样的速度。

配色是一项复杂的工作，需要依赖大量的操作经验，在染色打样时，只有脚踏实地、耐心细致地多做实验，才能积累经验，提高配色打样的水平。

思考题

1. 光源有哪些类型？常用对色光源是哪一种？
2. 影响对色的因素有哪些？
3. 在采用目视对色时，如何减少人为因素的影响？
4. 什么是互为补色？什么是互为余色？
5. 何时利用补色调色？何时利用余色调色？
6. 减法三原色的余色分别是什么？

复习指导

1. 对色又称为对样、符色、符样、测色或比色，是指将染色后的试样（以下简称试样）与标样（或称为来样、原样）放在一起，在规定光源下进行色泽的对比，以判断两者色泽的差别。影响对色结果的因素有光源的光谱成分、亮度、照射距离、照射角度，对色人员个体状况，物体的大小、形状、表面结构，观察视距、物体周围环境。对于配色工作者来说，了解各种因素对颜色的影响，掌握对色时的条件要求，有利于提高对色的准确性。

2. 目前对色的方法分为目测对色、分光测色仪对色、分光测色仪对色与目测对色结合对色法。对色时要选用客户规定的光源，光源分为自然北光及各种标准光源，标准光源有 D65、A、CWF、TL$_{84}$、HOR、UV 等类型。色差的表示方法分为灰卡色差等级表示法、三刺激值表示法和色差 ΔE 表示法。通常以客户要求或交货方式不同灵活选用对色方法。

3. 调色时首先要辨色，辨色包括对色光方向的分析和色泽浓淡的分析，准确地辨色是提高调色速率的基础。其次，掌握色泽的规律和基本的调色原则能够少走弯路。包括常见颜色的色光倾向、敏感色与非敏感色的调色原则、特殊效果颜色的调色技巧、补色原理及余色原理的应用原则等。调色是一项经验性工作，需要配色工作者善于总结经验才能不断提高配色效率。

参考文献

[1] 李宏光，吴宝宁，施浣芳，等. 几种颜色测量方法的比较 [J]. 应用光学，2005，26（3）：60-63.

[2] 曹连平，王力民，李锡军，等. 色差仪的应用实践 [J]. 印染，2004，30（24）：33-38.

[3] 唐育民. 染整中疑难问题解答 [J]. 染整技术，2000，22（4）：42.

[4] 崔浩然. 提高色光的准确性与稳定性 [J]. 印染，2003（6）：18-22.

项目五　计算机测配色

本项目知识点

1. 了解计算机测配色系统。
2. 能进行计算机测色操作。
3. 能够建立配色基础数据库。
4. 能够用计算机测色系统，对仿色小样进行色差评定。

任务一　计算机测配色系统

一、测配色系统组成

计算机测配色系统主要由分光光度计、计算机、打印机等主要硬件和测配色系统软件（简称为系统软件）组成。

分光光度计是专门的测色装置，能够将人眼对颜色的印象转变为数字化的透射或反射曲线。测色通常在可见光（400～700nm）范围内进行，测量波长间隔一般为10～20nm。根据仪器内部结构、测量精度、重复性、可靠性以及成本价格等指标，可分为高档的高精度型、实用的标准精度型、经济的普通精度型和便携式四个档次。常见型号如 X-rite Ci7x00 系列台式分光光度仪、Datacolor Spectro 1000 系列台式分光光度仪、Ci6x 系列积分球型便携式分光光度计等。

以 Datacolor Spectro 1000 系列台式分光光度仪为例，其基本参数如下：

测量光学系统：双光束 d/8°；

积分球的直径：152mm/15.24cm（6英寸）；

光源：脉冲式氙灯/配备紫外光滤光片；

光谱范围：360～700nm，光谱间隔：10nm；

光度范围：0～200%；

光谱分析：双256二极管阵列，包含镜面反射/排除镜面反射（SPIN/SPEX）；

双闪光20次的重复测量白色色差（CIE Lab）：0.01（最大）；

反射率测量的仪器间一致性（CIE Lab）：0.08（平均），0.15（最大）；

照明/测量孔径：LAV（30mm 照明，26mm 测量）、SAV（9mm 照明，5mm 测量）、US-AV（6.6mm 照明，2.5mm 测量）；

UV 滤镜：400nm，420nm，460nm；

测量环境要求：操作温度 5～40℃，相对湿度 20%～85%无结露。

视频13：测配色系统介绍

PPT15：测配色系统介绍

计算机是对色彩数据进行科学计算的基本装置，它储存各种各样的数据群并与各种类型的测量装置连接。其基本参数如下：IBM 兼容计算机，4G 或以上的内存，USB 接口。配置越高，速度越快，容量越大。现在市场上的计算机配置标准都能满足需要。

打印机主要是打印染色配方，有针式、喷墨式及激光打印机，幅面有 A4、A3 等。市场上可供选择的品种很多，可根据需要进行配置。

测配色系统软件是分别对色样进行测量、计算分析处理数据、工艺配方显示、色差计算及控制输入、输出专用仪器及设备的软件包。其功能由各个功能模块组成，即建立数据库、仪器校正、建立标准、测量样品、分析色差、打印报告等。要实现系统软件各功能的运行需要匹配的操作系统为 Windows7/8/10/11 Pro（32 位或 64 位）。

二、计算机测配色系统操作

计算机测配色系统采用菜单式或菜单加图标式的交互模式操作，不同公司的操作系统或界面虽有差异，但输出的结果是一样的。基本操作步骤如下：

（1）打开电源。

（2）运行系统软件。

（3）仪器连接（根据不同厂家不同型号的分光光度计，可以自动连接）。

（4）功能模块选择，如仪器模块、数据库模块、配方模块、管理数据模块、打印报告模块等。

（5）根据操作任务，在不同功能模块下选择相应的子菜单。具体各功能模块包含的子菜单如下：

①仪器模块：仪器校正、创建标准或标准测量（测量标准样）、测量试验（测量试样即按预测配方染色的样品）、色差分析等。

②数据库模块：创建数据库、编辑数据库、编辑标准、编辑基材、编辑容差、编辑颜色分类等。

③配方模块：预测配方、修正配方等。

④管理数据模块：文件管理、删除数据、移动数据、数据备份、数据导入/导出等。

⑤打印报告模块：打印模板、打印项目等。

（6）打开子菜单或直接点击功能按钮，按提示完成每项任务的操作。

任务二　计算机测配色的理论基础

PPT16：三刺激值表色法

一、三刺激值表色法

计算机测配色的理论基础是对颜色的量化，即根据颜色的定量测量数据利用计算机计算出所需的染色配方。从色度学的角度而言，颜色可用三刺激值 X（红色）、Y（绿色）、Z（蓝色）表示，物体色三刺激值为匹配物体反射色光所需要红、绿、蓝三原色的数量，即物体色的色度值，颜色的三刺激值可用式（2-5-1）进行计算：

视频 14：三刺激值表色法

$$X = k \sum_{i=1}^{n} s(\lambda) \, \bar{x}(\lambda) \rho(\lambda) \Delta\lambda$$

$$Y = k \sum_{i=1}^{n} s(\lambda) \, \bar{y}(\lambda) \rho(\lambda) \Delta\lambda$$

$$Z = k \sum_{i=1}^{n} s(\lambda) \, \bar{z}(\lambda) \rho(\lambda) \Delta\lambda$$

(2-5-1)

$$k = \frac{100}{\sum_{i=1}^{n} \rho(\lambda) \, \bar{y}(\lambda) \Delta\lambda}$$

从式（2-5-1）可以看出，物体色三刺激值的计算涉及光源能量分布（标准照明体的相对光谱功率分布）$s(\lambda)$、物体表面反射性能（物体的分光反射率）$\rho(\lambda)$ 和人眼的颜色视觉标准的三刺激值 $\bar{x}(\lambda)$，$\bar{y}(\lambda)$，$\bar{z}(\lambda)$ 三方面的特征参数，可见光（380~780nm）按间隔 $\Delta\lambda$ 分割成 n 个。其中光源能量分布 $s(\lambda)$ 和人眼的颜色视觉标准的三刺激值 $\bar{x}(\lambda)$，$\bar{y}(\lambda)$，$\bar{z}(\lambda)$ 的特征参数查表可得。利用分光光度计可对物体的分光反射率 $\rho(\lambda)$ 进行测量，由此，便可计算颜色的三刺激值，从而实现对颜色的定量表征。

二、计算机配色原理

从计算机获得的配方，应使染色样的三刺激值与标样相等，达到色相一致。即三刺激值相等配方的结果应满足式（2-5-2）：

$$X_s = X_m, \ Y_s = Y_m, \ Z_s = Z_m \tag{2-5-2}$$

式中：X_s、Y_s、Z_s——标样的三刺激值；

X_m、Y_m、Z_m——配色染色样的三刺激值。

由三刺激值计算公式可得：

$$X_m = k \sum_{i=1}^{n} s(\lambda) \, \bar{x}(\lambda) \rho(\lambda) \Delta\lambda$$

$$Y_m = k \sum_{i=1}^{n} s(\lambda) \, \bar{y}(\lambda) \rho(\lambda) \Delta\lambda$$

$$Z_m = k \sum_{i=1}^{n} s(\lambda) \, \bar{z}(\lambda) \rho(\lambda) \Delta\lambda$$

(2-5-3)

$$k = \frac{100}{\sum_{i=1}^{n} \rho(\lambda) \, \bar{y}(\lambda) \Delta\lambda}$$

式中：　　　　　　n——波长（380~780nm）按间隔 $\Delta\lambda$ 分割后的个数；

$s(\lambda)$——标准照明体或标准光源的分光功率分布（查表可得）；

$\bar{x}(\lambda)$、$\bar{y}(\lambda)$、$\bar{z}(\lambda)$——波长按间隔分割后对应的标准光谱三刺激值（查表可得）；

$\rho(\lambda)$——光谱反射率，是未知参数，根据染料的结构及组成不同发生相应的变化，可由分光光度仪测得；

$\Delta\lambda$——测量波长间隔，可根据仪器的精度而定，$\Delta\lambda = 20$nm、10nm 或 5nm，可选其一。

因此，配色计算实际上就是解析标样与染色样（配色结果）三刺激值相一致的三元一次联立方程，计算的关键在于求得与拼色后的染色样分光反射率分布相等的或三刺激值相等的配色处方。如不相等则可用色差公式计算色差，常用的色差公式有 CLE L*a*b* 色差式、CMC 色差式等。

要达到此目的，需要在染色样的反射率和染料浓度之间建立一个过渡函数，它既与反射率成简单关系，又与染料浓度成线性关系。即需要了解单一染料的染色浓度和其染色样的分光反射率之间的关系，以及各种单一染料染色样的分光反射率和拼色染色样分光反射率之间的关系。

从染料的发色理论已知，不同的染料对入射光具有不同的吸收特性，即对入射光的选择性吸收，导致染色织物形成各种颜色。同时染料的用量越多，吸收的光强越高，反射出来的光强越低。可见染料及染料的浓度与反射光分布及反射光强度之间存在着某种必然的关系。

至今应用最普遍的光学模型是由 P. 库贝卡（P. Kubelka）和 F. 芒克（F. Munk）于 1931 年提出的二光通理论，即通常所称的库贝卡-芒克（Kubelka-Munk）理论。该理论用 K 和 S 两个参数（分别称为 Kubelka-Munk 吸收系数和散射系数）将测得的反射率与染料的浓度相关联，并假设在染料混合物中可分别用 K 值的加和性及 S 值的加和性来表征染料混合时的光学行为。原函数本来具有相当复杂的关系，对于不透明的纺织品，一般只引用推导公式的简化形式，即 Kubelka-Munk 方程式：

$$\frac{K}{S} = \frac{(1-\rho_\infty)^2}{2\rho_\infty} \tag{2-5-4}$$

式中：K——染色样的吸收系数；

S——染色样的散射系数；

ρ_∞——染色样（厚度无穷大时）的反射率。

一般情况下，分别求出 K 值和 S 值是很麻烦的，因此，不单独进行 K 值和 S 值的计算，而是由仪器测得染色样的反射率后，通过计算得到 K/S 的比值，又称为 K/S 值。

K/S 值可直接反映染色样的表面色深。当染色制品基质材料相同时，K/S 值越大，表示染色样表面颜色越深。因此，又将 K/S 值称为表面色深或表观色深。

（一）单色样浓度与其表面色深 K/S 值之间的关系

如果以染料浓度为横坐标，以 K/S 或 $(1-\rho_\infty)^2/2\rho_\infty$ 值为纵坐标作图，得到的关系曲线为近似直线，如图 2-5-1 所示。

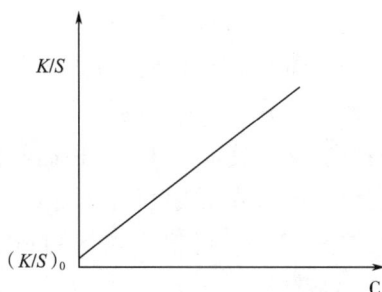

图 2-5-1　K/S 值与染料浓度 C 的关系

由图 2-5-1 可知，对于单色样来说，在某一波长为 λ 的单色光照射下，K/S 值和染料浓度呈正比。即染料的浓度越高，K/S 值越大，对应染色样的颜色越深。反之，染料的浓度越低，K/S 值越小，对应染色样颜色越浅。

由染料浓度所得到的对应染色样的 K/S 可以由仪器直接测得，也可先由仪器测得对应染色样的反射率后，通过式（2-5-5）计算获得。

$$\frac{K}{S} = \frac{(1-\rho_\lambda)^2}{2\rho_\lambda} + \frac{(1-\rho_0)^2}{2\rho_0} = k \cdot C + \left(\frac{K}{S}\right)_0 \tag{2-5-5}$$

式中：$\dfrac{K}{S}$ ——染色样的表面色深；

ρ_0、ρ_λ ——未染色织物及染色样在波长 λ 处的反射率；

k ——比例常数（单位浓度的 K/S 值）；

$\left(\dfrac{K}{S}\right)_0$ ——未染色织物的表面色深；

C ——染料的浓度。

染料的浓度视不同染色方法而异，其值可为 owf（%）浓度（染料质量对染色织物质量的百分比，浸染常用），或 g/L 浓度（每升染液含染料的克数，轧染常用），或质量百分比浓度（每百克染液含染料的克数，印花仿色常用），或 g/kg 浓度（每千克染液含染料的克数，印花仿色常用）等。

如果将某一染料以一定的浓度 C 染色，测出染色织物的分光反射率 ρ_λ 和未染色织物的分光反射率 ρ_0，则根据上述公式，便可求出比例常数 k 或染色样的表面色深。对于已知 k 值的染料与织物，如果测得染色样的分光反射率，则同样可求出染料的浓度。

事实上，K/S 与 C 的变化关系直线与 K/S 轴相交于未染色物的反射率（K/S）$_0$ 之处。而在式（2-5-5）中，（K/S）$_0$ 值有时候是可以省略的。例如，当 ρ_∞ 的值较小时或比较两样品相对表面色深时，为简单起见则可以省略。计算式（2-5-4）中 ρ_∞ 常常取最大吸收波长的值，即具有最低反射率波长下的值。

K/S 函数是计算表面色深常用的方法，也是计算机配色中进行处方预测及计算的理论基础。

（二）拼色样反射率或（K/S）$_m$ 与各染料单位浓度的 K/S 值及浓度的关系

根据上面的推理，得到拼色样的（K/S）$_m$ 与各染料浓度间的关系式（2-5-6）。

$$\left(\frac{K}{S}\right)_m = \left(\frac{K}{S}\right)_0 + \sum_{i=1}^{n} k_i \cdot C_i \tag{2-5-6}$$

式（2-5-6）反映了染料拼色时，各种染料以单独基准浓度染色样的反射率与染料混合染色样的分光反射率之间的关系。同时又反映了各染料单位浓度的 K/S 值、拼色物各染料的浓度与（K/S）$_m$ 以及拼色物反射率之间的关系。

在可见光（400~700nm）范围内，对式（2-5-6）以波长间隔 20nm 为单位测量，共得到 16 点。以公式表示为：

$$\left(\frac{K}{S}\right)_{m,\,\lambda} = \left(\frac{K}{S}\right)_{0,\,\lambda} + \sum_{i=1}^{n} (k_i)_\lambda \cdot C_i \tag{2-5-7}$$

式中：$\left(\dfrac{K}{S}\right)_{m,\lambda}$——拼色样在波长 λ 时的表面色深；

$\left(\dfrac{K}{S}\right)_{0,\lambda}$——未染色样在波长 λ 时的表面色深；

k_i——第 i 种染料基准浓度染色样的单位浓度的 K/S 值；

C_i——第 i 种染料的浓度；

λ——波长，取 400，420，440，…，700（nm）。

由此得到含 16 个方程的方程组，其中染料浓度是未知数。在这个方程组中，方程数远多于变量数，所以应有无数组解，即可得无数组处方。一般可用标准样与配方样间的反射率差最小时来求得配方染料浓度，或获得最佳三刺激值配对的配方浓度。

由式（2-5-4）推导出：

$$\rho(\lambda) = 1 + \left(\frac{K}{S}\right)_{\lambda} - \left\{\left[1 + \left(\frac{K}{S}\right)_{\lambda}\right]^2 - 1\right\}^{1/2} \tag{2-5-8}$$

再根据式（2-5-7）、式（2-5-8）由最初获得的配方浓度计算出理论上的反射率值，根据式（2-5-1）计算出三刺激值 X、Y、Z。然后应用三刺激值可算出理论色样与标准样之间的色差是否在允许范围内。若是在允许范围内，则计算在不同光源下的色变指数和成本，打印出结果。若不在允许范围内则先计算三刺激值差 ΔX、ΔY、ΔZ，再由相加法或相乘法修正，重新规定染料浓度。

设 C_1、C_2 及 C_3 是最初预测配方染料浓度，C_1'、C_2' 及 C_3' 是调整后的配方染料浓度，则：

$$\left.\begin{aligned} C_1' &= C_1 + \Delta C_1 \\ C_2' &= C_2 + \Delta C_2 \\ C_3' &= C_3 + \Delta C_3 \end{aligned}\right\} \tag{2-5-9}$$

将调整后的配方浓度，利用式（2-5-7）和式（2-5-8）三刺激值计算公式及色差公式计算，比较 ΔX、ΔY、ΔZ 或色差，若 $\Delta X=0$、$\Delta Y=0$、$\Delta Z=0$，或色差在允许范围内，则打印出结果。若 $\Delta X \neq 0$、$\Delta Y \neq 0$、$\Delta Z \neq 0$，或色差仍不在允许范围内，再经式（2-5-7）、式（2-5-8）三刺激值计算公式及色差公式计算比较，如此重复计算比较，直到三刺激值相等或色差符合要求为止。

三、自动配色的基本流程

（1）测量来样（标样）与所要染色基材（即织物）的光谱反射比，建立预测配方的依据。

（2）配方预测。根据选定的染料组合和配色技术条件确定初始配方 [c]。

（3）色差分析与配方修正：由配方 [c] 与标准色样的色差 ΔE 决定是否进一步修正配方。如果 ΔE 没有达到色差阈值，则进一步计算修正的配方。

（4）配方 [c] 与标准色样的色度参数或色差 ΔE 小于色差阈值时：

①计算配方 [c] 的同色异谱指数 MI 以评价该配方的光谱异构程度。

②给出配方 [c]。

③如果为手工选择染料组合模式，则存储配方并返回上一层模块，否则（即为自动组合染料模式）进行下一个染料组合的配方计算。

当符合配色技术条件，且色差 ΔE 满足预定阈值时，提供配方给用户选用。具体过程如图 2-5-2 所示。

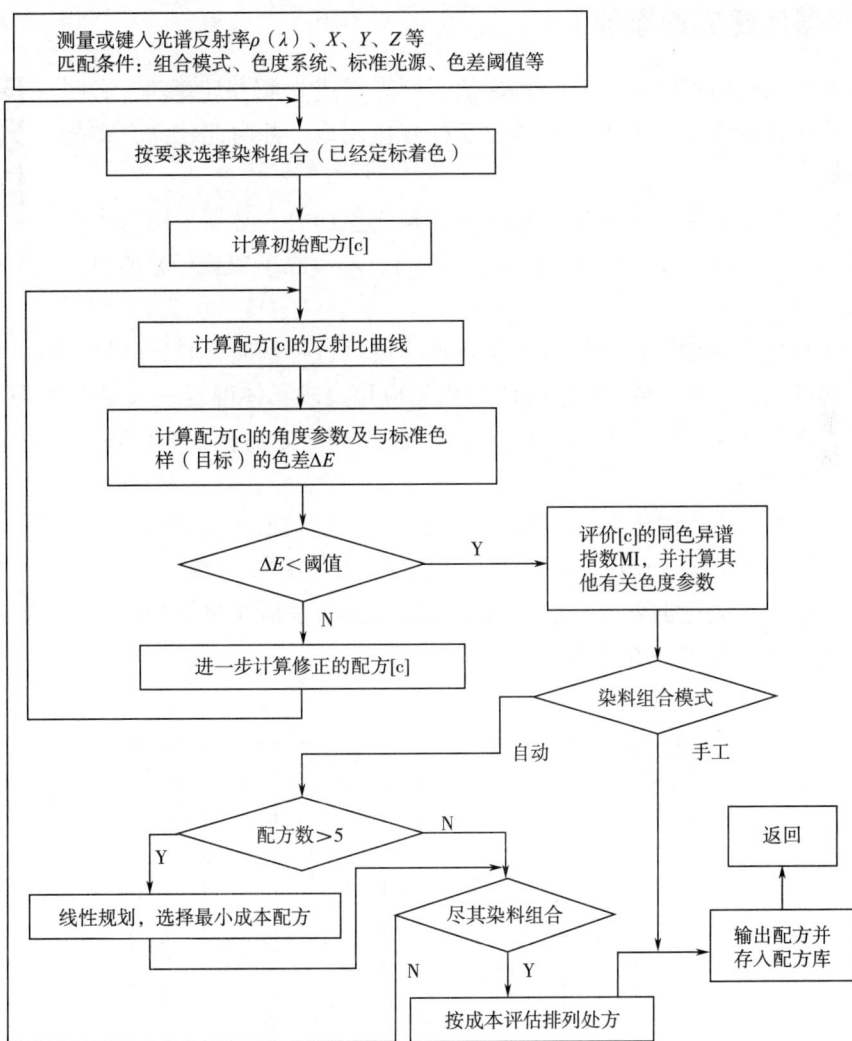

图 2-5-2　计算机配色流程图

Kubelka-Munk 理论适用于纺织印染等工业的自动配色，且广泛成功的应用在涂料、塑料、油墨、印刷、纤维混合物、食品等许多工业配色预测中。因为该理论给出了色料混合的本质，该理论中包含的简单原理，对于非专业人员也很容易理解，所以很自然地成为色料工业配色的基础。事实上，由 Kubelka-Munk 理论近似条件所引起的色差，比染色中染料的称重误差、配色基础数据、所用水质、染料选择、测色误差以及纤维质量等各种染色工艺因素所造成的色差小得多。因此，可以认为 Kubelka-Munk 理论在一般场合下已足够精确。

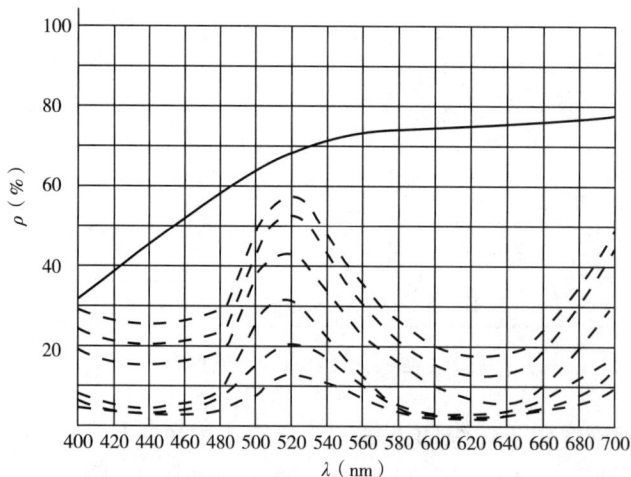

任务三　计算机测配色数据库建立

一、数据库建立的原理

染色配方预测要用到所选染料的 K/S 值，所以在进行配方计算前，必须
首先确定表征色料特性的 K/S 值，这通过定标着色完成，并由此建立自动配
色的基础数据库。

定标着色是建立数据库的基础。制作定标着色色样时，必须采用与生产
相同的方法和基质材料（或称底材、织物、纤维），不存在不依赖于基质材料
的特殊染料数据。

所谓定标着色，即将每种类型的每只染料单独对每种基质材料，分别以
一定的浓度梯度进行染色。浓度梯度等级可根据应用要求具体确定。从理论上说，通常分成
5~8 个级差，在实际应用中一般采用 6~12 个浓度梯度。之后，分两步来分别确定基质材料
和定标染料的 K/S 值。

第一步，获得浓度反射比。对基质材料样品的"模拟染色"，就是让基质样品经过完整
的染色工艺过程，但不加入任何染料，测出基质样品的光谱反射率 ρ_0。对定标染料的不同浓
度梯度 C 以相同工艺染色的着色样品，按上面相同的方法测量光谱反射率 ρ_c 得到浓度反射
图，也称 K/S 文件，如图 2-5-3 所示。

图 2-5-3　浓度反射图（K/S 文件）

第二步，获得各浓度下的 K/S 值。由基质样品的光谱反射率 ρ_0，按式（2-5-10）转换为
基质样品的 $(K/S)_0$ 值：

$$(K/S)_0 = \frac{(1-\rho_0)^2}{2\rho_0} \qquad (2\text{-}5\text{-}10)$$

对不同浓度梯度 C 的着色样品测得的光谱反射率 ρ_c，按式（2-5-11）转换成该定标染料在对应定标浓度 C 下的 $(K/S)_c$，即：

$$(K/S)_c = \frac{(1-\rho_c)^2}{2\rho_c} \tag{2-5-11}$$

得到线性控制图，也称 K/S 文件。

由于定标着色每次只采用一种染料进行单独染色，根据 Kubelka-Munk 理论加和性原理，可有：

$$K/S = (K/S)_0 + k_c C \tag{2-5-12}$$

对每种所用染料都经过上述染色、光谱光度反射比测试及数据处理步骤，就获得了计算机自动配色的基础光学数据。由此结合软件可建立相应的定标着色基础数据库，在实际的配色计算中可随时调用，以进行染料配方的自动预测。

二、数据库建立的步骤

（一）确定数据库的类型

（1）选择纤维及制品。选择纤维及制品，要根据企业生产的主导产品来定，条件许可的话，可以尽量将企业加工产品编辑成库，以增强适用性和测色配色的准确性。在选择时，先要选择纤维，如棉、毛、丝、麻、涤纶、锦纶等；在以织物面料加工为主的企业，还要选择织物组织。因为，织物的组织不同，厚薄不同，都会影响配方的准确性。如纤维素纤维类品种就有纯棉府绸、纯棉卡其、纯棉平布、牛仔布等。在化验室人员紧张、没有大量时间建立全部产品数据库的情况下，一般选用产量大的、具有代表性的品种。

（2）确定染料类型。根据各类纤维染色常用染料及客户的要求，以不同染料染色建库，可以提高数据库的适用性。如棉纱及棉织物，根据色泽及染色牢度指标要求不同，可选还原染料、活性染料、不溶性偶氮染料、直接染料及硫化染料等。考虑到拼色时染料的染色性能要一致，对于某些类型的染料，对不同染色性能及不同染色工艺条件的染料应分别建库，如活性染料就有高温型、中温型、低温型，以及单活性基与双活性基染料之分，应分别建立数据库。这样，可为选择配方提供方便。如染棉要求用活性染料，则可根据需要从高温型活性染料中选择拼色染料，也可从中温型活性染料中选择。

（3）确定染色的方式。包括浸染、轧染、印花等。

通过以上操作，即可建立一个完整的数据库，如 B 型（或中温型）活性染料浸染棉的数据库。初建的数据库不一定达到要求，还要区别建立相同的数据库，比如日期不同等。

（二）选择染料的数目及浓度

1. 选择参与配方的染料的数目

要想对任意标准样用计算机计算配方，首先要选择用哪种染料及哪些颜色较为适当，原则上应该是用最低限度数目的染料，获得最大范围的色泽。平均每种被染物仅用 10~15 只染料或更少。这样选择具有以下优点：

（1）技术人员能够在短时间内掌握染料的染色特性，有利于从计算机给出的多个配方中选择最优组合。

（2）企业需要储备的染料品种少，占用资金少，资金周转快，且集中大批购买优惠多。

（3）大大降低了计算机数据处理的时间。参与制作配方的染料越多或每个配方的染料数目越多，染料的组合数目越多，计算机计算配方的时间就会增加。表2-5-1列出了它们之间的关系。

一般情况，染料可选用品红、黄、青及红（枣红）、黄、蓝（湖蓝）两组三原色，再加上黑等。从企业实际应用的经验来看，采用下列十一种色光的染料更为适宜：大红、蓝光红、黄光红、橙、绿光黄、红光黄、红光蓝、绿光蓝、紫、绿、黑。

表2-5-1　配方的染料数目与染料的组合数目的关系

染料数目	组合数目		
	3只染料	4只染料	5只染料
6	20	15	6
8	56	70	56
10	120	210	252
12	220	495	792
15	455	1365	3003

2. 选择染料的浓度梯度

所用染料的染色浓度梯度，根据不同染料的最高染色浓度，视各染料具体情况而定。一般在实际使用范围内选定8~12个不同浓度，浓度范围在0.01%~5%。例如，浸染（owf）可选0、0.1%、0.5%、1%、1.5%、2%、3%、4%、5%，轧染浓度可选0、0.1g/L、0.5g/L、1g/L、2g/L、4g/L、8g/L、16g/L、32g/L。

（三）制定定标样品染色工艺与制作定标小样

1. 制定定标样品染色工艺

实验室小样与大生产的染色方法及工艺条件应尽可能一致。定标样品的制作包括空白染色织物的定标着色和各梯度浓度染料的定标着色样品的制作。

2. 空白织物的定标着色

空白织物的定标着色就是所谓的"模拟染色"，将所要染色的织物在不加染料而只用助剂的溶液中以同样的染色条件进行染色，从而制成空白染色织物。

3. 制作定标小样

制作定标小样应由专人负责制作，减少人为误差。要在同一台小样机上制作，减少系统误差。要在连续的一段时间内完成，保持定标着色样品的染色工艺一致性，发现有误，及时重新制作，直至结果正确。

定标着色样品的制作直接关系到基础数据库的精度和可靠性，在整个配色工艺过程中至关重要。首先，要求织物的前处理质量，如白度、毛细效应要一致，如果是棉布，丝光工艺也要相同。在条件许可时，应尽量使用同一批前处理的半制品染色定标。其次，要高度重视染色过程中的每一环节，严格操作规范，如染料母液量取或助剂称量要准确等，确保染色过程的一致性及样品染色的均匀性，且染色后的织物干燥方式要相同，对染色后不能及时进行测量数据的小样，要妥善保管，不能玷污或折皱。

（四）光谱数据的测量和有关参数的输入

1. 光谱数据的测量

在完成定标染色后，即可进行染色小样的光谱数据测量。其步骤如下：

打开计算机→运行测配色软件→打开菜单中的"创建数据库"→建立数据库→编辑数据库→为即将建立的数据库命名→测量底材的反射比 ρ_0→存入计算机→打开"编辑色种"→输入定标染色用染料的名称→选择其子菜单"数据库数据"→添加每只染料定标样品的浓度→选择"全部测量"→依次测量对应定标样品的反射率→输入计算机。

（1）测量时注意事项。

①测量布纹方向要一致，折叠布样不透光，折叠后布样的大小应确保能完全遮盖测量孔。

②开启仪器内的数码相机，检查测量部位，测量孔的大小应与校正、测量的布样大小相一致。

③为确保测量的数据能够真实反映布样的颜色，一般需测量布样的 3~4 个不同部位，求其平均值。

④为避免系统误差，定标样品的光谱数据应在同一台分光测色系统上测量并输入计算机。

将基础色样所测得的分光反射率输入计算机，换算成 K/S 值，与空白染色织物的 $(K/S)_0$ 值一起，利用 $K/S = k \cdot C$ 求得各染料单位浓度下的 K/S 值（即 k 值）。

（2）分析和修正。如定标样品制作不正确，其分光反射率及所求得的值就不正确，结果影响计算机预测配方的正确性。为保证数据的正确无误，应对定标色样进行分析及修正。具体分析与修正的内容及方法如下：

①定标色样光谱数据的分析。定标色样光谱数据是否合乎规律，可从分光反射率 ρ（%）与入射光波长 λ 的变化关系曲线显现出来。查看各染料在不同浓度下的分光反射率曲线，一般各浓度的分光反射率曲线应呈有规则平行分布。若某曲线有部分不规则现象，如低浓度与高浓度的分光反射率相互交错，应将该曲线对应的定标样品重新制作。不同染料浓度下染色的定标样品的分光反射率曲线如图 2-5-4 所示。

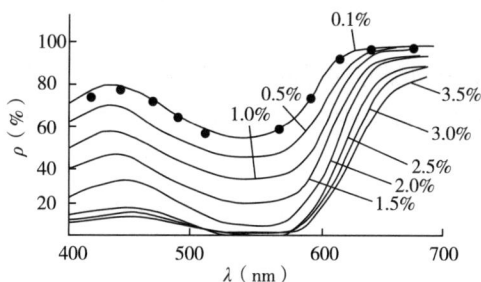

图 2-5-4 不同染料浓度下染色的定标样品的分光反射率曲线

②定标色样光谱数据的修正。由输入计算机的分光反射比求得 K/S 值，分析线性控制图，如图 2-5-5 所示，把不在线上的点，即该点的浓度剔除，得到近似的直线。把有价值的数据存入数据库，作为预测配方的基础数据。

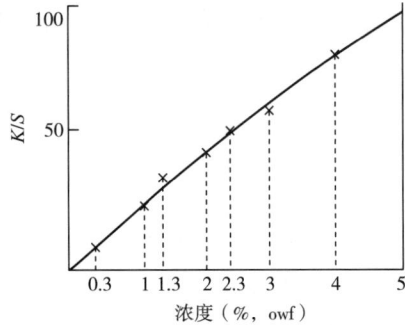

图 2-5-5　K/S 与浓度的关系（线性控制图）

一般所选择的 K/S 值是在最小反射率处，这样换算成 K/S 值最大，其相对误差较小。

依次将每一种定标染料的不同梯度定标样品的光谱数据 $\rho_m(\lambda)$ 输入计算机，由基础数据库管理模块将 $\rho_m(\lambda)$ 修正为 $\rho_\infty(\lambda)$，再结合浓度梯度，计算出对应染料的 K/S 值，存入基础数据库文件中。

以上所述光谱数据的测量方法是目前常用软件支持的操作方法，即通过联机的测色系统，直接测量样品的光谱数据并输入计算机。另一种则是提供一个编辑窗口，由用户从键盘直接输入色样的光谱数据。

2. 有关参数的输入

为了方便技术人员选择符合要求的小样染色配方，在建立数据库时，需要把定标着色染料对应的价格、力份、染料的各种牢度、染料的相容性等信息同时输入计算机。

3. 数据库的验证分析

建立的数据库是否可信，可以用以下方法进行验证分析：

（1）分析反射率曲线的分布。如图 2-5-4 所示，不同浓度分光反射率曲线不能相互交叉。

（2）分析线性控制图（K/S 图）。如图 2-5-5 所示，K/S 值与浓度的关系应呈线性关系。

（3）逆向检测。把已知配方的样品作为标准样，测量其反射率数据，然后预测配方，再与已知样品的已知配方比较，观察误差范围的大小，判断基础数据的准确性，否则要重建数据库。

（4）数据库试用。预测未知配方的样品的染色配方，打样看符样的程度，修正的次数，若判断的结果不理想，应重新建立数据库。或对认为误差较大的染料品种，进行重新打样输入反射率数据。

基础数据库的管理也是配方预测软件的重要组成部分，可以对已建立的数据库的内容进行修改和补充完善。

任务四　计算机测配色打样应用

在染色配方设计过程中，利用计算机测配色系统协助染整技术人员完成测色配色工作，不仅提高了工作效率，也可以提高小样染色的一次性成功率。是目前染色工艺准备必备的现代自动化的技术装备。

计算机测配色的基本步骤为：仪器准备→建立标准→染色配方的预测及选择→小样试染→色差分析（配方修正→小样试染→色差分析）→配方打印与管理。

PPT18：标准色样的测量

视频16：标准色样的测量

一、仪器准备

（一）连接仪器

选择不同的仪器类型设置。不同的仪器类型，对应各自测量数据建立的数据库。如台式分光光度计、便携式分光光度计等类型。

（二）仪器校正

作为配色应用所需光谱数据提供者的测色系统，在用于实际颜色测量之前必须进行校正。仪器校正包括光谱校正和光度校正。

（1）光谱校正即对仪器进行光谱（或波长）定标，该项工作通常是在仪器出厂时完成，除非系统使用时间很长或受到意外损伤才需要重新进行光谱定标，一般来说，系统的波长标尺一旦校正就不会发生变化。

（2）光度校正又分为零点（或黑筒）定标和标准白板定标两部分。零点定标给测色系统提供了光谱反射率的"零线"基准，通常采用作为仪器附件之一的黑筒来校正仪器的零点。标准白板定标是校正仪器的光度"百线"基准，由测色系统附带的标准白板（已知其精确光谱反射比数据的标准白色反射样品）来校正。测色系统最后实测结果的精度在很大程度上取决于该系统校正的准确度和可靠性，所以这是非常重要和关键的一个环节。

每天使用前要校正仪器，这样可获得更高的精度和性能。仪器还会每隔 $12 \sim 24h$ 自动校正（根据使用的仪器类型）。仪器需要校正，或仪器不需要校正，都会出现提示的对话框，然后参考仪器操作手册，按仪器提示的具体指令完成操作。

1. 校正步骤

在测配色软件菜单中选择校正功能，系统会提示用户进行所需的测量及有关仪器操作指令。以 Datacolor Spectro 1000 系列台式分光光度计为例，其校正步骤如下：

①运行 Datacolor Tools 软件，在工具选项卡中选择"仪器"，点击"校正"按钮。

②在弹出的"校正"窗口中，设置校正参数，点击"校正"命令。

③按照系统提示，先校零，将黑筒放入样品架，点击"继续"按钮，等待仪器完成测量。

④按照系统提示再将标准白板放入样品架，点击"继续"，等待仪器完成测量。

⑤按照系统提示将诊断绿板放入样品架，点击"继续"，等待仪器完成测量后，系统显示诊断结果，若诊断合格则可以关闭窗口进行正常测量，若诊断不合格需要重新进行校正。

2. 仪器校正注意事项

（1）校正仪器时有两种状态选择，即"包含镜面反射（SPIN 或 SCL）"及"排除镜面反射（SPEX 或 SCE）"。包含镜面反射的测量方法，所得的结果和肉眼观察的比较相似。排除镜面反射进行测量的方法，能够把样品表面的影响降低到最小程度，特别适合颜色质量监控和计算机配色。可以根据需要对两种状态分别进行校正，也可同时选择两种状态校正。一般情况下同时选择两种状态校正。

（2）镜片需保持清洁，污物和灰尘在校正过程中会导致读数不准确。仪器清洁方法请参阅仪器操作手册。

（3）标准白板上不能有污迹、油迹、灰尘和指印，否则会极大地影响白色反射标准，应定期清洁标准白板。使用中性肥皂的温水溶液清洗，完全冲洗标准白板并用不起毛的软布擦干。在测量前要让标准白板完全变干。

（4）在进行校正时不要移动仪器。如果仪器检测时被移动，则会中止测量。

二、建立标准

测定标样的分光反射率（光谱反射比）值，输入计算机。计算标样的三刺激值及 K/S 值，作为染色配方预测的依据。

（1）建立标准。点击"标准向导"按钮或从仪器菜单选择创建标准，按提示完成操作。

建立标准色样文件，创建客户，在客户文件中分类输入每个样品的名称，测量相应的分光反射率值，存入计算机。

（2）编辑标准。可以将试验样品（预测配方的染色样）替换为标准样，剔除客户或样品标准。

（3）编辑容差。计算机菜单中已有几种色差可选，如 CLELab 及 CMC 色差等。容差设置的范围可根据相应的标准或客户的要求自行编辑。

三、染色配方的预测与配方选择

1. 染色配方的预测

在完成了测色系统的光谱定标和光度校正并建立了染料的定标样品基础数据库后，还要设定配方预测的色度环境参数（包括标准色度系统、配色及同色异谱评价光源、光谱范围与波长间隔、染色工艺、染料组合模式以及染料配方色差容限等），然后根据标准色样颜色数据进行初始配方的预测。

用户可以按照使用的具体要求选择标准色度系统（CLE1964 或 CLE1931）、标准照明体（如 D65、A、C 等）、光谱范围（如 400～700nm 或 380～780nm 等）、波长间隔（如 20nm、10nm、5nm 等）、染色工艺（如浸染、轧染等，应选择对应的数据库）、配色底材（如纯棉、涤棉、涤纶、仿丝、真丝等织物）、染料组合模式（如手工或自动等）、色差阈值 ΔE（CLELab）或 ΔE（CMC）等。

当然，自动配色系统软件包的核心是配方计算模块，包括初始配方预测和配方修正计算，这是预测和评价染料配方的关键部分。

计算获得染料配方可分为两步。首先计算染料配方近似值，将定标样品所求得的分光反射率换算成 K/S 值，再与空白染色织物的 $(K/S)_0$ 值一起利用 $K/S = k \cdot C$ 求得各染料的单位浓度下的 K/S 值，即 k 值。

设染色样的 $(K/S)_m$ 等于标样 $(K/S)_s$，根据吸收和散射系数加和性的原理及公式进行初始配方预测。

$$\left(\frac{K}{S}\right)_{m,\lambda} = \left(\frac{K}{S}\right)_{0,\lambda} + \sum_{i=1}^{n}(k_i)_\lambda \cdot C_i \tag{2-5-13}$$

进一步求得光谱反射率值：

$$\rho(\lambda) = 1 + (K/S)_{m,\lambda} - \{[1 + (K/S)_{m,\lambda}]^2 - 1\}^{1/2} \tag{2-5-14}$$

利用三刺激值公式计算获得三刺激值。利用反射光谱匹配或三刺激值匹配的方法进行反复修正，以获得最佳匹配的颜色配方。即：若初始配方的三只染料的浓度为 C_1、C_2、C_3，进一步计算出标准与配方的三刺激值之差 ΔX、ΔY、ΔZ，然后利用相乘或相加修正公式使三刺激值相等，进一步求出三只染料的浓度差 ΔC_1、ΔC_2、ΔC_3，重新调整配方浓度可计算新的反射率值和三刺激值，再与标准样的三刺激值比较。若还不够接近，再利用同样的方法修正，直至反射光谱匹配或三刺激值匹配。对预测的配方进行光谱异构的评价以及修正，达到同色异谱指数最小，至获得最佳匹配的颜色配方。预测配方时，数据库中染料的基础数据参与的范围可以人工干预，如果配色人员具有丰富的经验，便可以参与其中。

2. 配方选择

根据用户设定的配方预测色度环境参数和作为配色目标的标准色样数据，按照软件采用的配色光学模型及计算方法，计算出满足要求的一个或者若干个预测染料配方。图 2-5-6 为 Datacolor Match Textile 系统预测配方供选择的窗口。系统默认提供 50 个配方供选择，同时给出相应的评价参数，如色差（ΔE）、同色异谱指数（MI）、配方价格等。供用户结合实际情况进行选择使用。

选择配方应选择色差 ΔE 最小，同色异谱指数 MI 最小，曲线拟合程度最好的配方。根据技术人员的专业知识与经验，选择配方还要结合实际，在达到成品要求的前提下，还要选择重现性好的配方，如果在生产中返工（回修），会造成人力物力的浪费，延误交货期，甚至造成退货或索赔。另外，在保证质量的前提下，选择成本较低的配方。

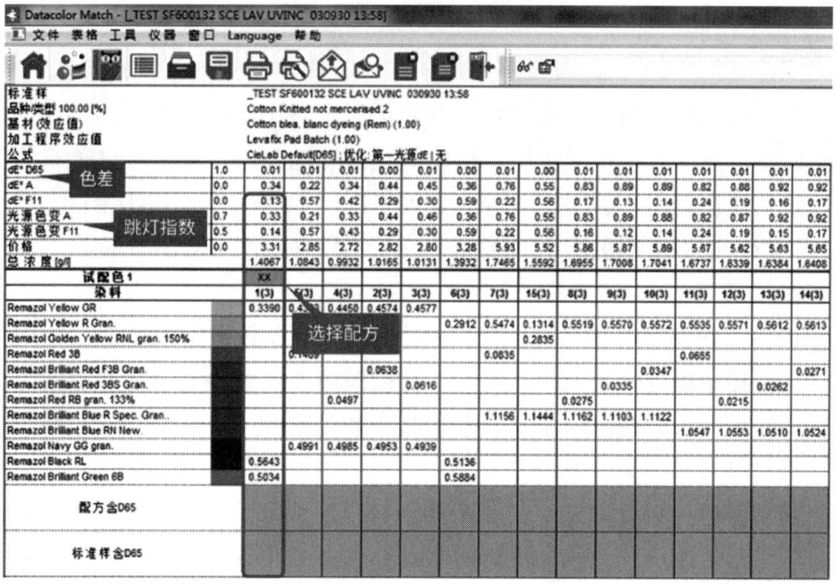

图 2-5-6 计算机窗口显示配方计算结果

四、小样试染

根据所选择的配方进行小样试染。在配制染液时，根据化验室的设备配置情况，可采用染色 CAM 系统自动配液，也可人工配液。试染小样的基材和染色工艺应与大生产相同，以验证该配方能否与标准色样真正匹配。由于计算机配色软件以有条件的光学模型和算法来进行配方计算，而实际情况却是千差万别，与理论适用的假设前提难免有些出入，从而使所预测的配方难以实现一次性 100% 的准确率。因此，在预测新配方时，必须进行小样试染，而计算机测配色系统应用成功与否除了测色系统和配色软件的水平之外，在很大程度上取决于应用测配色系统的人员素质及染色工艺的标准化程度。对染色工艺的总体要求是选择合适的操作人员、工艺流程稳定、一致性好、最好具有先进的自动控制系统。具体包括以下几个方面：

（1）测色配色操作人员素质高。测色配色操作人员应具有中专及以上的文化程度，具备较强的染色专业知识和操作技能，工作认真、负责。

（2）染色设备先进。仪器的各项性能指标准确、稳定、工作状态良好，有关检测系统测量精确、结果可靠。

（3）染料性能稳定。所用染料各项染色性能指标一致或接近，质量稳定，供货渠道畅通。

（4）测色配色系统操作正确。定标着色样品制作精密细致，基础数据库完整、准确，标准色样测量数据正确可靠，配色预测过程科学严谨。

（5）染料及有关助剂的用量准确。染料及有关助剂的配比科学合理、称量准确，染液混合均匀、各项指标符合规定要求，配方实施客观、可靠。

（6）染色过程操作规范。工艺参数的编排合理，确保染色过程中每个环节定量控制，其中包括水质、上染时间、焙烘的温度和时间等工艺参数的精密控制。

五、色差分析与配方修正

（一）配色色差的分析

一个实用配方的获取往往要经过初始配方的预测及其小样试染、配方的修正与重新染色等过程。即便如此，也并非每次配色操作都能得到满意的配方，而每个初始配方到最后也不一定都能经过修正而达到用户的要求。造成这种情况的原因很多，也很复杂，有时很难做出全面而准确的论断。这里从测色配色系统和染色工艺两方面作一简单分析。

1. 引起色差的原因

（1）测色误差。在基础数据库的建立过程中，基准浓度色样和标准色样光谱数据的输入，都需要对颜色样品进行分光测量。因此，测色仪器的颜色测量误差使基础数据库变得不可靠；标准色样光谱测量的精度降低，于是使配方预测失去了正确的方向，由此给出的配方必然难以达到用户要求。

（2）国产染料特性一致性较差。来自不同染料生产厂家或同一染料生产厂家生产的同一品种不同批号染料其特性均有变化，使染料基础数据库的建立与管理更为复杂，需随时进行修正和更改，无形增加了工作量，否则可靠度和有效性会受到影响。无法显示系统的优越性。

（3）定标着色基础数据影响配方的实用性。在染色时同一配方中各种染料的力份、相容性、上染率等因素的不一致，同时又难以精确测定每种染料在不同浓度梯度时的上染率等指标，使定标着色基础数据难以严格修正，直接影响配方的实用性。

（4）染色工艺难以标准化。制作染料的定标色样和按预测的配方进行染液配料时，对染料的称重、选用的水质、染色工艺过程等控制不够严格，整个染色工艺尚欠稳定，难以标准化。

总之，测色配色系统的准确性是在系统的选择时应注意的问题。

2. 色差的分析方法

色差分析又称为染色质量控制，不同公司的测色配色系统染色质量控制窗口不完全一样，但色差分析的方法基本相同，包括视觉效果、$L^*a^*b^*$ 图、Lab 数据、反射率曲线等。视觉效果比较直观，但有时测试数据与人的目测色差差别较大，下面以 Datacolor Tools 软件染色质量控制窗口为例，重点介绍 $L^*a^*b^*$ 图法和反射率曲线法。

（1）$L^*a^*b^*$ 图法。图2-5-7所示为染色质量控制窗口的 $L^*a^*b^*$ 图，在 $L^*a^*b^*$ 图上，中心点的位置为建立的标准（即标样位置），以中心点为圆心的椭圆圈为用户所设定的容差范围。

L 代表明度，也就是颜色的深浅，a^* 代表红绿值，b^* 代表黄蓝值。

DL^*：为"+"表示颜色偏浅，为"−"表示颜色偏深。

Da^*：为"+"表示颜色偏红或少绿，为"−"表示颜色偏绿或少红。

Db^*：为"+"表示颜色偏黄或少蓝，为"−"表示颜色偏蓝或少黄。

DE 代表色差，用户可根据自己的需要设定允许的色差值。

在进行色差分析时，测得的试样点在椭圆圈内就是合格的。如图2-5-7中所示，所测得的试样点（图中黑色方点）在椭圆（图中白色虚线即容差范围）外，为不合格。就明度值 L 来说，试样位置在中心点（白色虚线以内为容差范围）的下方，说明颜色偏深；在 $L^*a^*b^*$ 坐标图中，试样点在标准点（标样）的左上方，说明颜色偏绿偏黄，且偏绿的成分很少，总体评价就是颜色偏深偏黄。

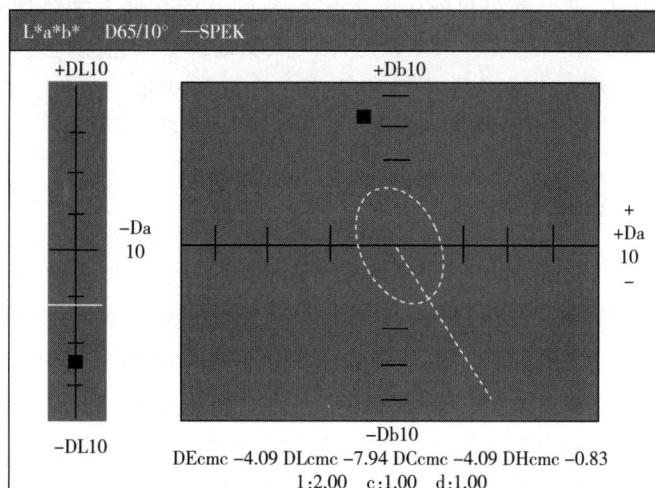

图 2-5-7　$L^*a^*b^*$ 图

（2）反射率曲线法。如图 2-5-8 所示，白线为标样的光谱曲线，黑虚线为染色试样的光谱曲线。所测试样的光谱曲线与标样的光谱曲线越接近、重合的越好，说明色差越小。若黑线在下，说明试样比标样深；若黑线在上，说明试样比标样浅。

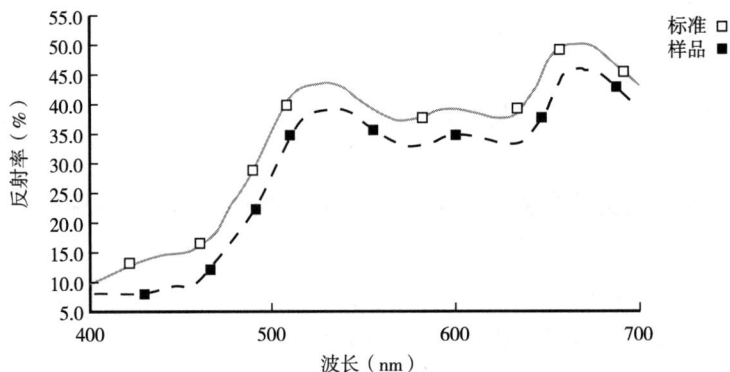

图 2-5-8　反射光谱曲线图

（二）配方修正

根据小样试染的结果，比较配方与标样的色差是否达到既定的色差容限，若没达到则该配方不符合要求，需要进行配方修正。修正的方法，是将小样试染的色样在同一台分光测色系统上进行光谱测量，然后选择运行配色软件中相应的配方修正功能，计算机配色系统将立即输出修正后的浓度。

一般而言，预测配方在小样试染后再经过 1~2 次修正就能得到实用的染料配方，但在某些情况下也有不需要修正，或者需要多次修正的配方。

六、数据打印与数据管理

（1）数据打印。一般计算机打印出的结果包括标准样名称、基材种类、染料编号、染料名称、不同配方组合、染料浓度、成本及在不同照明条件下的色差等。

（2）数据管理。系统软件进行数据的管理，文件的检索、打开、保存，选择文件的格式，定期备份数据库，恢复数据库，删除文件等。

七、其他情况的配色

若所需染色的织物组织与基础色样的织物组织不一样，一般可按照混合色样的修正，精确地转换到所要染色的织物组织上。所谓混合色样是任选红、黄、蓝色的三种染料，依同样浓度混合，如以 0.1%、0.3%、0.6%、1.0% 四种不同浓度的红、黄、蓝色染料来染织物，染后织物的色彩一般为不同深浅的灰色或褐色。为求精确起见，将这些混合色样隔天或隔缸再染一次，以检查其稳定性和再现性。经分光光度仪测定反射率值，输入计算机，利用基础色样资料，计算此混合色样的配方，再由此计算配方与已知配方比较，可得到修正系数，如果三色的修正系数几乎相同，则三色修正系数的平均值可适用于数据库内的所有数据。

任务五　自动配液系统

传统的配色打样方式多为人工打样，由于打样人员的操作水平差异，视觉系统生理差异，打样对色环境变化等因素影响，人工打样往往需要多次对色调整配方，反复打样，导致配色效率较低，质量稳定性较差。

为提高配色打样效率，自动配液系统应运而生。它代替了人工配制母液和染液的过程，一定程度上消除了由于打样人员操作水平差异导致的配色误差，大大提高了配色效率。

自动配液系统由母液调制系统、自动滴液系统和控制计算机（配方数据库管理程序）三部分组成。母液调制系统会根据所加入染料或助剂的量自动加入所需的水达到设定好的配制浓度。自动滴液系统是由计算机控制，按输入的配方向染杯中滴入染料母液，再补充适量的水以配制指定量的染液。自动滴液系统根据染液传送方式分为有管路、短管路和无管路的自动滴液系统。

下面以 Datacolor Autolab 实验室自动配液系统为例简要介绍一下自动配液系统的使用。

一、母液调制系统

Datacolor Autolab SPS 母液调制系统由水箱、管路、分配阀、可编程温度控制器、电子天平、电磁搅拌混合站和控制程序组成。

操作步骤：

（1）打开电源开关，系统通电。

（2）水温控制。系统配备 15L 热水箱和 5L 冷水箱，热水箱的水温可由温度控制器控制。在温控器上按"SET"键，绿色 LED 显示器闪烁，按"上/下"箭头键调节目标温度，再次按"SET"键确认目标温度。按下"HEATER ON"按钮，若水箱里的水达到指定水位则加热器开始加热，"HEATER ON"按钮指示灯亮；若水位未达到指定位置则不加热。红色 LED 显示器显示当前水温，当水温达到目标温度时，加热器停止加热，"HEATER ON"指示灯灭。待水温达到设定温度，就可以开始进行母液配制。

（3）母液配制。运行 SPS 控制程序（图 2-5-9），确保机器面板上的"AUTO/MANUAL"按钮处于打开状态，指示灯亮起，此时机器处于全自动模式。

①输入瓶号，程序会自动从 Autolab TF DP 系统数据库中读取对应的配制流程、配制总量、母液浓度、染料名称、染料编码、生命周期等信息。

②按照屏幕提示将母液瓶放入机器中的称量台上，系统自动去皮调零。

③按照屏幕提示向母液瓶中加入染料，注意观察屏幕上的重量指示器，确保指针落在蓝色区域内，以保证配制精度。

④加料完毕，系统自动按照配制流程加水至指定量。

⑤加水完毕，将母液瓶取出放置到混合站上搅拌均匀即可。

（4）使用完毕先关闭 SPS 控制程序，再关闭机器电源。

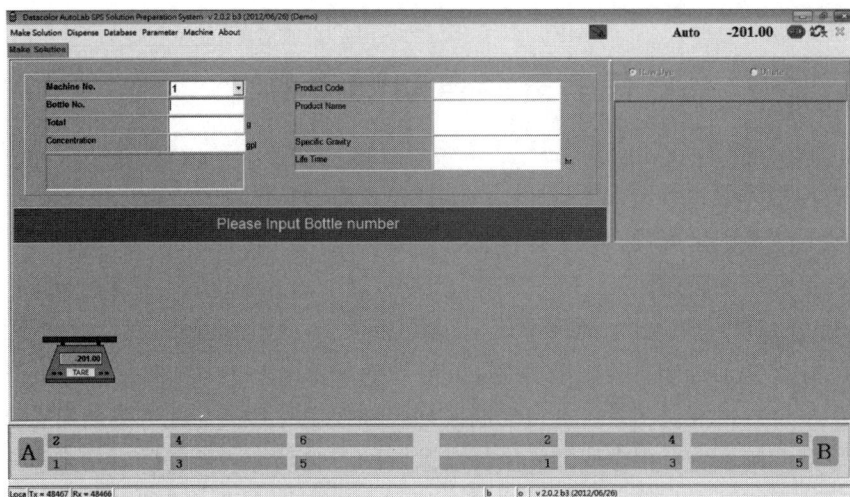

图 2-5-9　Datacolor Autolab SPS 控制程序

二、自动滴液系统

Datacolor Autolab TF 自动滴液系统（图 2-5-10）由机械臂、带电磁搅拌器的母液平台、带独立注射器的母液瓶、染杯架、电子天平、水箱及其管路系统、控制程序等组成。

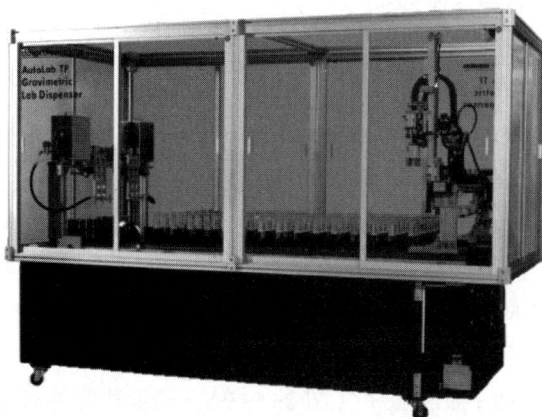

图 2-5-10　Datacolor Autolab TF 自动滴液系统

操作步骤：

（1）打开主电源开关，"OFF"按钮指示灯亮，此时仅电磁搅拌器通电。将搅拌速度控制器开关打开，可以通过旋转调速旋钮调节搅拌速度。

（2）按下"ON"按钮启动系统，此时"ON"按钮指示灯亮起，全系统通电。

（3）运行 Autolab TF 控制程序，确认系统处于连线状态。点击"run"按钮，程序从 Autolab TF DP 程序中读取作业批次信息。

（4）确认本批次的配方信息，如染料名称、滴液量、助剂量、母液瓶号等。

（5）将染杯放置到染杯架上，注意批次序号应与杯架上的序号对应。

（6）确认滴液机所有窗口关闭，按下"CONFIRM"按钮，机械臂启动，按照作业批次中的序号顺序完成染液配制。

（7）滴液完成，取走染杯。再次点击控制程序的"run"按钮，机械臂归位。若要继续进行下一次批次作业，则再次点击"run"按钮读取下一批次信息，重复步骤4~6即可。

（8）全部滴液任务完成后，关闭控制程序。按机器控制面板上的"OFF"按钮，此时仅电磁搅拌器通电，可以对母液持续进行持续搅拌，防止沉淀。若不需要持续对母液进行搅拌也可关闭主电源。

三、配方数据库管理程序

Datacolor Autolab TF DP 系统是一套用于管理 Datacolor Autolab 自动配液系统所有数据的数据库管理软件，该系统包括批次配方、数据库、分析工具、运行参数四个模块。

（1）批次配方模块。该模块用于染色配方和作业批次的管理。

①染色配方管理。该模块可以设置配方代码、配方名称、配方类型、配方状态、打样织物质量、织物代码、织物平方米克重、染色方式、单价等基本信息。还可以输入浴比、染料代码、染料名称、染色浓度、单位、母液瓶号等具体信息，并自动计算总浴量、染料用量等信息。

②批次管理。该模块将一个或多个配方组成一个作业批次，多个作业批次组成作业队列。可以调整作业批次中的配方顺序，也可以删除或添加配方。同样也可以调整作业队列中的批次顺序，向队列中添加或删除批次。自动滴液系统控制程序将按照队列中的顺序依次读取作业批次并完成配液。

（2）数据库模块。该模块用于管理染料、母液、配制流程等基础数据。

①染料管理。该模块可以保存、修改、删除、导入、导出染料信息，如染料代码、染料名称、计量单位、最低母液浓度、最高母液浓度、单价、供应商、颜色等信息。

②母液管理。该模块可以创建、修改、删除母液数据，包括母液瓶号、染料代码、染料名称、母液浓度、浓度单位、配制流程、比重、力份、生命周期、配制总量等。这些信息将用于 Autolab SPS 系统配制母液。

③配制流程。该模块可以自定义母液配制流程。一个母液配制流程由多个单元操作组成，如添加染料、添加助剂、添加热水、添加冷水、搅拌等。用户可以通过添加或删除单元操作、调整单元操作顺序创建一个新的母液配制流程，也可以对已有的流程进行修改。

（3）分析工具模块。该模块包含"注射器分析"和"配方分析"两个分析工具。"注射器分析"工具用于分析每个母液瓶中注射器的滴液精度，对于精度持续较低的注射器进行重新校正或替换。"配方分析"工具用于对配方质量进行统计分析，以便提高打样效率。

（4）运行参数模块。该模块可以对自动配液系统的各类运行参数进行配置和管理，如滴液机型号、设备连接端口、数据库端口、用户账户、用户权限等。

思考题

1. 建立自动配色数据库时，常用的染料有哪些颜色？

2. 数据库建立的正确步骤是什么？

3. K/S 值大小代表意义是什么？

4. 请以大红棉织物为标样，说明运用计算机配色系统进行打样的主要步骤。

复习指导

1. 计算机测配色系统主要由分光光度计、计算机、打印机等主要硬件和测配色系统软件（简称为系统软件）组成。计算机测配色系统操作的基本步骤为：打开电源→打开系统→连接仪器→选择功能模块→选择功能模块下的子菜单以执行不同任务。

2. 计算机测配色的理论基础有三刺激值表色法、计算机配色原理及计算机自动配色的基本流程。三刺激值表色法是从色度学系统的角度出发，将颜色用三刺激值 X（红色）、Y（绿色）、Z（蓝色）来表示。计算机配色即根据颜色的定量测量三刺激值，利用计算机计算出所需的染色配方，从计算机获得的配方，应使染色样的三刺激值与标样相等，达到色相一致。

3. 数据库建立方法包括数据库建立的原理和数据库建立的步骤。染色配方预测要用到所选染料的 K/S 值，所以在进行配方计算前，必须首先确定表征色料特性的 K/S 值，这通过定标着色完成，并由此建立自动配色的基础数据库。

定标着色是完善整个计算机配色系统建立数据库的基础。制作定标着色基础色样时，必须采用与用于生产配制颜色配方相同的方法和基质（或称底材、织物、纤维）材料，不存在不依赖于基质材料的特殊染料数据。数据库建立的步骤为：确定数据库的类型–选择染料的数目及浓度→制定定标样品染色工艺与制作定标样品→光谱数据的测量和有关参数的输入→数据库的验证分析。

4. 计算机测配色基本步骤为：仪器准备→建立标准→染色配方的预测及选择→小样试染→色差分析（配方修正→小样试染→色差分析）→配方打印与管理。

参考文献

[1] 宋秀芬，梁菊红，曹修平. 印染 CAD/CAM [M]. 北京：中国纺织出版社，2008.

[2] 荆其林，焦书兰，喻柏林，等. 色度学 [M]. 北京：科学出版社，1979.

[3] 徐海松. 颜色技术原理及在印染中的应用（十五）：计算机自动配色原理 [J]. 印染，2006（8）：39-43.

[4] 董振礼，郑宝海，轩桂芬. 测色及电子计算机配色 [M]. 北京：中国纺织出版社，1996.

[5] 徐海松. 颜色技术原理及在印染中的应用（十六）：计算机自动配色在纺织印染工业中的应用 [J]. 印染，2006（9）：36-38.

[6] 徐海松. 计算机测色及配色新技术 [M]. 北京：中国纺织出版社，1999.

项目六　配色打样实训方案

任务一　一次色配色实训方案

一、一次色加、减成色感训练

一次色即三原色。虽然在实际染色生产中，极少能够用单一染料进行染色的情况，但对于初学打样人员来说，还没有染色浓度变化幅度对颜色产生何种变化结果的色感经验。该训练的目的就是培养打样人员对一次色浓度调整幅度不同所产生的颜色变化的色感，同时熟练调色中加成与减成的计算。

1. 浸染训练方案（表 2-6-1）

染料三原色：活性黄 3RS、活性红 3BE、活性蓝 BFN。

表 2-6-1　一次色配色浸染训练方案

染料	活性黄 3RS（活性红 3BE、活性蓝 BFN）		
染色浓度（%，owf）	0.5	1.5	3
染色样	（贴样处）		
加一成			
加两成			
加三成			
加四成			
加五成			
减一成			
减二成			
减三成			
减四成			
减五成			
助剂及浓度			
工艺曲线			

注　方案中的加成与减成均是相对于染色样处方而言。

染色处方设计及操作参考第一篇项目六任务四（二、活性染料染棉单色样卡制作）。

2. 轧染训练方案（表2-6-2）

染料三原色：活性金黄EDB、活性红EDB、活性蓝EDB。

表2-6-2　一次色配色轧染训练方案

染料	活性金黄EDB（活性红EDB、活性蓝EDB）		
染色浓度（g/L）	2	10	20
染色样	（贴样处）		
加一成			
加两成			
加三成			
加四成			
加五成			
减一成			
减二成			
减三成			
减四成			
减五成			
助剂及浓度			
工艺曲线			

注　方案中的加成与减成均是相对于染色样处方而言。

染色处方设计及操作参考第一篇项目六任务五（一、活性染料轧染单色样卡制作）。

二、一次色仿色训练（表2-6-3）

对给定一次色原样进行仿色，最终达到目测灰卡评级色差4.5级以上（或计算机测色 $0.10 \leqslant \Delta E_{cmc(2:1)} < 0.30$）。

表2-6-3　一次色仿色训练方案

原样贴样处	仿色处方	
仿色样贴样处	工艺曲线	
调整样一贴样处	一次调整处方 （注明调整成数）	
调整样二贴样处	二次调整处方 （注明调整成数）	
调整样三贴样处	三次调整处方 （注明调整成数）	

任务二　二次色配色实训方案

一、二次色加、减成色感训练

　　二次色是指由两只三原色拼混得到的颜色，典型二次色为橙色、绿色和紫色。配色时，根据拼混的两只染料浓度差异幅度分为两种方式，一种分主次色，即以一只染料为主，另一种染料为辅；第二种是两只染料浓度接近，不分主次色。两种拼混方式调色时，调整幅度对颜色变化影响不同。该训练主要培养打样人员对拼混两只染料的不同调整方式所产生的颜色变化色感。

1. 浸染训练方案（表 2-6-4）

表 2-6-4　二次色配色浸染训练方案

染料	活性黄 3RS 与活性红 3BE（活性黄 3RS 与活性蓝 BFN、活性红 3B 与活性蓝 BFN）		
染色浓度（%，owf)	活性黄 3RS 1 活性红 3BE 1	活性黄 3RS 1.4 活性红 3BE 0.6	活性黄 3RS 0.4 活性红 3BE 1.6
染色样	（贴样处）		
黄加一成			
黄加三成			
黄减一成			
黄减三成			
红加一成			
红加三成			
红减一成			
红减三成			
黄加一成 红减一成			
黄加二成 红减二成			
黄减一成 红加一成			
黄减二成 红加二成			
助剂及浓度			
工艺曲线			

　　注　方案中的加成与减成均是相对于染色样处方而言。

染色处方设计及操作参考第一篇项目六任务四（二、活性染料染棉单色样卡制作）。

2. 轧染训练方案（表 2-6-5）

表 2-6-5　二次色配色轧染训练方案

染料	活性金黄 EDB 与活性红 EDB（活性金黄 EDB 与活性蓝 EDB、活性红 EDB 与活性蓝 EDB）		
染色浓度（g/L）	活性金黄 EDB 5 活性红 EDB 5	活性金黄 EDB 2 活性红 EDB 8	活性金黄 EDB 8 活性红 EDB 2
染色样	（贴样处）		
黄加一成			
黄加三成			
黄减一成			
黄减三成			
红加一成			
红加三成			
红减一成			
红减三成			
黄加一成 红减一成			
黄加二成 红减二成			
黄减一成 红加一成			
黄减二成 红加二成			
助剂及浓度			
工艺曲线			

注　方案中的加成与减成均是相对于染色样处方而言。

染色处方设计及操作参考第一篇项目六任务五（一、活性染料轧染单色样卡制作）。

二、二次色仿色训练（表 2-6-6）

对给定二次色原样进行仿色，最终达到目测灰色样卡评级色差 4.5 级以上（或计算机测色 $\Delta E_{cmc(2:1)}$ <0.50）。

表 2-6-6　二次色仿色训练方案

原样贴样处	仿色处方	
仿色样贴样处	工艺曲线	

续表

原样贴样处	仿色处方	
调整样一贴样处	一次调整处方（注明调整成数）	
调整样二贴样处	二次调整处方（注明调整成数）	
调整样三贴样处	三次调整处方（注明调整成数）	

任务三 三次色配色实训方案

一、三次色加、减成色感训练

三次色是指由三只三原色或一只三原色与不包含本原色的一只二次色拼混得到的颜色，典型三次色为灰（黑）色、棕色、咖啡色和橄榄色。三次色多为敏感色系，调色时，染料浓度调整对颜色变化影响较大，但红、黄、蓝三只染料相同的调整浓度所引起的色泽变化不同。该训练主要培养打样人员对红、黄、蓝三只染料调整幅度不同所产生的颜色变化色感。

1. 浸染训练方案（表2-6-7）

表2-6-7 三次色配色浸染训练方案

染料	活性黄 3RS、活性红 3BE、活性蓝 BFN		
染色浓度（%，owf）	咖啡色 活性黄 3RS 0.8 活性红 3BE 0.6 活性蓝 BFN 0.6	橄榄绿 活性黄 3RS 0.6 活性红 3BE 0.2 活性蓝 BFN 1.2	灰（黑）色 活性黄 3RS 0.6 活性红 3BE 0.6 活性蓝 BFN 0.7
染色样	（贴样处）		
黄加一成			
黄加二成			
黄减一成			
黄减二成			
红加一成			
红加二成			
红减一成			
红减二成			
蓝加一成			
蓝加二成			
蓝减一成			

蓝减二成			
三者按比例加一成			
三者按比例减一成			
助剂及浓度			
工艺曲线			

注　方案中的加成与减成均是相对于染色样处方而言。

染色处方设计及操作参考第一篇项目六任务四（二、活性染料染棉单色样卡制作）。三次色调色方案很多，训练时可以根据情况进行加成与减成调整。

2. 轧染训练方案（表2-6-8）

表2-6-8　三次色配色轧染训练方案

染料	活性金黄 EDB、活性红 EDB、活性蓝 EDB		
染色浓度（g/L）	活性金黄 EDB 4 活性红 EDB 3 活性蓝 EDB 4	活性金黄 EDB 3 活性红 EDB 1 活性蓝 EDB 6	活性金黄 EDB 3 活性红 EDB 3 活性蓝 EDB 4
染色样	（贴样处）		
黄加一成			
黄加二成			
黄减一成			
黄减二成			
红加一成			
红加二成			
红减一成			
红减二成			
蓝加一成			
蓝加二成			
蓝减一成			
蓝减二成			
三者按比例加一成			
三者按比例减一成			
助剂及浓度			
工艺曲线			

注　方案中的加成与减成均是相对于染色样处方而言。

染色处方设计及操作参考第一篇项目六任务五（一、活性染料轧染单色样卡制作）。

二、三次色仿色训练（表2-6-9）

对给定三次色原样进行仿色，最终达到目测灰色样卡评级色差4.5级以上（或计算机测色 $\Delta E_{\mathrm{cmc}(2:1)}$ <0.80）。

表2-6-9　三次色仿色训练方案

原样贴样处	仿色处方	
仿色样贴样处	工艺曲线	
调整样一贴样处	一次调整处方（注明调整成数）	
调整样二贴样处	二次调整处方（注明调整成数）	
调整样三贴样处	三次调整处方（注明调整成数）	
调整样四贴样处	四次调整处方（注明调整成数）	
调整样五贴样处	五次调整处方（注明调整成数）	

任务四　配色中余色消色与补色消色的色感训练和应用训练

一、余色消色与补色消色的色感训练

余色是染料拼混中的消减关系，补色是光拼混中的消减关系，两种原理均可应用于染料配色。在染料配色中，存在余色关系的染料拼混会使所得到的颜色色光变暗；反之，存在补色关系的染料拼混得到的颜色就鲜亮。这一点应用在拼绿色中最为典型。余色不仅是指染料的主色调间的关系，如红与绿、黄与紫、蓝与橙，也包括染料所带色光。所以，在配色使用染料时，不仅要明确每只染料的色调，还要明确染料的色光，在此基础上，合理运用余色与补色消色关系，才能达到理想的效果。一般主色调余色关系容易理解，该训练主要培养打样人员对色光存在余色和补色关系的染料拼混所产生的颜色效果的色感，以便在配色过程中灵活运用。两个训练方案见表2-6-10和表2-6-11。

表2-6-10　训练方案一

染料	活性黄SP、活性蓝SP、活性嫩黄ED-N、活性翠蓝ED-N			
单色样染色浓度（%，owf)	活性黄SP 2	活性蓝SP 2	活性嫩黄ED-N 2	活性翠蓝ED-N 2
单色染色样	（贴样处）			
拼色样染色方案（%，owf)	活性黄SP 1.6 活性蓝SP 2.4	活性黄SP 1.6 活性翠蓝ED-N 2.4	活性嫩黄ED-N 0.8 活性翠蓝ED-N 3.2	活性嫩黄ED-N 0.8 活性蓝SP 3.2
拼色染色样	（贴样处）			
助剂及浓度				
工艺曲线				

染色处方设计及操作参考第一篇项目六任务四（二、活性染料染棉单色样卡制作）。

表 2-6-11　训练方案二

染料	活性黑 G、活性黑 R、活性红 3BE、活性蓝 BFN			
单色样染色浓度（%，owf）	活性黑 G 1	活性黑 R 1	活性红 3BE 1	活性蓝 BFN 1
单色染色样	（贴样处）			
拼色样染色方案（%，owf）	活性黑 G 6 活性黑 R 6	活性黑 G 3 活性黑 R 3	活性黑 G 6 活性红 3BE 0.2	活性黑 R 6 活性蓝 BFN 0.2
拼色染色样	（贴样处）			
助剂及浓度				
工艺曲线				

染色处方设计及操作参考第一篇项目六任务四（二、活性染料染棉单色样卡制作）。

二、余色消色与补色消色的应用训练（表 2-6-12）

对给定色样分别利用余色原理和补色原理进行消色，最终得到较纯正色光。

表 2-6-12　余色消色与补色消色的应用训练方案

原样贴样处	仿色处方	
仿色样贴样处	工艺曲线	
调整样一贴样处	一次调整处方 （注明调整成数）	
调整样二贴样处	二次调整处方 （注明调整成数）	
调整样三贴样处	三次调整处方 （注明调整成数）	
调整样四贴样处	四次调整处方 （注明调整成数）	
调整样五贴样处	五次调整处方 （注明调整成数）	

思考题

写出配色打样的总结报告。

附录一 纺织染色工技能鉴定理论知识鉴定要素细目

附表 1-1 中的纺织染色工技能鉴定理论知识鉴定要素细目根据《纺织染色工国家职业技能标准（2019 年版）》制定。

附表 1-1　纺织染色工技能鉴定理论知识鉴定要素细目

纺织染色工（三级/高级工）理论知识鉴定要素细目表

职业：纺织染色工		等级：高级		鉴定方式：理论知识			
鉴定范围				鉴定点			
一级名称	二级名称	三级名称	鉴定权重	代码	名称		重要程度
基本要求 A	职业道德 A	职业道德基本知识 A	4	001	职业道德的含义		Y
				002	职业道德的内容		X
				003	职业道德的本质		Y
				004	职业道德的特征		X
				005	爱岗敬业的内涵		X
				006	诚实守信的内涵		X
				007	办事公道的内涵		X
				008	服务群众、奉献社会的内涵		X
		职业守则 B	1	001	职业守则的定义		Z
				002	印染从业人员的职业守则		X
	基础知识 B	染色基础理论知识 A	14	001	酸、碱、盐定义		X
				002	常用酸、碱、盐识别		X
				003	常用氧化剂、还原剂		X
				004	表面活性剂概念		X
				005	表面活性剂结构特点		X
				006	表面活性剂分类		X
				007	表面活性剂应用性能		X
				008	染料与颜料概念		X
				009	染料发展标志性常识		Z
				010	染料的分类方法		X

一级名称	二级名称	三级名称	鉴定权重	代码	名称	重要程度
基本要求 A	基础知识 B	染色基础理论知识 A	14	011	染料的质量指标	X
				012	染料命名含义	X
				013	光与色基本概念	X
				014	染料的发色理论要点	X
				015	颜色的表征	X
				016	染料颜色的影响因素	X
				017	荧光增白剂概念	X
				018	纺织纤维的分类	X
				019	纤维高分子物结构	Y
				020	纤维的结构与性能关系	X
				021	常见纤维的鉴别	X
				022	常见纤维材料的表示字母	X
				023	纱线规格表征及解读	Y
				024	织物的基本组织分类	X
				025	织物的组织规格表征及解读	X
				026	染色有关术语	X
				027	染料上染一般过程	X
				028	染色平衡动力学和热力学常识	Y
		其他基础知识 B	6	001	机械传动知识	Z
				002	电气传动及控制原理基础知识	Z
				003	机电一体化基本知识	Y
				004	安全用电知识	X
				005	空气调节基本知识	Z
				006	现场文明生产要求	X
				007	安全操作与劳动保护知识	Y
				008	环境保护知识	X
				009	操作管理知识	X
				010	工艺管理知识	X
				011	质量管理基础知识	Y
				012	相关法律、法规知识	Z
相关知识 B	染前准备 A	被染物分析 A	10	001	常见纤维的性能特点	X
				002	被染物纤维组分鉴别分析	X
				003	被染物组织规格分析	X

一级名称	二级名称	三级名称	鉴定权重	代码	名称	重要程度
相关知识 B	染前准备 A	被染物分析 A	10	004	被染物风格特点分析	X
				005	浸染设备加工特点与选用	X
				006	轧染设备加工特点与选用	X
				007	常用染色样机及器材	X
				008	被染物前处理半成品质量指标	X
				009	棉纤维织物上的杂质种类	X
				010	棉纤维织物前处理主要工序	X
				011	棉纤维织物前处理常用药剂	X
				012	蚕丝织物上的杂质种类	X
				013	蚕丝织物前处理主要工序	X
				014	蚕丝织物前处理常用药剂	X
				015	毛织物上的杂质种类	X
				016	毛织物前处理主要工序	X
				017	毛织物前处理常用方法	X
				018	合纤类织物上的杂质种类	X
				019	合纤类织物前处理主要工序	X
				020	合纤类织物前处理工艺参数	X
		配料 B	10	001	染色常用染化药剂管理	X
				002	活性染料类型及应用特点	X
				003	活性染料化料方法	X
				004	活性染料染色用助剂选择	X
				005	还原染料的结构及应用特点	X
				006	还原染料化料方法	X
				007	还原染料染色用助剂选择	X
				008	分散染料结构与应用特点	X
				009	分散染料化料方法	X
				010	分散染料染色用助剂选择	X
				011	阳离子染料结构与应用特点	X
				012	阳离子染料化料方法	X
				013	阳离子染料染色用助剂选择	X
				014	酸性染料的分类及应用特点	X
				015	酸性染料化料方法	X
				016	酸性染料染色用助剂选择	X

一级名称	二级名称	三级名称	鉴定权重	代码	名称	重要程度
相关知识 B	染前准备 A	配料 B	10	017	直接染料的应用特点	X
				018	荧光增白剂的应用特点	X
				019	颜料的种类及应用特点	X
				020	硫化等其他染料的应用特点	Y
	染色操作 B	染色 A	25	001	浸染设备运行特点及安全操作	X
				002	轧染设备运行特点及安全操作	Y
				003	实验室染色打样仪器设备选用	X
				004	浸染工艺中的术语	X
				005	轧染工艺中的术语	X
				006	染色中的有关计算	X
				007	染料在染液中的状态	X
				008	纤维在染液中的状态	X
				009	促染和缓染	X
				010	加法混色	X
				011	减法混色	X
				012	非敏感色与调色	X
				013	敏感色与调色	X
				014	余色、补色与调色	X
				015	常用染料的选择性	X
				016	常用染料的溶解性	X
				017	常用染料的直接性	X
				018	常用染料的移染性	X
				019	常用染料的 pH 稳定性	X
				020	常用染料的染色饱和性	X
				021	棉织物染色用染料选择	X
				022	棉织物活性染料染色特点	X
				023	棉织物活性染料染色机理	X
				024	棉织物活性染料染色工艺方法	X
				025	棉织物活性染料染色工艺条件控制	X
				026	棉织物活性染料染色工艺影响因素	X
				027	棉织物还原染料染色特点及机理	X
				028	棉织物还原染料染色方法	X
				029	棉织物还原染料染色工艺控制	X

续表

一级名称	二级名称	三级名称	鉴定权重	代码	名称	重要程度
相关知识 B	染色操作 B	染色 A	25	030	棉织物还原染料染色工艺影响因素	X
				031	蚕丝织物染色常用染料与设备	X
				032	蚕丝织物弱酸性染料染色机理	X
				033	蚕丝织物弱酸性染料染色工艺控制	X
				034	蚕丝织物活性染料染色工艺方法	X
				035	毛织物染色常用染料及设备	X
				036	毛织物染色特点、机理	X
				037	毛织物染色工艺控制	X
				038	涤纶分散染料染色特点	X
				039	涤纶织物分散染料染色机理	X
				040	涤纶织物染色工艺方法	X
				041	涤纶织物染色工艺条件控制	X
				042	涤纶织物染色工艺影响因素	X
				043	锦纶织物染色用染料选择及染色机理	X
				044	锦纶织物染色工艺条件控制	X
				045	锦纶织物染色工艺影响因素	X
				046	腈纶阳离子染料染色特点	X
				047	腈纶阳离子染料染色机理	X
				048	腈纶阳离子染料染色工艺控制	X
				049	涤/棉混纺织物染色用染料及设备	X
				050	涤/棉混纺织物染色工艺控制	X
		皂洗、固色处理 B	5	001	活性染料固色处理的目的及常规工艺	X
				002	活性染料皂洗处理常规工艺	X
				003	还原染料皂洗的目的	X
				004	还原染料皂洗的常规工艺	X
				005	酸性染料固色处理	X
				006	酸性染料固色处理的一般工艺	X
				007	分散染料皂洗目的	X
				008	分散染料皂洗（还原清洗）的常规工艺	X
				009	标准光源原理	X
				010	同色异谱色判定	X
	染后处理 C	皂洗评价 A	5	001	对色方法	X
				002	目测对色光源	X

续表

一级 名称	二级 名称	三级 名称	鉴定权重	代码	名称	重要程度
相关 知识 B	染后 处理 C	皂洗 评价 A	5	003	目测对色操作规范	X
				004	色差级别评定	X
				005	变色灰卡标准	X
				006	对色试样要求	X
				007	色差评定方法	X
				008	皂洗对色光的影响	X
				009	分散染料色光变化原理	Y
				010	涤/黏混纺织物色牢度评价	X
		固色 评价 B	5	001	固色对色光的影响	X
				002	活性染料固色前后色光变化原理	Y
				003	酸性染料固色前后色光变化原理	Y
				004	染色牢度概念	X
				005	染色牢度种类	X
				006	染色牢度评价标准	X
				007	染色牢度评价方法	X
				008	锦纶织物固色后质量评定标准	X
				009	棉织物固色后质量评定标准	X
				010	锦/棉混纺织物固色后质量评定标准	Y
	质量 控制 D	染疵 识别 A	8	001	染色疵病种类	X
				002	色差疵病的识别及成因	X
				003	色花疵病的识别及成因	X
				004	色柳疵病的识别及成因	X
				005	色档疵病的识别及成因	X
				006	色泽不符样疵病的识别及成因	X
				007	织物破损疵病的识别及成因	Z
				008	皱印疵病的识别及成因	X
				009	斑渍疵病的识别及成因	X
				010	水印疵病的识别及成因	X
				011	缩水变形疵病的识别及成因	X
				012	皂洗牢度不达标的识别及成因	X
				013	纬斜疵病的识别及成因	Y
				014	色点色渍疵病的识别及成因	X
				015	头深浅疵病的识别及成因	X
				016	脆损疵病的识别及成因	Y

一级 名称	二级 名称	三级 名称	鉴定权重	代码	名称	重要程度
相关 知识 B	质量 控制 D	染疵 处理 B	7	001	产生染色疵病的因素	X
				002	色差疵病的克服办法	X
				003	色花疵病的克服办法	X
				004	色柳疵病的克服办法	X
				005	色档疵病的克服办法	X
				006	色泽不符样疵病的克服办法	X
				007	织物破损疵病的克服办法	Z
				008	皱印疵病的克服办法	X
				009	斑渍疵病的克服办法	X
				010	水印疵病的克服办法	X
				011	缩水变形疵病的克服办法	X
				012	纬斜疵病的克服办法	Y
				013	色点色渍疵病的克服办法	X
				014	脆损疵病的克服办法	Y

注 分别用"X、Y、Z"表示每个鉴定点与其他鉴定点相对重要程度。X 为最重要的核心元素，为职业活动必备的知识点，一般占 85% 以上；Y 为一般要素，不超过 10%；Z 为辅助性要素，不超过 5%。

附录二 "染色小样工" 技能考核理论模拟试题

"染色小样工" 技能考核理论模拟试卷（一）

注意事项

1. 请按要求在试卷的标封处填写您的姓名、准考证号和所在单位名称。

2. 请仔细阅读题目要求，用蓝（或黑）钢笔（或圆珠笔）在规定位置填写答案。

3. 请不要在试卷上乱写乱画，不要在标封区填写无关的内容。

4. 考试形式：闭卷。考试时间：100 分钟。

试卷（一）
参考答案

题号	一	二	三	四	五	六	总分	校核人
得分								

得分	
评分人	

一、填空题（20×1＝20 分）

1. 织物的染色方法分为浸染法和_____法，且在_____法中染料的浓度用（owf,%）表示。

2. 我国对染料的命名采用的是三段命名法，即_____、_____和_____三部分。如 100%活性艳蓝 B-RV，活性表示_____，艳蓝表示_____，B-RV 表示_____。

3. 常用染色设备按加工织物的形状可分为_____和_____两种。其中缎纹织物适合于_____加工。

4. 染料的三原色为_____、_____、_____。

5. 活性染料的染色中加入中性电解质的作用是_____，加入碱的作用是_____，活性染料的轧染中加入海藻酸钠的作用是_____。

6. 颜色的三个基本属性为_____、_____和_____。

得分	
评分人	

二、单项选择题（10×1＝10 分）

1. 阳离子染料染色时，可用作缓染剂是（　　）。

A. NaOH
B. Na_2CO_3
C. $Na_2S_2O_4$
D. 1227 表面活性剂

2. 以下纤维燃烧时有烧毛发气味的是（　　）。

A. 锦纶
B. 羊毛
C. 涤纶
D. 棉

3. 分散剂 NNO 是分散染料染涤纶时常用的（　　）。

A. 还原剂
B. 促染剂
C. 稳定剂
D. 氧化剂

4. 毛细管效应测试时，织物的渗透高度为（　　）水痕上升高度的平均数。

A. 一根布条 30min
B. 三根布条 30min
C. 三根布条 10min
D. 一根布条 10min

5. 乙烯砜型活性染料固色时，最适宜的温度是（　　）。

A. 50～60℃
B. 室温
C. 80～90℃
D. 125～130℃

6. 涤纶纤维用分散染料高温高压染色时，染液 pH 一般为（　　）。

A. 2～4
B. 9～10
C. 5～6
D. 13

7. 阳离子染料染色中加入中性电解质起到（　　）作用。

A. 促染
B. 缓染
C. 稳定染液
D. 调节 pH

8. 涤纶的玻璃化温度一般为（　　）。

A. 100℃
B. 35～50℃
C. 75～85℃
D. 67～81℃

9. 活性染料染色后皂煮应采用（　　）。

A. 中性洗涤剂
B. 肥皂
C. 肥皂+纯碱
D. 还原清洗

10. 对于亲和力较大的染料轧染时，为防止产生头深现象，初染液应该（　　）。

A. 加浓
B. 与常规染液（补充液）一致
C. 加入适量扩散剂
D. 冲淡

得分	
评分人	

三、多项选择题（5×2＝10 分）

1. 蚕丝织物可采用（　　）染料染色。

A. 弱酸性
B. 活性
C. 分散
D. 直接

2. 通常醋酸应用于（　　）染料的染色中。

A. 直接
B. 还原
C. 分散
D. 弱酸性

3. 弱酸性染料可以染（　　）。

A. 蚕丝
B. 棉
C. 锦纶
D. 涤纶

4. 目测色差时常用的光源有（　　　）。

A. 荧光灯　　　　　　B. 自然北光　　　　　C. D_{65} 光源　　　　　D. 白炽灯

5. 下列（　　　）可以直接置于电炉上加热。

A. 搪瓷量杯　　　　　B. 烧杯　　　　　C. 容量瓶　　　　　D. 三角烧瓶

得分	
评分人	

四、判断题（正确的打"√"，错误的打"×"，10×1＝10分）

（　　　）1. 酸对任何酸性染料染色时均起缓染作用。

（　　　）2. 染料的直接性越大，染色时越易匀染。

（　　　）3. 在浸染时，为减少活性染料的水解，活泼性越高的染料染色温度宜低。

（　　　）4. 配伍值相等的阳离子染料拼色时，染料之间不发生竞染现象。

（　　　）5. 为了提高棉织物上活性染料的得色量，可在染液里加入食盐等电解质。

（　　　）6. 轧染是连续式生产，生产效率高，适合于大批量生产。

（　　　）7. 染料具有颜色是对入射光选择性吸收的结果。

（　　　）8. 染料（owf,%）浓度相同，浴比增大，织物的得色量不变。

（　　　）9. 若染料溶液的 λ_{max} 向长波方向移动，表示该染料的颜色变浓。

（　　　）10. 力份是指商品染料中纯染料的百分含量。

得分	
评分人	

五、简答题（5×6＝30分）

1. 染料的拼色原则是什么？

2. 简述审核染色样色光时的注意要点。

3. 为什么在腈纶阳离子染料染色时，需在染液中加入缓染剂？试说出常用缓染剂的种类及其缓染机理。

4. 如何提高打小样的重现性?

5. 试述活性染料的上染特点,存在的主要问题及生产中解决的主要措施。

得分	
评分人	

六、综合题 (2×10＝20分)

1. 根据所给染色处方,计算所需染料、助剂用量及染液总体积。

织物	100kg
浴比	1：5
活性黄 B-2RS	1.6%
活性红 B-3BF	0.2%
Na_2SO_4	30g/L
Na_2CO_3	20g/L

2. 请设计棉针织物活性染料浸染一浴两步法工艺,包括工艺处方、工艺条件、工艺流程和工艺曲线。要求写出:

(1) 工作液组成 (工艺处方)。
(2) 工艺流程及主要工艺条件。
(3) 工艺处方中各助剂的作用。
(4) 加工注意事项。

"染色小样工" 技能考核理论模拟试卷 (二)

注意事项

1. 请按要求在试卷的标封处填写您的姓名、准考证号和所在单位名称。

2. 请仔细阅读题目要求,用蓝 (或黑) 钢笔 (或圆珠笔) 在规定位置填写答案。

3. 请不要在试卷上乱写乱画,不要在标封区填写无关的内容。

4. 考试形式:闭卷,考试时间:100分钟。

试卷 (二)
参考答案

题号	一	二	三	四	五	六	总分	校核人
得分								

得分	
评分人	

一、填空题（20×1＝20分）

1. 蛋白质纤维染色常用的染料是_____、_____等，纤维素纤维染色常用的染料是_____、_____、_____等，涤纶染色常用染料是_____。

2. 染色织物在使用过程中的染色牢度指标包括_____、_____、_____及_____等，其中_____牢度为8级制。

3. 染色过程包括三个阶段，即_____、_____和_____。一般来说，影响染色匀染性的关键阶段是_____。

4. 还原染料染色时，只有当还原剂的还原电位绝对值_____该染料隐色体电位时，才能使染料被还原。隐色体电位为负值，其绝对值越小，表示染料越_____被还原；绝对值越大，表示该染料越_____被还原。

5. 色差评定常用_____样卡，也可用计算机测配色仪测定_____值。

得分	
评分人	

二、单项选择题（10×1＝10分）

1. 弱酸性染料染色真丝时，常用（　　　）来调节染液 pH 在 4~6。
A. HCl　　　　　　B. HAc　　　　　　C. Na_2SO_4　　　　　　D. Na_3PO_4

2. 以下可用于蛋白质纤维漂白的漂白剂是（　　　）。
A. 次氯酸钠　　　B. 双氧水　　　　C. 漂白粉　　　　　D. 氯化钙

3. 活性染料对纤维素纤维染色时，常用的固色剂是（　　　）。
A. Na_2CO_3　　　B. Na_2SO_4　　　C. NaAc　　　　　D. $Na_2Cr_2O_7$

4. 可用于羊毛炭化的药剂是（　　　）。
A. 浓烧碱　　　B. 浓盐酸　　　　C. 浓硫酸　　　　D. 高锰酸钾

5. 还原染料隐色体染色时，常用的还原剂是（　　　）。
A. $NaNO_2$　　　B. $NaBO_3$　　　C. $Na_2S_2O_4$　　　　D. $Na_2S_2O_4 \cdot 2CH_2O$

6. 涤纶缎类织物染深色时，宜选用（　　　）染色机。
A. M125B 常温卷染机　　　　　B. 常温常压绳状染色机
C. M141 高温高压卷染机　　　　D. 高温高压溢流染色机

7. 平平加 O 是染色中常用的（　　　）。
A. 固色剂　　　B. 缓染剂　　　　C. 促染剂　　　　D. 还原剂

8. 分散染料染涤纶时，染液中的膨化剂 OP 是（　　　）。
A. 分散剂　　　B. 净洗剂　　　　C. pH 调节剂　　　D. 载体

9. 纤维鉴别的常用方法有（　　　）。

A. 燃烧法、溶解法、显微镜法　　　　B. 着色法、燃烧法

C. 气味法、化学法　　　　　　　　　D. 着色法、气味法

10. 织物浸轧染液后烘干时，为防止织物上染料泳移，烘筒温度通常应（　　　）。

A. 前后一致　　　B. 前高后低　　　C. 前低后高

得分	
评分人	

三、多项选择题（5×2＝10分）

1. （　　　）染料染色后一般需要皂洗去除浮色。

A. 分散染料　　　B. 强酸性染料　　　C. 还原染料　　　　D. 硫化染料

2. 减法混色的三原色为（　　　）。

A. 绿　　　　　　B. 品红　　　　　　C. 黄　　　　　　D. 青

3. 弱酸性染料可以染（　　　）。

A. 蚕丝　　　　　B. 涤纶　　　　　　C. 锦纶　　　　　D. 羊毛

4. 单色样卡有助于了解拼色染料的（　　　）。

A. 染深性　　　　B. 色光　　　　　　C. 色泽　　　　　D. 配伍性

5. 活性染料与纤维素纤维的固着形式包括（　　　）。

A. 离子键　　　　B. 氢键　　　　　　C. 范德瓦耳斯力　　D. 共价键

得分	
评分人	

四、判断题（正确的打"√"，错误的打"×"，10×1＝10分）

（　　　）1. 表面活性剂在不同染料染色时均具有缓染作用。

（　　　）2. 活性染料在酸性条件下可以染真丝但不宜染棉。

（　　　）3. 在相同的染色工艺中，结构越复杂的染料，匀染性越差。

（　　　）4. 保险粉的还原作用必须在酸性条件下才能充分发挥。

（　　　）5. 涤纶染色时加入醋酸起促染作用。

（　　　）6. 一般来说，提高染液温度，染料在染液中的分散度提高。

（　　　）7. 织物的染色方法有浸染和轧染两种。浸染时染料浓度一般是用百分数来表示。

（　　　）8. 染整厂的烘干装置有红外线、热风和烘筒烘干等，都属于无接触式烘干。

（　　　）9. 染料的拼色属于减法混色。

（　　　）10. 碱性皂煮有利于提高还原染料染色织物的牢度，且能稳定色光。

得分	
评分人	

五、简答题（5×6＝30分）

1. 什么是染料的力份？染色生产中如何了解染料的力份？

2. 什么是还原染料的干缸还原法？干缸还原法适用于何类染料的还原？

3. 小样染色时，提高染色匀染度的工艺措施有哪些？

4. 如何通过色样的反射率曲线判别其色调、亮度和纯度颜色三要素？

5. 在颜色的色光调整中如何正确使用余色原理和补色原理？

得分	
评分人	

六、综合题（第1小题6分，第2小题14分，共20分）

1. 选用分散染料采用浸染工艺染10g涤纶针织布，布样颜色为深紫色，染料用量为4%（owf），浴比1∶12，请计算实际染色时需要多少克染料？多少毫升水？

2. 写出B型活性染料浸染工艺（包括染液组成、工艺流程及工艺条件等），并阐述助剂的作用。

"染色小样工"技能考核理论模拟试卷（三）

注意事项

1. 请按要求在试卷的标封处填写您的姓名、准考证号和所在单位名称。

2. 请仔细阅读题目要求，用蓝（或黑）钢笔（或圆珠笔）在规定位置填写答案。

3. 请不要在试卷上乱写乱画，不要在标封区填写无关的内容。

4. 考试形式：闭卷，考试时间：100 分钟。

试卷（三）

参考答案

题号	一	二	三	四	五	六	总分	校核人
得分								

得分	
评分人	

一、填空题（20×1＝20 分）

1. 染料拼色常用的三原色是_____、_____、_____。黄色织物是因为其中的染料较多地吸收了太阳光中的_____，较多地反射了_____。

2. 还原染料还原时经常发生的副反应有_____、_____、_____以及_____。

3. 颜色的混合分为加法混色和减法混色，加法混色主要用于_____的混合，拼混数量越多，亮度越_____；减法混色主要用于_____的混合，拼混数量越多，颜色越_____。

4. 颜色的三个基本属性为_____、_____和_____，其中_____是颜色最基本的属性，也是色与色之间最根本的区别。

5. 一般说来，染料分子结构越简单，染料分子本身聚集的倾向越_____。染料对纤维的亲和力越_____，匀染性能越_____。

得分	
评分人	

二、单项选择题（10×1＝10 分）

1. 在相同的染色条件下，丝光后染色的织物一般较不丝光染色的织物色泽（　　　）。

A. 深　　　　　B. 浅　　　　　C. 浓　　　　　D. 淡

2. 直接染料对纤维素纤维的亲和力大，轧染时，轧槽中初染液应该（   ）。

A. 加浓　　　　B. 冲淡　　　　C. 前后一致　　　　D. 加盐

3. 为提高直接染料的耐洗色牢度，通常可采用（   ）固色剂来进行固色。

A. 阴离子型　　B. 阳离子型　　C. 非离子型　　　　D. 两性型

4. 国产 KN 型活性染料其活性基的学名为（   ）。

A. 一氯均三嗪　　B. 二氯均三嗪　　C. β-乙烯砜　　　D. 膦酸酯型

5. 耐日晒色牢度一般分（   ）级。

A. 5　　　　　　B. 6　　　　　　C. 8　　　　　　　D. 12

6. 下列染料的染液中需要加入软水剂的是（   ）。

A. 强酸性染料　B. 阳离子染料　C. 分散染料　　　　D. 直接染料

7. 涤纶针织物染深色的合适设备是（   ）。

A. 连续轧染机　B. 卷染机　　　C. 常温绳状染色机　D. 高温溢流染色机

8. 由于 X 性活性染料反应性较高，在（   ）中就能固色，因此又叫普通型活性染料。

A. 高温和弱碱　B. 低温和弱碱　C. 低温和强碱　　　D. 高温和强碱

9. 还原染料染后织物的最大缺点是部分染料（   ）。

A. 光敏脆损　　B. 储存脆损　　C. 不耐氧　　　　　D. 易产生"风印"

10. 在评定色差时，标样与试样应（   ）放置。

A. 左右重叠　　B. 左右并列　　C. 上下重叠　　　　D. 上下并列

得分	
评分人	

三、多项选择题（5×2＝10 分）

1. 在目测评定色差时，目光与试样的角度有（   ）。

A. 45°　　　　　B. 30°　　　　　C. 0°　　　　　　　D. 90°

2. 反映染料染色性能的主要指标包括（   ）。

A. 匀染性　　　B. 亲和力　　　C. 移染性　　　　　D. 初染率

3. 影响轧染染色匀染性的因素有（   ）。

A. 染料浓度　　B. 轧液率　　　C. 预烘方式　　　　D. 预烘温度

4. 影响目测色差的因素有（   ）。

A. 光源强度　　　　　　　B. 辨色方向

C. 人对色的敏感性　　　　D. 织物表面

5. 涂料染色与染料染色相比，其特点表现为（   ）。

A. 引起织物手感偏硬　　　B. 对纤维无选择性

C. 对纤维有亲和力　　　　D. 工艺流程短

得分	
评分人	

四、判断题（正确的打"√"，错误的打"×"，10×1＝10分）

（   ）1. pH 对活性染料固色的影响是多方面的，综合考虑一般控制在 pH 9~11。

（   ）2. 为了提高染料的扩散速率，在上染过程中可采用提高染液温度的方法。

（   ）3. 染料的直接性越好，染色时所需的促染剂用量越大。

（   ）4. 打浅淡色浸染小样时，染料母液浓度宜配制低一些。

（   ）5. 活性染料一浴两步法染色工艺，染料利用率高。色光较易控制，染浴可连续使用。

（   ）6. 余色染料用来消除色光时不能大量使用，否则会引起染色不匀。

（   ）7. 在选用阳离子染料拼色时，一般尽量配伍值相等或相近，以防竞染。

（   ）8. 还原染料的光敏脆损作用主要与染色条件控制不当有关。

（   ）9. 分散染料高温高压法染色时，不宜单独使用非离子型表面活性剂。

（   ）10. 合纤织物染色前的预定形有助于减少染色病疵。

得分	
评分人	

五、简答题（5×6＝30分）

1. 还原染料染色后皂洗的目的有哪些？一般采用什么助剂？

2. 分散染料染涤纶时常用的方法有哪几种？简述各种染色方法的特点。

3. 我国对染料的命名法是哪种？各段的含义是什么？举例说明。

4. 什么叫轧液率？轧液率的高低对染色有何影响？控制轧液率的高低主要取决于什么因素？

5. 纤维素纤维染色用的染料类型有哪些？比较各类染料在性能及使用方面的优缺点。

得分	
评分人	

六、综合题（2×10＝20分）

1. 计算并完成下面表格。

项目	工艺要求	实际用量
染料	5%（owf)	_____g
助剂	20g/L	_____g
浴比	1∶100	_____mL
织物重	2g	—

若配制染料母液浓度为 5g/L，则应吸取多少 mL 母液？加多少 mL 水？

2. 试设计 T/C 混纺织物分散染料热熔法染色的一般工艺（包括工艺流程、工艺处方及工艺条件）（注：染料及其用量自选）。

"染色小样工"技能考核理论模拟试卷（四）

注意事项

1. 请按要求在试卷的标封处填写您的姓名、准考证号和所在单位名称。

2. 请仔细阅读题目要求，用蓝（或黑）钢笔（或圆珠笔）在规定位置填写答案。

3. 请不要在试卷上乱写乱画，不要在标封区填写无关的内容。

4. 考试形式：闭卷，考试时间：100 分钟。

试卷（四）
参考答案

题号	一	二	三	四	五	六	总分	校核人
得分								

得分	
评分人	

一、填空题（20×1＝20分）

1. 在活性染料的染色中，元明粉起_____作用；阳离子染料染腈纶时，元明粉起

_____作用；强酸性染料染羊毛时，元明粉起_____作用。

2. 在采用目测法评定色差时，影响评定结果的因素有_____、_____、_____等。

3. 还原染料隐色体染色的过程包括_____、_____、_____和_____。常用的还原方法有_____、_____。

4. 一般说来，染料分子结构越复杂，染料分子本身聚集的倾向越_____。染料对纤维的亲和力越_____，匀染性能越_____。

5. 根据余色原理拼纯紫色应选用偏红光的_____色染料及偏蓝光的_____色染料进行拼色。

6. 比移值 R_f 是指将规定纤维制定的滤纸垂直悬挂于一定浓度的染液中 30min，_____上升高度与_____上升高度的比值 R_f 越大，表示染料对该纤维的_____越小。

得分	
评分人	

二、单项选择题（10×1＝10分）

1. 当轧车轧液率不匀时，极易产生（ ）。
A. 左中右色差　　B. 前后色差　　C. 原样色差　　D. 正反面色差

2. 硫化染料目前染色用得最多的是（ ）。
A. 黑色　　B. 蓝色　　C. 灰色　　D. 靛蓝色

3. 以下纤维燃烧时有烧纸气味的是（ ）。
A. 锦纶　　B. 羊毛　　C. 涤纶　　D. 棉

4. 对阳离子染料染腈纶特点叙述不正确的是（ ）。
A. 色泽艳　　B. 匀染性　　C. 色牢度好　　D. 色谱全

5. 为防止用活性染料染色后的织物产生"风印"，染后可用（ ）溶液处理织物。
A. Na_2CO_3　　B. $NaHCO_3$　　C. $NaCl$　　D. HAc

6. 酸性染料通常不能与（ ）助剂同浴。
A. 阳离子型　　B. 阴离子型　　C. 非离子型　　D. 两性型

7. 欲拼得一艳绿色，应选用（ ）。
A. 翠蓝 B-BGFN+黄 B-4RFN　　B. 艳蓝 B-RV+黄 B-4RFN
C. 翠蓝 B-BGFN+黄 B-6GL　　D. 艳蓝 B-RV+黄 B-6GL

8. 如果红、黄、蓝三原色染料等量拼混可得（ ）。
A. 白色　　B. 黑色　　C. 橙灰色　　D. 紫色

9. 精确量取 10mL 染料母液的合理选择是使用（ ）。
A. 1mL 移液管　　B. 5mL 移液管　　C. 10mL 移液管　　D. 10mL 量筒

10. 红、黄、蓝三色的余色分别为（ ）。
A. 紫、绿、橙　　B. 绿、紫、橙　　C. 黑、棕、青　　D. 绿、棕、橙

得分	
评分人	

三、多项选择题（5×2＝10分）

1. 下列活性基中，属于双活性基团的活性染料是（　　　）。

A. K 型　　　　　B. KN 型　　　　　C. B 型　　　　　D. M 型

2. 纤维鉴别的方法有（　　　）。

A. 着色法　　　B. 燃烧法　　　C. 显微镜法　　　D. 溶解法

3. 活性染料可以用于（　　　）的染色。

A. 棉　　　　　B. 腈纶　　　　　C. 蚕丝　　　　　D. 羊毛

4. 分散染料染涤纶时，皂煮可采用（　　　）。

A. 皂粉　　　B. 还原清洗　　　C. 肥皂+纯碱　　　D. 酸洗

5. 羊毛可采用（　　　）染料染色。

A. 媒染染料　　B. 活性染料　　C. 还原染料　　D. 酸性染料

得分	
评分人	

四、判断题（正确的打"√"，错误的打"×"，10×1＝10分）

（　　）1. 染色过程一般包括吸附、扩散、固着三个阶段。

（　　）2. 余色染料用来消除色光时不能大量使用，否则会引起鲜艳度下降。

（　　）3. 还原染料隐色体对纤维素纤维的直接性小、匀染性好。

（　　）4. 涤纶分散染料染色时加入醋酸起促染作用。

（　　）5. 如果把三原色中的红、黄、蓝三色等量混合可得橙灰色。

（　　）6. 在染后皂煮时，若皂煮过久，染料分子凝聚过大，一般会引起耐摩擦色牢度下降。

（　　）7. 对于蚕丝织物来说，脱胶不匀对染色的匀染性没有不良影响。

（　　）8. 在安排染色产品生产时，尽量从浅色到深色，这样能缩短机台的清洁工作时间。

（　　）9. 碱性皂煮有利于提高还原染料染色织物的色牢度，且能稳定色光。

（　　）10. 锦纶染色时容易产生条花，主要与锦纶自身结构与性质的不均匀性有关。

得分	
评分人	

五、简答题（5×6＝30分）

1. 为使活性染料浸染小样获得良好的匀染性，操作时应注意哪些问题？

2. 何谓染料的染色牢度？在印染加工中，作为经常性指标检测的染色牢度是哪几种？哪种染色牢度测试方法比较复杂且测试成本高？

3. 写出染料母液的配制过程。

4. 在实际生产中，经常会遇到染料泳移现象，试回答什么是染料的泳移？并分析产生泳移的原因，提出预防的措施。

5. 活性染料染色后皂洗的目的是什么？一般采用什么助剂？

得分	
评分人	

六、综合题 (2×10＝20 分)

1. 在卷染机上用直接染料染棉织物，已知每卷布重 50kg，染液处方如下：

20%直接枣红	2.5%（owf）
纯碱	0.5g/L
食盐	4%（owf）
浴比	1：4
染色温度	90℃
染色时间	60min

试求各染化料的用量。

2. 试设计 30tex×30tex 331 根/10cm×228 根/10cm 浅紫人棉提花布（90kg/卷）的卷染工艺（包括工艺流程、染液处方及工艺条件）。[注：所用染料（owf）：活性艳蓝 BES（2.6%），活性红紫 BES（0.89%）]